Tom Plate

一个美国媒体人的
自白

Confessions of an American Media Man

[美] 汤姆·普雷特 著 江卫东 译

复旦大学出版社

谨以此书献给我的女儿阿什莉·亚历山德拉·普雷特，
本书第一版时，她二十岁。
现在，她空闲时有本书可以读，
这本书将告诉她，为何爸爸总是不在家，
以及总是在办公室花那么多本该属于团聚的时间。

目录

第二版引言

前言

第一章　让侏儒转页：报纸专栏作家的生平（1996—2000）001

第二章　长岛《新闻日报》：从马铃薯田到梦想园地
　　　　（1970—1971）081

第三章　《纽约》杂志：建设好于破坏（1971—1975）127

第四章　伦敦召唤：好报纸不一定无聊（1978—1981）160

第五章　《时代》的压力：质量控制的高效官僚体制
　　　　（1981—1983）213

第六章　在CBS的日子：我希望打屁股再度流行
　　　　（1983—1986）262

第七章　《纽约新闻日报》：美妙创业再启程，新闻生命焕新篇
　　　　（1986—1989）288

第八章　《洛杉矶时报》：美国主流报纸的责任（1989—1995）319

结语　400

致谢　407

译后记　411

第二版引言

不同社会赋予新闻媒介不同角色。美国媒介制度一般被称为"对抗"或所谓"自由"的新闻媒介体制。然而，不管该体制有什么样优点，它在全球并没有被广泛模仿。近来，甚至在美国国内，该体制也没有得到广泛称赞。

真是哀莫大焉！

当前美国新闻媒介危机，常常被归因为技术或财务因素。但我的观点是，危机主要是精神上的。当一个事物的灵魂和感情没有了，黑暗和解体就不远了。确实不能否认，众所周知的"哗众取宠"这种传染病，在新闻媒介几乎所有部门横行无阻，已经侵蚀了媒介公信力和公众信心。

全世界新闻记者过去常常羡慕美国新闻媒介，有的现在仍然羡慕不已。美国新闻记者能够设置议程，推翻总统，能吓得政治人物和公众人物六神无主。这些权力，让另一些土地上和不同体制下的记者们垂涎三尺。然而，现在这种权力的合法性，毫无疑问正处于危险之中。

也许，没有太多美国新闻记者认识到他们这种角色模型现状。也许，几乎没有什么人以这样或那样的方式去关心这个问题。美国人的优越感从来不是认真反思的产物。

除开美国驻外记者，美国一般记者的世界观不会超出华盛顿范围太多，似乎这个地域性的南方城市是政治宇宙中心。当然，该城市曾经是。

然而，彼一时，此一时。现在，美国新闻媒体规模与重要性的缩水速度，比极地冰盖缩小还要快得多。那些重要博客写手正与著名的《纽约时报》（New York Times）专栏作家争夺掌声以及影响力。一方面，电视网的新闻部门在裁减人员，另一方面，网络上新的地区新闻站点却如雨后春笋般涌现。而且，这些新闻网站并非都是不靠谱的运作：那些功成名就的新闻记者都愿意离开他们体制化的新闻机构，或者自己去创业，或者加盟这些新网站。

美国新闻媒介十年后的图景将与现在的图景几无相似之处。即便我们现在所能看到的图景，也只是部分反映在这本初版于2007年的媒介回忆录里。

这本回忆录是对一个美国记者新闻工作历程的个人性纵览，意图在于讲述一个人的故事。本书并不假装为一个行业代言，或为一代人讲话。然而，我所回忆和讲述的每一个方面，都是发生在一个青年身上的真实故事，该青年从20世纪70年代进入这一行，四十多年以后，如我们美国人经常说的那样现仍"从事新闻事业"。

我的职业生活尽管有着鲜明个性风格，但在主要方面是有代表性的。我只想在主流媒介机构工作。看看本书每一章，你会发现一幅幅对某些标志性媒介机构的素描，这些媒介机构都是今天许多年轻而雄心勃勃的美国记者不惜代价想要去工作的地方。然而，今天，这些机构已经大幅缩编，新增工作机会变得很稀少，现存工作岗位也正在不断蒸发。

《时代》（Time）杂志以及《纽约时报》，曾经是新闻行业的领军者。在那里工作，就像被允许进入红衣主教团（College

of Cardinals）和美国最高法院似的。现在，当一期杂志送达你家门口或邮箱时，却再也引不起你的阅读欲望，如此没有存在感，你差不多要为之流泪。当我开支票时，并没有感觉自己像个订阅者，我之所以提出续订，或多或少本着慈善奉献的精神，好像在拯救濒危物种，美国新闻记者已是一种陷于危险的工作岗位。

几十年以后，历史学家们也许会把我这本回忆录看作一本关于美国媒介过去样貌的历史文献。社会学家们可能会发现，本书职业路径的价值描述可以成为研究媒介社会学的一个窗口。考古学家们甚至会发现，把我所写的很多东西归类到他们档案中的"恐龙"部分，很有用。

当然，上述这些可能有点夸张，美国媒介还没有死亡。《时代》杂志、《华盛顿邮报》（The Washington Post）以及美国广播公司（ABC）的新闻节目依然有影响力。我的有些学生为了能在这些媒体机构得到一份工作，愿意拿出三只吉娃娃宠物狗供收养。也许，一个美国主流报纸的专栏作家比起普通国会议员依然更有影响力。

但是，发展趋势明显是不祥的，可能对未来美国民主的质量产生负面影响。

尽管如此，足够有趣的是，在全球其他地方，美国媒体衰退的历史趋势遭遇到的，不是漠不关心，就是大喜过望。对于前者，人家有自己的问题去苦恼，包括民族问题以及媒介缺陷等问题。我们美国媒体人还是对自身更感兴趣，而不是任何其他人。

至于后者，某些世界观察家们实际上对此衰退趋势是持欢欣鼓舞的态度的。对他们来说，美国媒体机器难以置信的衰退，很可能引发西方媒介霸权走向终结。过去，大量国际新闻和政治议程都是由西方利益、价值和优先顺序所驱动。实际上，我们的衰退正是他们的上升。

但是，如果美国新闻媒介不再匆匆赶写世界大部分新闻报道，那么谁来写？答案是其他每一个人。通过快速技术创新和费用门槛降低，各种新媒体平台在我们智力和信息市场空间纷纷开店卖货。恰恰随着美国新闻媒介变得不太民主、过分集中以及多元化减弱，世界媒介正变得更加多元，因此而更加民主了。

世界新闻体制如此变迁的意义与影响是深刻的。当一个国家媒体垄断弱化，一千种声音便得以加强。当政府不能听取民众声音，民众要求被听到的强烈欲望就会以指数方式扩张。

不论大众传播采用的是何种特定载体，是大规模的网络也好，还是精英的小圈子杂志也罢，媒体影响世界事件的力量主要来自其传播真相和真理的能力。得益于媒介来源多样性逐渐增加，通过各种媒介不断实施纠正性轰炸，虚假和谎言终得解构和消除。

当然，产生的噪音数量也足以刺破耳膜，对大脑造成永久损害。但是，随着美国传统新闻媒介沿着恐龙消亡道路日趋衰落，无可争辩的是，这个世界还是存在净收益。

汤姆·普雷特
比弗利山庄，加利福尼亚
2010年3月

前 言

我小时候总体看是个极其严肃认真的人。上初中时，我是第一个开始读《时代》杂志，或许是最后一个看《花花公子》（*Playboy*）的人。智力上，我是早慧的，但在其他方面却是晚熟的。

读初中时，我买了一台小型印刷机，主要由一些橡胶字母和基本插图组成，出版了一份名叫《希克斯维尔军号》（*Hicksville Bugle*）的周报。是的，我住在长岛（Long Island），先是住在莱维敦（Levittown），然后移居到一个叫"希克斯维尔"（Hicksville）的名副其实之地[1]。

尽管我新闻敏感不错，或者说喜欢打听其他行业的事儿，但从未把自己看作一个记者。记者这一行太粗俗，太平庸，太不高雅。我想象着，有朝一日，我会成为国务卿，甚至总统，或者当上联合国秘书长。我出身寒微，长相不怎么好看，也绝无权贵亲戚，也许就是如此事实促使我生出上述南柯梦想。

确凿无疑的是，我从未想象自己会成为一个媒体人。

然而，我真的认清自我了吗？那时的我总是固执己见，只要有听众，从不羞于表达自己的见解。在牛犊初生的少年阶段，对很多事物，我很少怀疑。

---

[1]. 之所以这样说，是因为 Hicksville 这个字在英文俚语中还有"落后的地方、死气沉沉的地方"之意，反映出作者对此地并无好感。

高中时，我成为校报《惠特曼之窗》(Whitman Window)周报的一名编辑，这个岗位给了我些许声名。那时，我确信自己长大以后必将有所作为。

这也是在阿默斯特学院（Amherst College）时的自我期许，在那里，我成为《阿默斯特学生报》(Amherst Student)的执行编辑，这个头衔让我印象深刻，记忆犹新。

可是运营这份学生报，有苦也有乐。最有用的工作，无疑是年度食品调查。通过学生投票，我们能够做到独家发布这样的消息：学生们认为校园里的食品太糟糕了。这个调查结论丝毫不令人惊讶，但可喜的是颇具利用价值。媒体曝光的结果是，学校管理当局好一通忙乱，但食品质量没有什么实质性改变。于是，我学到了人生第一个媒介教训：汤姆，永远铭记，一家报纸揭露无能、不公或滥权的事实，并不意味着那种无能、不公或滥权的自动终结，而是必然引起那些被揭露的无能之人狼奔豕突，千方百计揩干净他们的屁股！

在大学里，我最好的朋友是艾伦·莱瑟姆（Aaron Latham），他是个值得拥有的伟大朋友。在我们高年级时，生活穷极无聊，我俩合写了一本内容为常春藤名校联盟男生约会指南的畅销书，书名为《男孩天地》(Where the Boys Are)。《纽约时报》给予此书高度评价，同一天我俩还登上了电视节目《今日秀》(Today)和《今晚秀》(Tonight)。艾伦用这本书所发"横财"投资于一个合股公司，而我则买了人生第一辆运动跑车。读者诸君，你们猜怎么着？艾伦现在身价百万，而我则是一文不名！

幸运的是，我后来去了普林斯顿大学（Princeton

University），读了伍德罗·威尔逊公共和国际事务学院（Woodrow Wilson School of Public and International Affairs）的研究生。不知是何缘故，政治学和政治问题总是以一种无与伦比的方式深深吸引我。在高中时，我"谋划"了学生会主席的选举。在大学时，我学的是政治学专业，而阿默斯特学院的政治学师资是最棒的（我辅修的英文系师资也一样棒）。

在普林斯顿大学，我开始意识到，与其说我能变成一名总统，倒不如说我更有可能去采访一位总统。我究竟是何许人也？答案是，我不过是一个高中都没毕业的前海军陆战队士兵的儿子，我的爸爸娶了当药剂师的妈妈，而我的妈妈更多时候"嫁"给了她那些瓶瓶罐罐。

然而，竞争优势也不是一点没有。你必须克服自卑感，绝不要让它阻挡前进步伐！温斯顿·丘吉尔（Winston Churchill）说过，绝不要放弃。这句话成为我的座右铭。可是，我常常感受到放弃的诱惑。晚年人生，常常酒精为伴，动辄买醉浇愁。可是在青年时代，有两样东西鞭策我前行，点燃我志向引擎，那就是伟大的音乐和伟大的女人。

我喜爱古典音乐，仰慕典雅精致的女人——至少是那些长相一般但足以弥补我自己磕碜外貌的女人。这两样东西中，肯定蕴藏着无穷无尽的魅力，激励我从单调乏味的莱维敦走到光彩夺目的普林斯顿大学，从默默无闻的长岛走到白宫（White House）、唐宁街10号（10 Downing Street）和位于东京的日本首相官邸，这些地方距离希克斯维尔不啻千里万里，有着天壤之别。

光彩炫目的媒体工作，尽管难免浮光掠影，却仍然让我全情投入。时刻准备旅行到遥远的地方，去采访那些历史创造者。各种晚会、招待会、新闻发布会的请柬纷至沓来。如果我选择其他职业，这些异彩纷呈、激动人心的事物将与我永远失之交臂。

当考取普林斯顿大学研究生时，我激动不已。我想象自己在联合国安理会发表雄辩的演说，或者与俄国人进行一场艰难的安全条约谈判，或者帮助人质从极端主义者的地狱里逃脱。

这些事情，我从未做过。不错，我确实观察过很多这样的事情，有时是近距离直接观察，有时是在事后不久通过对主要当事人进行深度访谈间接观察。但是，我从未在现场，或如英国人（the Brits）所说"当场"（作为美国国务院演讲稿撰写人的那段夏季工作档期除外），我甚至连坐在球员席的击球手都算不上。然而，我确实拥有过一张通向历史的季票，并且有时这张票还能幸运地占据一个最佳座位。

我从未刻意要当一名记者。甚至到现在我仍然认为，当记者与其说出自我的自由意志，倒不如说是某种宿命所致。然而，那些即将入职的人被警告说，这一行正处于大滑坡阶段。从根本上说，这一行就是一种世俗而肤浅的差事，如果说有时不是毁掉别人生活的话，却也常常产生侵扰别人生活的感觉。并且，强制的截稿时限引导程序，既令人兴奋，又让人窒息。

因此，新闻媒介故事有两面性，其实大致有四五个侧面。我会讲述多侧面的新闻媒介故事，努力讲好这些故事，但我必须首先做一个免责声明：这里，我无意于写一本关于新闻媒介的书，因为我发现那些书很少引人入胜。但是，我生活中发生了一件有意思的事，那就是我变成了一名教授，开始花大量时间与年轻人共处。对这些年轻人来说,除了性的话题,他们生活中最重要的事情就是就业。他们总会问:你是怎么进入媒体这一行的?怎样才能被雇用?你在《时代》杂志当编辑,或者在《纽约新闻日报》当撰稿人,或者在《洛杉矶时报》(*Los Angeles Times*)当中层领导,究竟感觉如何?

那么,该如何回答这些问题?事实上,有两种回答方式。一种是用一些故事或简评表面肤浅地回答,另一种是用一本关于美国新闻媒体的翔实书籍来回答。这本书,是为那些想要了解在美国当职业记者感受如何的人而写的。说实在的,如果不是那些聪明学生们锲而不舍、热情真诚的提问,更不用说我女儿那些尖锐的问题,也许我永远不会克服对写一本关于新闻媒介书的厌恶之心。

因此,本书无意于对那些专横的媒体老板或"吃人"的公司收购者[1]作辛辣无情、令人厌烦的否定性描述,也不想对美国和英国新闻媒介抱持像马克思主义者那样不友善的观点。坦白地说,我不太喜欢,甚至憎恶那些喋喋不休的抱怨之书,那些书不是为了宿怨旧恨,就是为了挑起新的争斗。我不是那样的人,那既非我的做事方式,也非我的主观意图。

我干新闻媒体这一行四十多年了,在许多很棒的企业里干得不错。对于这些工作机会,我深感荣幸,自认总体得到公平良好的对待,遇到很多难以忘怀的人物,引为朋辈,甚至成为至交。在我的经验看来,真正乏味的人是不愿意当记者的,因为记者生活绝不会单调乏味。(但若一旦觉得冗长乏味,那么

---

1. "吃人"之说,意指在公司收购过程中往往伴随着大量裁减员工。

不妨开始寻觅另一种工作或新职业。)

我办公室墙上挂着很多照片，常常让我想起有幸避免的那些单调乏味生活。如果我选择另外一条人生道路，那种生活会让我无处可逃。(可喜的是，好日子尚未结束，我当下仍在快乐地从事着新闻工作，在写一个国际性辛迪加专栏，还在拜访那些极富挑战性的政治人物。)那些照片展示着我和首相、总统、杰出外交官、文化专家以及其他国际知名人士的交往，学生们喜欢称之为"汤姆教授的自我墙"。所言极是。

确实，我一直很幸运。

并且，幸运仍在，现在我还在主持一个关于亚洲和美国的辛迪加专栏，从理论上说，该专栏每周读者数达到数百万。

关于本书经常使用到的一个词"高层领导"，我得作些解释。对以前就职于南加利福尼亚大学的同事罗伯特·伯格（Robert Berger），我要致以感谢，同时表达歉意[1]。

本书不是恨之书，而是爱之书（至少是感恩之书）。在美国新闻媒体，我过得非常惬意，因此要特别感谢那些多年来对我宽容有加的人们，尤其是领导者们。相应地，我也绝无私心，别无他图。我想，我那有点变化无常、神经过敏的个性，使我不是那么容易与人相处，更不用说被人领导了。所以，总体上说，我没有真正批评任何一位领导，只是真诚感谢他们的忍耐。当然，成人之间在策略、趣味和编辑主张等方面的意见分歧，有时确实会浮出水面，其他行业和组织也会如此，因此

---

[1]. 此处之所以既感谢又道歉，大概是指作者在书中毫无隐讳地提及罗伯特·伯格对其在《洛杉矶时报》真实处境的关心和告诫。

我要向那些觉得我对分歧问题没有呈现平衡观点的人，提前致以歉意。在我职业生涯中与我打过交道的每一位领导，确实都有资格获得一枚雇员关系"紫心勋章"(Purple Heart)。当本书具体涉及意见、规范和目标等坦诚分歧时，说"坦诚"一点不为过，我会使用一种修辞技巧，把那位与我意见不合的人称为"高层领导"。众所周知，每一种工作中，不管某人职位多高，总是会有更高的领导要对付。我给那些未来要当记者和现在已是记者的学生们一个忠告，即处理与领导们的关系，应比我有时所做的更讲究技巧。

第一章
让侏儒转页:报纸专栏作家的生平
(1996—2000)

这是一个两难困境。你决定你所要做的。有人曾负责任地告诉我,这个故事是完全真实的。但是当其发生时,我并不在场。我相信此事确曾发生。即便此事至少部分看来像虚构的,但其表征了我所从事的职业,因此我必须要讲述这个故事。不管我讲过这个故事多少遍,学生们还都喜欢听。这个故事会让人扪心自问:我会让那个侏儒转页吗?

故事是这样的。很长一段时间以来,美国的大城市,且不点其名,已经没有发生过如同本故事所述那样的犯罪狂潮了。话说有个颇具才能的盗窃犯,对那些防控严密、装备高级电子防盗设备的地方找到了对付办法,他一家接一家地盗掠了这个城市高档社区的豪华顶层公寓。

这种系列入室盗窃案对警察来说是个梦魇。对一线报纸即大都市高端大报而言,至多算个填充报屁股、淹没于二手车广告中的小素材,而对于那些长期处于困境中的二线报纸编辑来说,无疑是个天赐之宝。

二线报纸除了贩卖色情新闻、名人绯闻、运动新闻以及犯罪新闻,还有什么东西可卖?所以,对于每一起高档社区新发生的、难以解释的盗窃案,某家二线报纸总会倾巢出动,全力聚焦报道这个新闻。不久,随着该犯罪案件一个接一个得到报道,而且一个案子也没有破,这个系列入室盗窃案遂成为长盛不衰的新闻热点。

一天晚上,这家报纸的二把手冲进一把手的办公室,说:"老板,警方已经逮捕了系列入室盗窃案的嫌疑人,简直令人不敢相信!"

老板全神贯注地听着。

"警察认为已经逮到了那个人,而他竟是个矮子。"

一把手看着二把手,好像在说:"上帝啊!这可帮了陷入困境的二线报纸了。"然后,这两位总编开始讨论如何报道这则新闻。他俩都同意这条新闻应当放到头版,这个不难,难题在于,如何解读和呈现这条新闻。为此,身材不高但智商颇高的大老板,像他几十年新闻生涯中常做的那样,想出了一个非同寻常的主意。

"我们为什么不把那个矮子搞成转页?"他说,好像在合理建议扩大一下天气预报版面。

"什么?"老板助手问。

"我们还是照常搞标签式的新闻提要,比如'逮住了'或者'搜捕嫌犯'之类,然后哗——在头版以醒目方式登出真人大小的嫌犯照片。"

"老板,他是个矮子……嗯,但也不是那么矮!"

"对头,所以我们得让那个矮子转页。大约在他腰带线那儿,我们插入一个破折号,并标注'续见第七版'。然后,我们再登出他的下半身。这样,读者就能把这两版拼到一块,挂在自家冰箱上,恰好是一张真人大小的嫌犯照片。这将会成为全城话题！"

二把手注视着他的老板，良久良久。然后，报馆职员们听说本报正在认真考虑让那个侏儒真人大小照片转页的问题，开始溜进屋来。有些人提出强烈反对：这会伤害那些身材矮小人的感情，也会激怒某些非盈利组织，他们会对这种麻木不仁的做法提出抗议，也许甚至会诉诸人权法案起诉本报，最糟糕的是，这种做法将使本报颜面扫地，看起来愚蠢至极，甚至也许会被嘲笑、进而被挤出本城市场。"老板，我敢肯定我们不能让这个侏儒转页，"二把手沉重而缓慢地说。

争议持续一阵子，最后谨慎之策胜出，老板心软让步。这家报纸使用了一张小得多的照片，做了惯常比较激烈的标签式报道，那个侏儒没有被转页。

多年之后，我问那个老板是否认为当初随大流的决定是正确的。

"绝对不正确，"他说，"人一生当中，能有几次让侏儒转页的机会？肯定不多。直到今天，我还在后悔那个决定。"

就在最近，作为我的朋友，那位上年纪的老板偶尔向我提及，当他大限来临，我是否愿意在葬礼上致一篇悼词，还让我确保墓碑要刻上如此墓志铭："现在我躺在这里，再不能有所作为，才意识到我本该让那个侏儒转页。"

整体上看，本书是讲述新闻职业生涯中类似"让侏儒转页"抉择的故事：当面临类似情境，我是选择"转页"还是不"转页"，以及何时采取或规避那种大的冒险行动。我的某些抉择引发道德责难，有些则产生自我定义相关问题。可是，在生命历程中，不管从事新闻、医药、法律、商业、政治等何种职业,你总会面对那些"让侏儒转页"的关键时刻。因此,这是一本关于美国媒体行业疯狂生活的书,其所载一切,据我所知都是真实的。我没有虚构任何东西,也不必虚构,因为真实的媒介世界已经足够疯狂。

我从未奢望抵达美国新闻业巅峰十万八千里之处,更不用说成功登顶了。但是,作为一家主流大报的国际事务专栏作家,后又成为一名辛迪加专栏作家,我没有想到会如此接近那个巅峰。我所走道路是崎岖不平,难以预测的,在某种程度上这也是本书主要内容。但我所做工作是值得期待的,而且我现在仍然有幸从事类似工作。

我现在所写的专栏,或多或少经常出现于从新加坡(Singapore)到普罗维登斯(Providence)的一系列杰出大报上。要是从1996年就开始一周两次的专栏写作,该多好啊!但是,那时我也许对亚洲还所知甚少,赶不上我现在这样,也难以从一开始就保持那种有规律的写作节奏。地球人都知道,领导指示是必须采纳的,无论如何,"高层领导"劝告曰:慢慢来。

本来在《洛杉矶时报》的专栏是个周刊专栏,跨越五个年头,有无数难忘经历。其中许多专栏文章,1999年时又在权威报纸《国际先驱论坛报》(*International Herald Tribune*)上得以重刊。此类专栏现在还出现在国际辛迪加上。《洛杉矶时报》的专栏总是出现在意见版上,用来表达美国西海岸关于国际问题的思想观点。该报发行人迪克·施洛斯伯格(Dick Schlosberg)和总编辑谢尔比·科菲(Shelby Coffey)允许我广泛旅行。这种选择自由使我能够极为重视采访工作，这是记者工作极重要的方面。这一经验是当时《纽约时报》意见版专栏作家，一位特殊"高层领导"，令人敬畏的威廉·赛弗（William Safire）如慈父般提供给我的一条忠告。他告诉我："汤姆，如果你知道的仅仅和别人一样多，那么人们不会关心你对一件事的看法。要比他们找到更多信息，那就必须采访，采访，再采访。如果你的文章想要被人们阅读，你要成为一个有影响的人，这就是不二法门。"

我的文章想要被人阅读，所以我坚持不懈地采访，采访，再采访。我敢保证，这位独特的"高层领导"是对的，因为这个过程导致我的专栏由于陈词滥调少，采访报道多，在亚洲得到较为广泛的传播。

请让我举例说明赛弗这个了不起的观点，但要记住，准确地讲，赛弗本人并未泄露行业秘密。显而易见，不论是采访观点意见，还是采访所谓客观事实，采访都是新闻工作核心。但是，好采访经常需要好渠道，最难的也是获得这种进门渠道。毫无疑问，《华盛顿邮报》的鲍勃·伍德沃德（Bob Woodward）是个伟大记者，但是，当你具有他那样的名誉，还有一个传奇般的报纸在身后支持你，那么准确地说，获得接触高层人士的渠道也并非不可能。渠道和采访紧密相连，如果你都不能获取采访机会，那好采访也就无从谈起。

2000年，作为所谓"媒体领袖"，我被邀参加在瑞士达沃斯（Davos, Switzerland）举办的为期一周的"思想者和领导者"精英年度静修。瑞士被称为"世界经济论坛"（World Economic Forum）的智力和精神家园，而"世界经济论坛"是一年当中除一周在达沃斯办公,其余51周均以日内瓦为基地的一个商业支持组织。

我的专栏,当时在《洛杉矶时报》,现在在辛迪加,主要聚焦于环太平洋地区政治、经济和文化问题,尤其是亚洲问题。

好几次,我向白宫提出就对外政策问题访问克林顿总统(President Clinton)的请求,有两次几乎最后敲定,可是,结果总是因为某种最后一分钟的理由,我的采访计划被取消。对于重复出现这种情况,我并非迫害偏执狂,但他们会勾掉《纽约时报》汤姆·弗莱德曼(Tom Friedman)的采访要求吗?

于是,就在达沃斯,我终于找到了我的贵人。正如温斯顿·丘吉尔所说:"永远,永远,永远,永远不要放弃。"我现在没有放弃,过去没有放弃,将来也不会放弃。

2000年世界经济论坛是我参与的第二次达沃斯论坛。这种豪华、时尚的年度盛会,对那些妄自尊大的政策专家而言,是一种难以抵抗的自助大餐。无论如何,我也愿意接受此类盛会的邀请,但事实上克林顿要去那儿,才是我热情爆棚的原因所在。

我认识的很多人,比如才华横溢的夏伦·巴谢夫斯基(Charlene Barshefsky)、米基·坎特(Mickey Kantor)、沃伦·克里斯托弗(Warren Christopher)等,都曾和克林顿关系很近,他们都认为克林顿确实是个人物。克林顿博闻强识,善于处理各类问题,有时对下属比较苛刻,但他总是每天二十四小时、每周七天一直在工作。如果克林顿在第二届总统任期中,他的口交性绯闻没有被媒体曝光而是被掩盖起来的话,也许他会更好地服务于这个国家。我们都有自己的需要，那种事情最好放在婚姻之内而不是婚外。一般而言，亚洲人处理这种花边新闻更加审慎周到。

回到2000年"世界经济论坛"。知道吗，赶到达沃斯简直就是一次艰难困苦的小小考验——从洛杉矶开始十二小时的飞行旅程，接着得忍受三个小时在瑞士阿尔卑斯山（Swiss Alps）上盘旋，然后在差不多持续不断的暴风雪中生活一周时间。即便如此，我也绝不会放弃抵达那儿的机会。

结果证明，克林顿也不会放过这次机会，2000年1月，他成为第一个在达沃斯发表演讲的在任美国总统。作为政策专家中的专家，克林顿来坐这头把交椅当属实至名归，再合适不过了，因为达沃斯确实是专家天堂，这也是我以往为何那般享受这个年度专家"朝圣之旅"的原因。

克林顿选择当时专家话题全球化发表演讲，确实是最合适的，因为就在六周前，在西雅图（Seattle）召开的世界贸易组织（World Trade Organization）大会上，关于此议题简直是闹翻了天。反全球化的抗议者聚集起大量人群，除了该国际会议本身，实际上这个美国西北部城市都瘫痪了。该会议强调扩大世界贸易、更多市场开放和加快全球化进程的正面价值，这绝对是个彻底的失败，动摇了克林顿政府的思想基础。

跨国公司和跨国机构是以牺牲全世界穷人利益为代价的全球化主要受益者吗？当下谁都说不清楚，只能留待历史去证明。然而，现在很多人都持有这个观点，使得全球化在一大堆可以归责的原因中很容易成为替罪羔羊，其实许多因果之间并无必然联系。

可以理解，达沃斯的安保措施是非常严格的。被邀请参加克林顿演讲的，只有论坛正式代表，我是其中之一。采访世界经济论坛年会的一般媒体记者，通常发给二级通行证，该通行证是不允许进入达沃斯论坛许多主要功能区的。他们只能在主会场外面刺骨寒冷中转悠，当参会代表走出会场时才有机会采访，或者只能接收新闻通稿，偶尔会有新闻发布会。在这些记者当中，有一位香港记者，为了不泄露她真实身份，我且称她为方泽云（Fong Sze Yeung），恰好我俩是朋友。

作为一名极其敬业、聪明，也特别漂亮的记者，方泽云只利用她的聪慧就躲过论坛会场的保安。她让自己混在一帮亚洲领导人中间，仿佛一名正式代表似的，在一群香港代表推拥之下，一下子混了进去，并在最前面找到座位。当我几分钟后漫步走入会场时，克林顿演讲即将开始，这时方泽云已在不该她进入的区域（她甚至不该待在这个会议厅），为我们俩在最前排占好了位置。

我很感动。之前，我和她仅有一两面之缘，但是我俩非常投缘。当我走进会议厅时，她向我猛挥手。等我到会场，已经没有几个座位剩下了。实际上，可能已经没有了，当然更不用说靠前的位置了。

落座不久，克林顿就从旁边入口登上讲台开始演讲。起初，他讲得相当慢，但慢慢渐入佳境。坐在听众席上的有好几百人，包括来自全世界各地的CEO们，从比尔·盖茨（Bill Gates）到索尼（Sony）老板，著名艺术家，杰出政治家，以及少部分非盈利或人道主义组织的专家，当然不用说，还有几个满脸疲劳的"媒体领袖"。

演讲开始时，克林顿总统看起来很累，没精打采。后来我才知道，他直接从华盛顿（Washington）飞到日内瓦（Geneva），中间没有睡眠，然后承蒙瑞士警察好意，乘坐颠簸直升机适时纵览一下达沃斯美景。显然，总统先生累坏了。可是，他想办法从周围人身上汲取巨大能量，到演讲中途时，他似乎吸入半数听众的能量，总算把他准备好的稿子念完。你可以看到，他把稿子扔到一边，然后开始用他自己的话继续开讲。

也许，因为他沉迷女色什么的，我们并不太喜欢这个男人，但是，毫无疑问，他的智商是很高的。现场观众给予他热烈掌声，在简短问题回答环节之后，他开始离开会场。我立马看到了我的"侏儒转页"机会。

我转向显然美丽动人的方泽云，说："美女，你想跟克林顿总统拍张照吗？你回家时，可以把这张照片送给你妈妈。"

她眼睛睁得老大："你是说你有办法？怎么做到？"

她那纯真无邪的惊奇表情，促使我想得到更多。我说："对极了，我了解我们的总统，周围的人不了解。从总体看，这里都是些国际听众，他们不知道克林顿会待在后面聊会儿天，直到最后一个警卫离开讲演厅。坐好了，你会得到照片。"

果然如此，克林顿离开讲坛，走下台阶，给人感觉好像已离开，但仍不起眼地待在这座会议厅里，然后，他转过一个拐角，走下楼梯，走进舞台前面的乐池，半数内阁成员都挤在那里。在乐池那儿，珊迪·伯格（Sandy Berger）、夏伦·巴谢夫斯基、马德琳·奥尔布赖特（Madeleine Albright）和比尔·达利（Bill Daley）都能看到他，我们也能，但是会议厅里那些大亨们看不到。他们料想克林顿早就返回"空军一号"（Air Force One），飞向下一个危机或机遇之地了。在他们脑海里，克林顿如果不是离开了瑞士达沃斯这个滑雪小村子，他至少是离开这座会议厅了。

由于半数内阁成员在乐池里溜达，所以便衣特工用安全带拉出一个安全区，在这个安全区里，克林顿总统能够和人打招呼和会见。在克林顿和大约80%排队的人握过手时，我对"香港佳人"说："来吧，小姑娘，你就要得到你和美国总统的合影了。"

我走进乐池，向克林顿挥舞着世界经济论坛的名牌，上面写着："媒体领袖，汤姆·普雷特（Tom Plate），《洛杉矶时报》。"

克林顿看到我的身份，做一个"我现在真的不想接受采访"的鬼脸。但是，就在他要转身离开之前，我快速说道："不，总统先生，我不要采访你，我只是想让你见一下方泽云，她来自香港，如果可能，我想给你们拍张合影，让她带回家送给妈妈。"

好，克林顿总统一旦把目光落在养眼美女方泽云身上，立刻用"空军一号"速度迅速聚焦，非常高兴地站到美女身旁，把手臂搂着她，等待拍摄。克林顿站在那儿，搂着美女，等着说"茄子"，同时方泽云也非常高兴，因为不管你读过什么东西，至少克林顿对女人还是充满魅力和尊重的。这时，我让他们以为照相机出了点问题。毕竟，这是类似"侏儒转页"、稍纵即逝的天赐良机。因此，我一边声称正在修复照相机，一边说："对不起，总统先生，稍等一会儿，马上弄好。顺便问一下,关于你的全球化演讲,你认为最佳后西雅图战略究竟是什么?"

对此,他稍作思索,然后我们开始交谈,互相交换观点。最后,我得到不少精彩的引语素材,并最终成为一篇好专栏文章的基础。

要知道,这次采访是发生在西雅图骚乱数周之后。由于那次狂欢般反全球化示威运动,差一点毁掉国际大佬们的高调聚会,也因此极大震动克林顿政府,所以,我问了克林顿总统关于这一方兴未艾的抗议运动的持续性和棘手性问题。

他的回应是,政治问题就用政治方法解决。克林顿说,不要把所有各方都推入抗议运动,让赞成与反对全球化这两种意见进行真正的对话交流,把实际上巨大而多元的群体融合为一个激烈反对现代性的无缝网络。总统开出的药方是,通过分化反对派来消解整体性恐惧,即把那些可以通过理性方法说服的真正关心全球化问题的人,和那些只把全球化问题当作一个方便的抗议工具来装饰自己示威组织者形象的人区别开来。克林顿一边带着尊重和感情拥搂着方泽云,一边又补充说,许多CEO们没有认识到,不是所有反全球化批评都是考虑不周,不是所有如此发言的人都可以蔑视待之。

这时,实质上我是在对美国总统进行独家专访。后来,我才知道这一幕被论坛官方录像带记录下来。当时我不知道,在我和克林顿总统交谈时,会议厅夹层的摄像机正在运行,但是由于摄像机角度问题,我和克林顿都能被摄像机拍到,而方泽云却没能进入镜头。毕竟,自由世界的头儿美国总统还在会议厅里,因此处在夹层高处的摄像团队仍在工作,拍摄着乐池中的场面，而那些慢慢离开的会议代表们对此一无所知。

那天晚上，达沃斯论坛举行盛大庆祝舞会，一整面墙的巨大屏幕上，循环播放着克林顿总统的演讲、答问以及最后他和我的临时微型访谈。至少有30个人过来对我说："我看到你跟总统在谈话，他花在你身上的时间比别人都多，这是为什么？"

可以想象，那时我是多么得意且享受，尤其当著名的比我强的《纽约时报》某记者也在其中的时候。因此，我准备了一个漂亮答案，推敲几个小时以使之光彩照人。脸上带着炫耀而神秘的微笑，我说："嗯，实话实说，我只是了解总统而已！"

我没有告诉他们，我有一个秘密武器，我知道该武器会起作用。克林顿喜欢那些非常有吸引力、非常聪明的女人（呃，是不是有点怪？）。实际上，这正是他身上招人喜欢的特点之一，而且，作为一名记者，我能利用此特点来达成采访目的，对读者而言也是有利的。

"让侏儒转页"的意思是，了解你正在打交道的人，抓住机会达成目标并不意味着你必须走到不道德的地步。

要想在新闻行业成功，你得了解与工作相关的政治家及其喜好。纽约市市长艾德·科克（Ed Koch）喜欢中国食物，而比尔·克林顿却另有喜好在心头。

我问学生们，在历史边缘去访问那些关键而有权势的人物，过如此生活价值几何，一百万美元？五百万？抑或无价？

我告诉他们在餐桌上遇见一位著名西海岸银行创始人的故事。这位银行家邀请我和女儿阿什莉（Ashley）与他们夫妻及其小孙女共进晚餐,他们的孙女与阿什莉是同学。结果,这位奶奶是我在《洛杉矶时报》意见版写专栏头五年的一个热心读者。我参观了他们家宽敞的后院,他们家与已故明星弗兰克·辛纳屈(Frank Sinatra)[1]位于棕榈泉(Palm Springs)的家相邻,巨大的游泳池,美轮美奂的装饰……这一切令我惊叹不已,说:"我从未赚过这么多钱。"那位大亨,刚从局部中风中恢复,现在仍颤颤巍巍,回答道:"一天到了,金钱只是个数字。我多么想放弃,去过你们记者那样的生活啊!"

不管干哪一行,哪一种工作,低潮时刻总会发生,无路可逃。对我来说,最低潮时刻不是我把事情搞砸之时(每个人都有此糟糕时刻),而是我的正直诚实遭到质疑之时。这才是我悲伤的时刻。

如果说我身上有什么好处(也许只有这一个),那就是我不可能被收买。我可能被哄诱,被愚弄等,但绝不会被收买。当你读到一篇专栏文章,署名是汤姆·普雷特,则如同由可敬的汤姆·弗莱德曼、多谋的莫琳·多德(Maureen Dowd)或聪明的尼克·克里斯多夫(Nick Kristof)署名一样,你可以确信,该文章观点也许考虑不周或报道有误,甚或干脆就是错误的,但必定是坦率诚实的。

正如我那些不太恭敬的英国朋友所乐于指出的,在美国新闻业中,正直和道德少有人问津。但是,英国经验表明,某人具有上述名声对其工作是非常有用的。

---

1. 美国歌手与演员。

我还在《洛杉矶时报》当社论版主编时，一天上午，我正在桌前工作，这时电话响了。这个电话是州长或市长打来的吗？或者，只是住在帕萨迪娜（Pasadena）的某位小老太对上午的政治漫画表达愤怒？

原来，那天上午的报纸，刊登了一篇"左派"的评论，是由一位著名的主张社会主义的辩论家写的，攻击英国工党。当我赌博般拿起电话，那头是一位名叫吉拉德·高夫曼（Gerald Kaufman）的工党官员，当时他正在洛杉矶访问。作为一位颇受尊敬的前舰队街（Fleet Street）[1]新闻记者，高夫曼对那篇评论提出强烈抗议。

我仔细倾听，变成了"亲英派"，这样回应道："嗯，前影子外交大臣先生（Mr Former Shadow Foreign Secretary），我必须要说，您的观点很有说服力，也很有趣。您为什么不把反对意见写成一篇八百字左右的评论，然后我会负责把您文章发表在同样版面位置。"

这就是我的信念，即对那些遭遇不公正伤害的人，或他们的立场遭到严重误解，报纸和杂志应当做到给他们大致相当的版面位置，就像这个案例一样。

"此话当真？"高夫曼声音里流露出不加掩饰的惊异。

我作出肯定。

"这篇文章，你们什么时候要？"他问。

我说："一两小时怎么样？这样我们好安排明天刊登。"

高夫曼非常喜欢这个选项，同意接受挑战。大家知道他

---

1. 很多英国媒体位于那条街，故而也成为英国新闻业的代称。

会的。

不出所料,那天中午前,高夫曼的文章通过传真发了过来——果然是前记者出身的政治人物,反应迅捷,无可挑剔。当然,第二天文章就发表出来,与招致他电话抗议的那篇文章处在相同版位。

经过一段时间之后,吉拉德·高夫曼变成我有生以来最喜欢的人之一。只要有可能,我们之间经常见面,不管是我访问伦敦,还是他在洛杉矶。

几年之后,有一次,我将要离开议会下院,当时天降豪雨,我只能与别人共享一辆出租车。坐进车里,吉拉德向我介绍坐在对面位置的一位同事。他给我大致印象是,雄心勃勃,思想活跃,眼睛紧张转动,完全自我中心,同时有光彩照人之感。

吉拉德介绍道:"托尼,这是美国《洛杉矶时报》社论版主编,他是来采访首相约翰·梅杰(John Major)的……汤姆,这位是托尼·布莱尔(Tony Blair),是我特别喜欢的一位年轻人,他就要变成大不列颠下任首相。我敢打包票,他很快就会接梅杰的班。"

布莱尔微微一笑,鲨鱼般的牙齿闪闪发光,握握我的手。

翌日,我和本报伦敦记者站站长比尔·托奇(Bill Tuohy)去采访时任大不列颠首相的约翰·梅杰,比尔的东南亚报道曾经获得普利策奖。这次会见被安排在首相官邸唐宁街10号进行。

那个下午的采访棒极了。我开场就感谢首相在百忙之中同意接受采访。梅杰长相普通,穿着深色套装,打着令人难忘的领带,眼睛不停眨动,态度平易近人。他说:"我们不是每一天都能接到来自洛杉矶的采访要求！"一个小时的采访，在大雨滂沱中飞快过去。在我看来，梅杰是个不油滑、富于同情心，甚至可以说是正派高尚的非常之人。

现在回想起来，首相先生也许会后悔对我们这样的外来客降低了防备心。

这次采访得到广泛关注。伦敦《泰晤士报》以通栏大字标题这样报道："梅杰告诉美国说保守党应受谴责。"记者依安·布罗迪（Ian Brodie）写道："首相承认，执政十四年以来，保守党对于困扰他们的问题，没有别人可以代其受过。约翰·梅杰在昨天《洛杉矶时报》发表的一篇报道中作此评论，他还声称在他当选之日就作出关于他运势逆转的惊人准确的预言。他说他曾告诉很多人：'在接下来十二个月之内，其政府将成为长久以来仅见的最不受欢迎的政府。'"

梅杰所提供的，是伦敦人布罗迪所谓"高度形象化的措辞"，涉及保守党内部的责难与内讧："当时，如果我们保守党有几个后座议员组建一个圆圈行刑队，那将会有血溅地板的场面，大体上，这就是我们所看到的景象。"

大约一年以后，在伦敦BBC办公楼外面的一间咖啡馆里，我和比尔·托奇、吉拉德·高夫曼坐在一张桌子前，这时布莱尔的形象管理师皮特·曼德尔森（Peter Mandelson）走过来。当时我们正谋划在托尼·布莱尔作为工党领导人就职典礼前夕对他进行采访。

"我只是希望，"曼德尔森说，眼睛里闪着英国人特有的光，"待会儿你们不要像一年前对待约翰·梅杰那样对待我的人！"

这是曼德尔森的恭维,他现在是一名英国政府官员。这个意见是在我和比尔即将对布莱尔进行独家采访前一个小时左右讲的,这次采访是由我的朋友吉拉德安排的。然而,如果我不是一个美国记者的话,这次采访差一点没能进行。让我解释其中缘由。

吉拉德把我的采访请求递送到布莱尔办公室。尽管布莱尔雄心勃勃要接替梅杰的工作,但他没有给出很多采访机会,我相信,对于外国记者,一次都没有。可是,布莱尔考虑到,在某种程度上,德高望重的吉拉德是他的政治导师,差不多像他的教父,所以对吉拉德的要求很难说"不"。他还想起我俩出租车上一面之缘,以及我那次所作的对梅杰具有破坏性的采访,也许布莱尔有点勉强地同意接受采访。

在从洛杉矶飞往伦敦的路上,我们采访计划黄了。由于突发心脏病,布莱尔的老板——约翰·史密斯(John Smith),当时担任反对党领导人职位——晕倒在地。当我所乘飞机着陆之时,工党正在举行全党哀悼活动,几个继任候选人达成一致意见,他们将严格遵守新闻管制,直到官方葬礼仪式举行,再留出一周时间让约翰家人、朋友和党员们能够度过一个适宜的悼念期。之后,正常媒体活动才可继续。

当我登记入住萨沃伊酒店(Savoy Hotel),一张便条已在前台等着我。"汤姆,非常抱歉,由于工党领导人约翰·史密斯逝世,持续一周有尊严的静默哀悼必须遵行。所有媒体采访活动不得不取消,恐怕也包括你的采访计划。我知道你是大老远跑过来,但我实在无能为力。最热情的问候,吉拉德。"

我失望至极。让人把行李拿到房间,自己直奔酒吧寻求某种自我疗伤。我需要喝一杯。我已经那么逼近新闻工作上的两次连赢赌——我眼看就要成为独家现场采访英国现任首相和下任首相的唯一美国新闻记者。哦,这个怯懦的记者说,为什么约翰·史密斯的心脏病不能多等几日再发作?!

突然,我想到一个主意。也许还有办法……只是可能。

我向酒吧侍者要了一部电话,拨通了吉拉德的号码。

"吉拉德,这件事对我来说简直太糟糕了。我飞了八千英里,就为这次采访。"

"我知道……可这是英国不可移易的传统风俗啊。"

停了数秒。"我承认,这是正常媒体活动恢复之前一个合乎礼仪的间歇期。"

"太对了,所有竞争者都达成一致意见的。当然,托尼在不久的将来是要赢得这个领导者位置的。这就是为什么托尼要看起来更像政治家,要更有人情味,尤其在这样一个悲伤时刻。"

于是,我提出一个备用计划。"既然大家都认为我是唯一奔波千万里来采访的记者,唯一绝无可能整个悼念周都待在伦敦,或这个仪式持续多长就待多长的记者,那么,我有一个主意,"我们去向布莱尔身边人解释说明这个特殊情况,并要求明天采访按原计划进行……"

"汤姆,他们不会同意……"

不理会吉拉德的打断,我继续说:"但我们愿意严格遵守一个条件,那就是,在没有得到布莱尔办公室正式同意可以发表之前,我们《洛杉矶时报》只把这个采访保留备用。"

电话那头停顿片刻,然后说:"嗯……有点意思。但是,他们肯定会问,怎么能保证这个禁令能得到忠实执行?"

有趣的好问题,尤其是从一个舰队街前记者口里问出来。我回答道:"请告诉他们,他们已经习惯于和那些残酷竞争而不讲道德的舰队街编辑记者打交道,不能相信这帮记者会信守并执行其临终祖母的遗愿……"

"那么?"

"告诉他们,我是个美国记者。我们有职业道德。"

不管你相信不相信,这一招管用了。吉拉德买账了,最后布莱尔同样买账了。

曼德尔森让布莱尔相信,我确实是诚实可靠的。只要这次采访被保留到一切都OK时再发表,只要我承诺不把此事透露给英国记者或其他任何人(否则英国记者就会因一个美国记者从天而降、抢走独家新闻而勃然大怒),采访活动可以进行。我迅速答应第二个条件(意味着我不被允许向伦敦朋友吹牛了,讨厌!),于是第二天我和比尔·托奇去见布莱尔。

这次采访令人难忘。大约花了四分钟时间,我就得出一个坚定结论,事实将会证明,布莱尔简直就是克林顿第二:聪明绝顶,深不可测,多谋善断,相貌忠厚,真可谓应有尽有。

我不记得上次对一个政治家的精明干练、捭阖自如如此折服是在什么时候了。布莱尔看得很清楚,如果他的阁员们疯狂地想掌控一切,就如同为保持大批追随者的忠诚,工党必须要对保守党保持标新立异的姿态,作为一个看起来可信的统治机构,他的政党是毫无前途可言的。不管当下公众舆论怎么看待布莱尔,回到那时候,当工党正从业已超载的空想家疯人院快速沉沦之时,他代表着理智和情感的稳定性。从政治上看,吉拉德比托尼要更自由化一点,但是像工党中许多人一样,他对在撒切尔时期,直到现在梅杰时期,一直被排除在权力之外,感到厌烦透顶了。

最终,在漫长任期之后,布莱尔加入美国武装干涉伊拉克的决策是致命性的,让英国人民开始反对他。但事实上,布莱尔当政的那些年,总体上看,是激活了英国政治,也让英国的前途变得光明。

那天晚上,在萨沃伊酒店,我的电话响了。是的,不是别人,正是戴维·英格利希爵士(Sir David English)。以后,你们会了解很多关于戴维以及《每日邮报》(*The Daily Mail*)活宝们的故事。至于现在,就让我先说说戴维吧,他被同事们当作他那一代中伦敦最富经验和技巧的大众市场报纸总编,多年以来一直是我的导师、支持者和好朋友。1998年,他在伦敦因严重中风去世,对我而言无异于失去父亲。

"汤姆,你这个小坏蛋……你这个神出鬼没的阴谋家……你溜进我的地盘搞突然袭击,摆平了对布莱尔的独家采访,而他对英国报纸不置一词,更不用说亲吻与拥抱了!然后,你对你的至亲导师一声不吱,没有我对你的奇妙指导,你的职业生涯将一败涂地,一片凄惨。你这是公然背信弃义,我被出卖了,悲哀至极,浑身拔凉拔凉的,都冷到骨头缝里去了……"

哈!这就是戴维爵士那种爱德华七世时代的牛哄哄风格,源自有些夸张的伦敦西区(West End)喜剧电影。顺便说一下,他娶了一位著名女演员当老婆。晚上,他到剧院外面去追她,当舞台大幕在掌声中落下,他总会大叫着"艾琳夫人"从对面街边飞奔过去。他的仪态风度就是美国演员加里·格兰特(Carry Grant)和英国演员戴维·尼文(David Niven)的光辉结合。

于是，第二天，在萨沃伊烤肉餐馆（The Savoy Grill）便有了一次匆忙安排的午餐。我吃得很饱，意思是有点撑！但是，我早有准备，挡开戴维关于这次采访实际内容的所有问题。毕竟，不论好坏，我是个美国新闻媒体人。我有职业道德——也许，不是足够多，但至少是有一些！

但戴维是个聪明人，他知道什么该问什么不该问，因而不会随便瞎打听。尽管他有着炽热的新闻抱负，但他太体贴周到了，他不会强迫我在布莱尔和他之间作出选择，因为他知道，除了违反对曼德尔森的誓言，我差不多会为他做任何事情。

"我只问一个问题，"我的师傅问，"就一个。他会打败约翰·梅杰吗？"我明白，布莱尔的工党，有很多左翼疯子和信奉统一主义的法西斯分子，离开权力中心已经太长时间了；我也了解，戴维在骨子里是个保守党人，因此他更愿看到友善、有教养的梅杰在即将到来的下届首相决战中胜出；同时，我也知道，不论是作为机构的《每日邮报》，还是戴维本人，二者差不多和任何人一样，一直以来都更亲近梅杰的前任"铁娘子"玛格丽特·撒切尔（"Iron Lady", Margaret Thatcher）。

我深吸一口气。在不违背先前协议条件下，我想尽可能清楚、明确地给师傅勾勒一幅图画。于是，我大致总结道："戴维，托尼·布莱尔会击败约翰·梅杰。布莱尔会抢了他的饭碗，会把他扫地出门。梅杰完了。像你一样，我也很喜欢梅杰。"

师傅双眼鼓凸如金鱼眼睛。《每日邮报》政治上是如此保守——确实，舰队街大部分媒体皆是如此——接下来如何是好？他的报纸怎么办？

戴维停顿了数秒，然后问道："你觉得我们应当怎么办？"

被我所见过最杰出的新闻记者问这样的问题，我感到受宠若惊。

"如果我是你，"我非常谨慎地回答道，"当然我也不是你，我会尽快和布莱尔的人达成谅解，当然要抢在鲁伯特·默多克（Rubert Murdoch）（《太阳报》[*The Sun*] 的拥有者，该报是下层市场的小报，但也是保守党报纸）这样做之前。布莱尔是个杀手。我很喜欢梅杰，但他是个老好人。接下来，将会上演电影《大白鲨》第三集了。"[1]

剩下的，就是历史了……哦，是的，戴维爵士确实完成了交易：一段蜜月期（保守党报纸不再卖力地为难新工党首相）交换报纸高层与政府当局的接触，直到停火宣布结束，双方图穷匕首见。

布莱尔那帮人是乐于被人套近乎的。由于伦敦主要是保守派报纸天下，作为一个工党首相，自然处于明显劣势。对此，这么多年，布莱尔处理得当，充分显示其巨大能力。

新闻记者所能做的，就是诚实做人，尽力做事。我们记者所拥有的影响力，在本质上，就是巨大的公众和文化资源，我们必须以智慧和正直来使用这种资源。

---

1. 此处作者意思是说布莱尔上台后将会对以前反对他或不友善的媒介采取报复性行动。

整体上看，舰队街的报纸是不会费心费力去担忧什么道德问题的，尽管像《每日电讯报》(The Daily Telegraph) 或者《卫报》(The Guardian) 之类高端报纸是会的，但是据说所有美国严肃报纸都会注意职业道德问题。真是这样吗？

在我被邀请到加利福尼亚大学洛杉矶分校（UCLA）去教新闻媒体职业道德课很久以前，如以普通标准来衡量，我早就开始担忧新闻媒介职业道德问题了。当时，我十九岁，在《新闻周刊》(Newsweek) 做实习生，就成功骗到一次去休斯顿（Houston）采访阿斯特罗丹（Astrodome）棒球队的旅行。

阿斯特罗丹管理方对于能接待我，高兴不得了，让我首尝"无冕之王"的滋味。当时我只有十九岁，受到真正王子般的招待。我坐在媒体包厢里，前面摆着一大堆精美食物和饮料，包括啤酒。我不记得当时是否狂欢到爆，但我知道确实喝了一些免费啤酒。

抛开任何早期酗酒的暗示，这儿关键词是"免费"。当一个记者事实上在接受免费东西时，他是怎么样的？最理想的答案是：他或她在犯错误。

因此，记者生涯刚开始，绝不接受任何免费东西的原则似乎是条正确道路。然而，当我开始写专栏，并经常去亚洲出差时，这条原则猛烈撞击着现实。在亚洲，向远道而来的美国来访者赠送些礼品的风俗，早已司空见惯。今天，我家橱柜里仍放着不知有多少的小装饰品和茶具。

为提高效率，实际上有时你不得不超越道德原则，但你这样做时，绝不要忽视其存在，或者忽视其对你身份个性和自我价值观的极端重要性。

我是如何逐步超越自己道德原则的？是通过形成我自己的新道德原则，即双向互换原则。当信源或政府官员送我礼物时，我马上从旅行包里拽出个互换的小饰品。事实上，在长途旅行中，我常常拖着两个行李箱横跨太平洋，一个用来装旅行衣物，第二个用来装校园T恤、圆领长袖运动衫以及运动帽等礼物。我相信，1999年，我是加州大学洛杉矶分校运动装最大的非集团个人买家。你可以去查询证实。

拒绝给东道主显示其彬彬有礼的机会，从而伤害另一个国家的传统风俗，这样做毫无意义，尤其是确实存在这样一个彬彬有礼而不是盛气凌人的机会作为回报的话。有时候，仅仅是礼貌的态度就能创造机遇。

让美国新闻媒体人对中国作理性、非民族中心主义、非意识形态和有助益的观察，肯定是个最大的新闻挑战。一则，中美关系牵涉利益实在巨大；二则，该国总人口实在巨大；三则，该国由政治上主张共产主义的国家转变为经济上注重企业家精神的国家，所蕴含的内在矛盾与复杂性也是巨大的。

这种巨大挑战，并未因如下事实而变得有所缓和，即事实上存在着多维度的中国——沿海的（富裕的）和内陆的（贫穷的）中国，现代化的（快速发展的）和传统的（变化缓慢的）中国，挺西方的（正在形成中的中产阶级）和反美的（多个阶层，多种原因）中国。

很久以来，美国新闻媒体对这个世界上人口最多国家持有一套新闻意识形态。也就是说，进入美国的绝大部分新闻报道，都被限定在特定报道类型之下，特别是侵犯人权、政府无能和共产党古怪行为等。如果你是一个美国驻华记者，要谋求让美国总部编辑相信并发表一篇不能完全归入上述类型的新闻报道的话，那么祝你好运。

当我开始以亚洲为主题的国际问题专栏写作时，把中国当作一个最重要的议题。然后，我建立一套优先排序，特别希望能够避免我们这个行业的传统认知。那就是，我将努力不发表任何与过去几年间美国主流媒体上出现过的有关中国的其他新闻报道或专栏文章类似的东西。

这就意味着，我将努力避免告诉读者那些"老生常谈"的论断：日常不断的人权侵犯，正在上演的治理低效，共产主义意识形态的固执刻板等。这些报道内容已经被美国主流媒体一次又一次报道滥了。因此，我不会再强调这些老生常谈，而是把探照灯聚光在处于变化中的事物。

这种方法，对美国那些顽固的右翼反共派来说，看起来有点古怪，对许多并非右派的美国报纸编辑而言，也是一样。然而，他们有共同偏好，即都不想和新事物作对。这些新事物包括：中国政府以大力发展经济为第一要务，具有企业家精神、有点像西方、或许超两亿人的中产阶级的崛起，大规模营养不良甚至饥饿的减少，旨在缓和邻国神经而不是加剧紧张态势的对外政策的谨慎演化，以及美国应当与中国以互利方式建立积极关系的道德、政治和经济责任，而不是愚蠢地寻求孤立中国，这种举动注定徒劳无功。无论何人想要什么，中国太大了，不可能被孤立。

这种新思路至少引起三个重要部门的注意。

其中之一是北京领导层。1996年末，比尔·克林顿总统被敦促打破延续下来的外交政策，改善与中国冷淡的双边关系，去中国进行国事访问。这件事，他在1998年做成了。

我的专栏也是首先敦促中国当局加入世界贸易组织，几年之后此议成为现实。同时提出，在可预见的未来，中华人民共和国只会有三个主要国家目标，那就是：第一是发展经济，第二是发展经济，第三还是发展经济。

此语目的不在幽默。当我把这个小笑话向真正有见识的成年人快速说出来时，不论在中国还是美国，他们都会点头同意。

我的专栏由三次重要采访大力支撑。第一次在1997年，是对新任香港特首董建华的独家采访，当时很少有西方记者能够获得这样的采访机会。第二次在1998年，是对当时外交部长钱其琛的独家采访，钱其琛是继承传奇性的周恩来主管外交事务的老牌外交官。第三次在1999年，在上海与成熟睿智的前上海市长、处理对台关系专家汪道涵进行独家访谈。

这些采访有助于我为专栏理出关于中国清晰可靠的纲领，甚有助益。只要名副其实的共产党人在中国当政，这个国家就不会被喜爱，也不应被害怕。如果世界历史需要继续下去，那么世界就需要和这个新巨人合作。如果人们需要了解的是，中国究竟在如何发展，以及这种发展究竟意味着什么，那么西方记者还在挥舞陈腐不堪的意识形态板斧，意义何在？

1997年香港正式回归中国前两个月，发生在香港的一次特定采访显示出此地对西方记者的警惕。其时，我敲定了一次对亲中过渡团队中一位具有高层职位的女士进行采访。这种机会非常难得，当获悉我已获得该机会时，一位驻香港的美国记者要求同去。我喜欢并尊重这位女记者，我能说什么呢？并且，作为一位美国主流报纸的驻港记者，她精通中国问题。然而，是通过自己专业视角来观察报道，还是屈服于身处美国的编辑先生们的偏好压力，在这方面，她既受到很多在香港的中国精英所鄙视，也招致大部分西方同行们的嘲笑。

自然，这位女记者没有收到邀请进行这次采访。事实上，她之前提出会见这位高层女士的要求，是被断然拒绝的。可是，当该女记者打电话跟我谈此次采访时，出于职业礼貌和个人尊重，我建议她以偶然路过的方式露面，然后我们一起走进那位官员的办公室，看看将会发生什么。

读者可能已经猜到彼时所发生之事。当我走进去，那位官员转向我，致以热情欢迎，仿佛在她办公室里只有我一个外人。然后，她转向我的同伴，吐露怨恨之言。她的眼睛死盯住这位女记者，尖刻地说："汤姆，我们同意你这次采访，是因为我们很清楚你的工作，包括这里的工作以及在北京的工作。尽管对你的工作我们并非总是赞同，但你的工作似乎总是公平公正、报道准确的，从不反华。可是你，你是反华的，你为敌人工作，一旦我们执政，你的官方信息来源将会被彻底切断。"

我的美国朋友尽力为自己辩护，开始毫无用处，只听见你来我往尖锐的喊声。然后，事情急转直下，发展成伤风败俗、近乎滑稽的骂仗，她们俩就像复赛中的职业拳击手。

于是，我这个爱好和平的专栏作家，摇身一变成为亨利·基辛格式的伪日耳曼人居间调停人，恳求交战双方坐到和平谈判桌前,谈判分歧。与此同时,我还得秘密谋划如何能搞到一条引起轰动的国际独家新闻。

我的干涉阻止了她们争吵。随着怒气逐步降低,突然,那位支持北京的权威人士转向我,忽视与我同来的不速之客,亲切地说:"普雷特先生,现在,我们怎么能帮到你?"

接下来,是极有吸引力的九十分钟情况介绍。我的那位美国朋友很少说话;我也尽可能少说,很久以前我就得出结论:我说得越多,了解得越少。

这样的会见,对我的专栏具有很大贡献。起初十年间,一些主要政治人物,从小泉纯一郎到托尼·布莱尔,从李光耀到比尔·克林顿以及曾荫权等,通过与我分享他们的思想而有助于我的工作。尤其是我曾追寻那些特别了解中国的信息来源,寻觅我们这个时代最重要的经济和地缘政治新闻。

我采访信息来源,几乎从不采取挑衅对抗的方式。如果我骑在美国高头大马上,像个睥睨天下的批评家纵马奔驰,那些信息来源将会出于对媒介文化资本主义的恐惧,对我们这些丑陋的美国人或沉默的美国人或全知全能的美国人,闭上嘴巴,退避三舍。我们美国记者常常大声宣称,这就是我们的方式或信息通道。但是在世界上许多地方,事情不是这样做的。并且,从读者利益出发,文化傲慢会是让信息来源舒适放松、告诉你更多信息的有效路径吗?

在中国内地和香港,那种分层次的信息渠道会帮助我的专栏变得更加信息灵通,当然,这也可能会激怒其他记者,我不知道。我在20世纪90年代关于中国的专栏文章,聚焦的是这个国家的内部变化,而不是喋喋不休大谈那些所谓迫害和粗暴,无论如何,这类事情在美国媒体上总是得到充分报道。那么,这会让我貌似成为"挺华派"吗?有一次,一位正派公正、深受同行尊敬的同事,用一种友好方式对我提出建议:"汤姆,如果我是你,我会在专栏里掺入三分之一或四分之一左右反北京的文章,你知道,只是为保持你的公信度。"实际上,这个建议会让我的专栏文章更像其他人的文章,经常循环重复那些"旧闻",而牺牲掉真正的"新闻"。这样的事,我是不会做的。

描述美国记者傲慢的另一种办法是,揭示如下行内惯例:同情的描绘在行业内被当作不成熟的证据,而攻击性强的新闻则被视为天生勇敢,于是有这样的说法:"为了拯救这个村庄,不得不焚毁它。"还有,任何带有些微欣赏和理解的报道一般很快会被贴上"权力粉饰者"的标签,这里引用的是美国著名记者皮特·哈米尔(Pete Hamill)热情洋溢的话。

你看,管理一个国家,平衡财政预算,提供国防开支,解决严重社会问题,真的很容易,不是吗[1]?对中国而言,尤其是件好办的事,该国人口超过地球上任何一个国家,就在四十年前,其经济甚至赶不上一个第三世界国家。对于中国,我现在是,也许将会一直是,充满同情。在没有倾听之前,我是不会轻易讽刺的。我不惧仔细倾听他们要说的话,同时也不会带着恐惧态度去听。

我这种关于中国问题的固执性,招致一系列攻击。

其中一个方面攻击,来自美国的政治家,尤其是橙县共

---

[1]. 这里作者似乎在说"反话",意在表达治理中国这样一个人口大国并非易事。

和党人(the Orange County Republican)、国会议员克里斯托弗·考克斯(Congressman Christopher Cox)。他是"关于中国间谍案考克斯委员会报告"(Cox Commission Report on Chinese Spying)的联席主管,该报告引发大量反北京的新闻报道,这些报道讲述共产党间谍如何遍布各处(学校课桌下,工业园区里,电脑硬盘中等)。

真实情况是,法国、以色列、俄国等其他国家也都在做这些间谍活动。因对中国有深入理解而被广泛尊敬的前国务卿基辛格,当被问及此问题时,立即断言,存在很多间谍活动,"每个人都在做,不只是中国人……我不明白他们在吵吵什么。每个人都是另一个人的间谍"。

我的专栏文章采取的是长期观点。如果我们在刺探中国情报,为什么中国就不能刺探我们情报?考克斯报告看起来幼稚、有偏见,其意图与其说是为强化国家安全,不如说是为削弱克林顿政府的民意支持率。当考克斯不能通过炒作克林顿与莫妮卡·莱温斯基(Monica Lewinsky)的露水情缘而达成弹劾总统目的时,不得不转而控告克林顿的诚信度,抓住他与中国方面的安全疏忽,质疑他的爱国主义。

在我发表的一篇专栏文章公开谴责媒体对中国间谍报告的歇斯底里炒作之后,考克斯(这个其他方面挺好的人究竟为什么偏要投身此烂泥塘?)写了一封信给《洛杉矶时报》,指责我"做了共产党路线的应声虫"。

作为报纸社论版前主编,我乐观此信公开发表出来:答辩权必须得到充分、无条件执行。作为追求轰动的专栏作家,我热切盼望考克斯自树一个乱扣"赤色分子"大帽以进行政治迫害的形象而在公众面前自取其辱。然而，令我吃惊的是，《洛杉矶时报》没有就即将发表该人身攻击信事，彬彬有礼地先通知其专栏作家。也许，编辑们只是不想让我去冒笑死自己的风险吧。

顺便说一下，考克斯是南加利福尼亚大学（University of Southern California, USC）的校友，哈佛法学院毕业生，是个特别精明圆滑之人。几年以后，据可靠信息来源说，他或多或少逐渐后悔曾经被指派为反克林顿势力的代表人物，煽动反对中国的歇斯底里。多年之后，考克斯为布什政府工作，当美国证券交易委员会（the US Securities and Exchange Commission）的头儿，饱受攻击。美国证券交易委员会是个旨在反对证券交易欺诈的前线守卫者，但其糟糕表现变成2007—2008年华尔街金融崩盘的一个主要原因，因此《时代》杂志把考克斯放到"要对金融危机负责的二十五个人"不光彩名单之列。好吧，我为什么不感到吃惊？

另一方面可笑的攻击，来自可以预见的大量充满仇恨的电子邮件信息，尤其是来自橙县保守地区的邮件。一个可爱的好事之徒指责我是共产党员。另一个来自加利福尼亚州立大学校园的白痴教授指控，多年以前我发起成立的以UCLA为基地的非盈利组织——亚太媒体网络（the Asia Pacific Media Netword, APMN），从共产党那里拿津贴。当指出这些谎言在法律上应被归为诽谤时，那些攻击者顿时安静下来，缩回巢穴。APMN从未从任何政府手里拿过一毛钱，不管是共产党政府还是其他政府，或是其他任何方面。

然而真正愚蠢的攻击在这里："北京给你这些专栏文章支付

了多少钱?"来自橙县内陆小城发此邮件者问道。

这个问题难倒了我。"好吧,你抓到我了,"我在信末说,"实话实说,每个月大致一万美元。很不错的收入,你说是吗?"

对这些坏透了的白痴,读者诸君,你会如何回应?如果你选择忽视,这些充满恶意的蚊子不会自己飞走;如果你告之以实情并否定其胡言乱语,这些蚊虫又将把否定之事如同疟疾似的传播开去。反之,尝试回复一封电子邮件,该邮件主要用来最大程度迷惑对方,兴许会起点作用。

这一招果真管用。我再也没收到那个人的骚扰邮件。

毫无疑问,一个人最快乐的时刻是能用自己的专栏文章做些好事。

这样的事不会经常发生,但一旦发生,就会令人难以忘怀,使对自己继续从事记者工作感觉要好点。干记者这一行,如果不是为人诟病,至少也是遭人质疑的。

这是我写作专栏早期阶段的事儿。1996年1月1日,当时我正和韩国一位政府官员共进晚餐。尽管这位韩国官员是个令人愉快的伙计(多种场合与此人待过,后来逐渐喜欢他),但整个晚餐看起来似乎漫无目的,直到上甜点之时。此时,正是人所期盼有点重要事情发生的时刻。

我正吃着焦糖布丁,突然问:"你在想什么?是不是有什么烦心事?"

那位韩国外交官,好像突然感到与我在一起很自在,小心翼翼地说:"嗯,说实话,确实有件事。你知道,贵国总统计划于四月份访问东京,然后直飞莫斯科。我们对此感到不安,不仅因为韩国距离东京只有九十分钟航程,而且因为我国恰好处于飞向莫斯科的航线上,对于贵国总统来说,在首尔停留一下也算不上绕路。"

"他为什么要在首尔停留?"我反问,"在亚洲,他有一千个地方可以去。"

"那不错。但是,你知道,最近朝鲜人(the North Koreans)行动异常。他们一直在寻求把我们从朝美对话中排斥出去,孤立我们。同时,他们可能正在扩大导弹项目。因此,我们担心,如果克林顿总统不来韩访问,他们会慢慢认为我们对华盛顿不再那么重要,他们就能在与华盛顿的双边谈判中得到他们所有想要的东西,而把我们踢出局。你知道,美国官方政策是,南北朝鲜的根本分歧必须通过双方直接谈判解决。但是,朝鲜外交部寻求通过与华盛顿直接交易改善他们经济状况,而把我们排除在外。他们想要分裂韩美关系。当然,美国人并不笨,不会上钩。但是,如果克林顿不来访问,那些朝鲜人就会认为他们能够绕开我们。他们甚至可能把克林顿不在韩停留解读为故意怠慢,并从中发现希望。"

"因此,你认为,美国总统不访问韩国,置韩国人民殷殷热望于不顾,是个错误?"

"是的。我们认为,这个事还能打开朝鲜严重误读的大门。"

我回想起,1950年1月,彼时美国国务卿迪安·艾奇逊(Dean Acheson)犯了一个历史性错误。在一次范围广泛的谈话中,他曾尝试定义"美国的战略利益",但令人费解的是,他略而未谈朝鲜，后来这个一时疏忽就鼓励朝鲜人侵入韩国，引发朝鲜战争（the Korean War）。

对此事故重演的可能性琢磨再三后，我对那位韩国外交官的想法表示感谢，然后回家在那儿抓耳挠腮。这是韩国人又一次牢骚不满和感情用事呢，还是我一篇很好专栏文章的有用材料呢？

碰巧，第二天我正好与一位日本外交官有个小小的午餐安排，这位日本外交官后来成为日本首相著名的外交政策最高助理。我很喜欢他，部分原因是他拥有令人愉快的直爽。他的灵魂中没有太多外交手腕，但却非常聪明、智慧和正直。从风格上看，他差不多可以说是不像日本人，这表明，从好的方面来说，民族刻板印象也许有点用处，同时从道德层面来说又是颇为冒险的。但是，我们大家一直都在使用这些刻板印象，啊哈……

这个时候，日本和韩国之间关系仍然在历史形成的冰冻轨道上疾驰。我在想，如果我向他提及韩国外交官的抱怨，他会轻蔑地说："哦，那些感情冲动的韩国佬，他们总是在抱怨这、抱怨那。"

但是，他没有那样说，这让我有点狼狈。他承认，他清楚知道克林顿总统没有在韩国停留的计划，而是直接去莫斯科；同时他也知道，克林顿来东京，日本人自然很高兴，但这种非常有限的旅行计划很难让韩国人满意。

我在想，这就是日本人无言的得意（这对那些倒霉的韩国人来说，简直太坏了，无论如何，我们从不喜欢他们）。

然而，此时无声胜有声，犹如静寂的喧哗，接着是漫长的沉默。作为一个典型的粗鲁直接的美国人，我直视这位外交官的眼睛,说:"那么,你怎么看?"

最终,他回应我的盯视,说:"我不得不承认,我认为韩国人的担忧不无道理。跟朝鲜人打交道,我们都有自己的难处。我觉得他们不可预测,难以读解,任何可能增加形势模糊性,或使这种模糊性可被感知的做法,都是错误的。"

"那么,你认为克林顿总统真的应当去韩国?"

"他应当去。当然,我不想你的文章引用我的话。"

我说:"好的,好的,我理解。我只要你的判断。对我而言,如果你作为日本政府一名成员,都认为韩国人有道理的话,那么也许韩国人的抱怨确有可取之处。"

"没错。"

这就像棒球运动,波士顿红袜队(Boston Red Sox)的粉丝与洋基队(Yankee)的粉丝之间既有互相仇恨,也有在这点或那点上的意见一致。

第二天,我给华盛顿打一个电话。我在国务院有个高层线人,他总是了解正在发生什么事。为好玩起见,让我们称他为"深喉"(Deep Throat)[1]。

"你好,'深喉'!我是汤姆·普雷特。"

"你好,柏拉图(Plato)!什么事?"

像很多人一样,这位著名外交官喜欢拿我的姓开玩笑,不是说我的哲学主张!

"听说总统四月份要去东京,然后去莫斯科,就是不在韩

---

[1]. "水门事件"中神秘政府线人的"代号",2005年5月美国联邦调查局前副局长马克·费尔特(Mark Felt)承认自己是"深喉"。

国停留片刻,给我们那些久经考验、饱受苦难的韩国朋友一个拥抱和亲吻,这些都是胡说八道吧?"

"哦,这又是爱抱怨、明显感情用事的韩国人在发牢骚。他们总是不满意,老是和日本人竞争。美国总统不可能什么地方都去,不可能访问东亚每一个国家。你是明白人。"

"没错。但是,'深喉',朝鲜人已经和我们打过一仗了,尽管是许多年以前的事。谁能保证他们不会挑起另一场战争呢,如果他们认为我们保护韩国的决心和意志正在以某种方式衰退?或者谁能保证他们不会忽略韩国的和平提议,因为他们认为可以在与我们的对话中把韩方踢出去?迪普,这是个冒险买卖。似乎是我们允许不必要的模糊性产生,除非这模糊性确实是我方意图。"

"不,这不是我们意图。我只是想总统有很多事要做,他的日程太紧张了。"

"哦,得了吧,'深喉',告诉我这里面到底是怎么回事!不要鹦鹉学舌、打官腔。"

电话线那头,一声长叹,顿了一下,然后说:"我们谈话能不公开报道吗?"

我说:"绝对不报道。"

又是长长叹气,又是更长停顿。其实,"深喉"是信任我的。我的亚洲专栏本质上不是攻击性的,不会毁掉人们生活(我真的不关心日本首相和他女朋友的情事,我宁愿不知道,当然,除非其女朋友被证实是个间谍),只是以一种不枯燥和诚实的方式,站在美国西海岸的优越立场,阐明一些重要问题,理解一些主要领导者。

"汤姆,白宫那帮主持克林顿竞选运动的家伙,是些极端利己的笨蛋,"此时乃1996年初,克林顿争取连任的竞选运动正在如火如荼开展,因此总统时间比以前更加紧凑、忙碌,"他们只考虑国内政治、选举人票、各种利益群体等,以及'总统出国要尽快回来'。他们根本不清楚,总统见谁、不见谁,对世界格局有着广泛影响。要让总统看到这点的唯一办法,就是看媒介是否关注这个问题。"

再次停顿,他说:"你认为应当写一篇关于这个问题的专栏文章吗?"

"太对了!"

"深喉"用低沉的声音说:"好,很好,很好,"然后,他挂掉了电话。

于是,我写了那篇文章,语气强烈,恰中肯綮。基本来说,我竭尽所能加以论证,空军一号小小绕行首尔一趟,将会收获大大红利,包括指出这个严重事实,即加州大概有二十万韩裔美国人,以及这个完全不可能的预言,即如果总统在其亚洲之行中冷落韩国,这些韩裔美国公民将会全体一致地对总统和民主党人感到愤怒!

当然,选举中这种世界末日般的情况是不可能发生的。但是,对白宫竞选班子来说,他们关心年末必须确保加州五十四张选举人票,并且不用花大把的钱去做全国范围的媒体广告(在加州,购买媒体版面是全美最昂贵的),这种吓人的念头可能会使这个问题得到白宫连任竞选团队和民意调查专家的关注,从而让这篇专栏文章能够进入总统的收件箱。

我们媒体圈人以及外交圈人都知道,在第一任期,克林顿政府许多（尽管不是全部）外交政策的基础，是其了解美国人民对媒体报道涉外事件的可能反应，而不是其前后连贯的概念框架。因为克林顿政府没有这个外交概念框架。

因此，基于真诚关注国际关系之上顺访韩国的吁请，将会落得充耳不闻的下场。但是，同时，克林顿可能选择作为一个具有进取精神的世界领导人形象出现在媒体上，而不是仅仅让几个家伙面带微笑地操纵选票来提升他在国内选举中的地位。在文章中，我认为："在代行总统职位期间，尤其是当其他政党总统候选人正在铺天盖地乱泼脏水之时，现任总统似乎具备较好的工作形象。"不管大选是否迫近，克林顿仍然是自由世界的领袖，正如我在专栏文章中所指出的："重要的外交政策考虑，必须优先于国内政治考量。"

第二天，《洛杉矶时报》发表了这些极其热情的观点，采用了非常俏皮精巧的标题（由聪明的社论版副主编朱迪·杜根 [Judy Dugan] 拟制）："小小绕道收获大大红利。"

我等待着。

几天以后，我把电话打到华盛顿，找到"深喉"听电话。

这次没有停顿。"好吧，你做到了，"他说。

"做到什么了？"我充分享受此刻的快意。

"你让那个问题获得关注。现在到了总统办公桌上，感谢上帝，这帮笨蛋。"

"真的？"

"是的，这个问题现已在椭圆形办公室（the Oval Office）[1]

---

[1] 指美国总统办公室。

层面得到重新审查。有人把你的文章放到了总统面前,他认真看了。你知道,他不傻。你在文章里提出不少好的观点。而且,这是《洛杉矶时报》的文章,这是美国西部加州具有领导作用的报纸。你知道,他有选举要考虑,因此他不想惹恼《洛杉矶时报》。"

"那么,总统会改变他的旅行计划吗?"

"呃,我没有那么说。他们对总统的日程安排得非常非常紧。你我都知道,外交事务在这届政府里一般来说不是那么重要,但谁知道呢?反正现在这个问题已经得到关注,之前可不是这样。"

我想,我已做了我所能做的。我感谢他对我的信任,然后我们以"等着瞧"结束通话。但是,我不会再为此屏息敛气。

在新闻工作中,就像其他工作一样,你只需尽你最大努力即可,然后顺其自然听从命运的安排。你绝无可能超过你能力所限而做得更好,试都不要试。

数月之前,我就计划一次亚洲之行。那篇文章出来后一周,按照原计划,我出发了。

《韩国先驱报》(*The Korea Herald*)也刊发了那篇文章,该报当时是我常发文章的媒体(现在是《韩国时报》[*The Korea Times*])。我这次亚洲之行倒数第二站是韩国的首尔,在那里我要会见几位政府官员。

在韩国熙熙攘攘的首都待两天,有八场会见,走进每一个官员办公室,我总是在其办公桌上看到那篇专栏文章的复印件，或者他们都已记住了那篇文章。他们问的第一个问题总是："普雷特教授，你建议美国总统应当先访问我们韩国后再去莫斯科的文章，你认为会管用吗？"

我不禁莞尔，总想拿此事开个玩笑。我说："自然，美国总统在没有首先与我商量之前，不会做任何事的。"

他们总会哈哈一乐，真是温暖而美好的一刻。然后，我们就会言归正传，进入会见主题。但是，每一次会见，那第一个问题（以及我愚蠢的回答）必须得先过一遍。

在韩国最后一个约见是在青瓦台（the Blue House），那是韩国版的白宫，当然其颜色不是白的，大部分是蓝色的。我受到大韩民国首任民选总统金泳三（Kim Yong Sam）的接见。

本来宣布是十分钟的礼节性拜访，结果时间超过半个小时，变成一次实打实的采访。

金氏真是个做作的政治家，表现得有点过分亲密和快乐。实际上，金总统想提出的第一个问题，不是政治问题，而是前一天晚上韩国国家足球队大胜日本国家足球队。在亚洲，这是比美国橄榄球超级杯联赛（American Superbowl）或红袜队（Red Sox）赢得世界职业棒球大赛（World Series）更大的事情。

于是，我对金总统说了些外交辞令，诸如很高兴和胜利者在一起之类的话。这些话让会见气氛变得更加融洽一点（无疑他很快得出结论，我和他是同类人）。然后，他问我那篇专栏文章的事。

"普雷特教授，你认为那篇文章会有效果吗？"虽然我的专栏在亚洲小有名气，我的身份是一名记者，但我出差时碰到许多亚洲人都喊我"教授",这是因为根据亚洲人价值观,做一个受人尊敬的教育界人士目前来看比做一个媒体人士来得更有名望和更值得称赞。这些亚洲人的价值观,太好玩了!

"你是说我在二月份写的那篇文章?"

他说:"二月六号。"

我只得又笑。他竟然不辞劳苦记住我那篇文章发表的准确日期!于是,我老调重弹:"嗨,谁知道,但一般来说克林顿总统做任何事之前都会和我先商量一下。"

我们再一次哈哈大笑,然后继续讨论其他问题。会见之后,我回到有着富丽堂皇大厅的可爱的首尔希尔顿饭店(Seoul Hilton),打了几个电话,冲了个痛快澡,然后开始整理行囊,准备去金浦国际机场(Kimpo Airport),搭乘飞台北的夜间航班。这时,电话响了。

"普雷特教授吗?我是朴金(Jin Park),大韩民国总统的新闻秘书。"

我很喜欢朴金(朴是他的姓。在韩国,亚洲大部分地方都是这样,姓名的实际顺序应当是Park Jin)。他很聪明,是哈佛大学约翰·肯尼迪政府学院(John F. Kennedy School of Government at Harvard)的毕业生,他常常开我玩笑,因为我的母校普林斯顿大学伍德罗·威尔逊学院和他母校是竞争关系(当然,我的母校更胜一筹)。

"哦,是的,朴先生!你好,我能为你做点什么?"

"你已经为我们做了你所能做的一切事情。这也是我为什么现在给你打电话的原因。我得到大韩民国总统授权来感谢你对我们的帮助,促成美国总统修改其四月份的访问计划。"

"哦？哇！"

"是的，我们刚刚听说。你知道，我们外交部长已在华盛顿与美国国务卿沃伦·克里斯托弗会面，他刚告诉我们，美国总统四月份将会在我们这里中途停留，然后再去莫斯科。"

"太好了，朴先生。这是好人的一次胜利！"

"事实上，我们青瓦台认为，在帮助改变不访问韩国决策上，你的专栏文章是个实实在在的因素。"

我决定开个玩笑。"实实在在的因素？你疯了吗？那是这个突然变化的主要原因！"

朴金开怀大笑。"你知道，人生当中难得有如此开心时刻，大功告成，尽享胜利喜悦。而这一切完全归功于你，这是你应得的。嘿，如果这里有任何我们能为你做的事情，请告诉我们，我们会尽全力去做到。"

"谢谢你，朴先生。你们韩国人的热情好客真是名不虚传。"

确实如此，韩国人好客也许是天下无双。但是此刻，我感觉自己就像身处拉斯维加斯的赌徒，在轮盘赌桌上赢了一大堆数百美元的筹码。我要口袋里装满圆形筹码、作为赢家离开赌桌的唯一方法，就是立即停止赌博，赶快把筹码兑换成现金，拿钱走人。

"金，我得走了。我还得赶时间，完成行李装包，还要去机场赶航班。不多说了，祝你好运，好好享受克林顿访问。"

没有那篇专栏文章，总统行程会改变吗？谁知道。但我们知道政府当局（很难说是唯一）对新闻媒体所做、所言以及所报道的敏感性。你看，《洛杉矶时报》专栏提出一个问题，就足以投射到白宫的雷达荧光屏上。美国媒介很少报道国际新闻，除非美国处于交战状态，对亚洲的报道更是少之又少。有多少美国外交专栏关注亚洲？

克林顿是个理性的人，因此当他看到那篇文章，毫无疑问会这样说："在韩国停留真的会给我们旅程增加多少时间？如果耗时不多，尤其是考虑到其攸关国内政治方面，也许我们应当那么做。"

这里边有好多教训值得汲取。首先，像《洛杉矶时报》这样重量级机构着力打造的明显面向亚洲外交事务的专栏，不容小觑。我很高兴该报会这样做，但五年之后，《芝加哥论坛报》(The Chicago Tribune)买断时报-镜报公司(Times-Mirror Corporation)并将其关闭，然后接管《洛杉矶时报》(以及《新闻日报》[Newsday]等)，砍掉了我的专栏，我非常悲伤。令人欣慰的是，我的专栏又在辛迪加复活，在过去十年里，该专栏出现在美国和亚洲大约十几家不同报纸上。这些报纸的全部发行量，至少是《洛杉矶时报》发行量的三四倍，最近急剧降至标志性的一百万关口以下。

其次，不管一个专栏是漫长海岸线上的一粒细沙，还是一个巨大沙包障碍，究其本质，尤其在当今网络时代，该专栏是新闻媒介食物链上的一种材料。就拿那篇访问韩国的文章来说，在新闻媒介上特别提出该问题，促使白宫对亚洲之行冷落韩国导致地缘政治风险产生疑虑，更不用说新闻媒体的批评了。数月之后，我去看望《时代》杂志前同事斯蒂夫·斯密斯(Steve Smith)，他当时是"美国新闻和世界报道"(US News and World Report)的主编。我讲起少数几篇算是成功的专栏文章，碰巧提到访问韩国之事。"噢——"斯蒂夫说，"原来是你把那事搅起来的呀！"

是的，就是我，我为此而骄傲！

扎实的国际新闻报道，不仅对美国公众，而且对美国政府，都是至关重要的。但对于如此重要之事，大型媒体公司很可能不当回事，这是个可怕的文化错误，从长远观点来看，也是一种导致民族灾难的做法。

在政治这个行当里，新闻秘书也许是最怀才不遇、其辛劳未获恰当肯定的一种工作。他们的工作很重要，充当他们有权势的老板，包括总统、首相、国防部长等，和新闻媒介之间的中间人。对他们中有些人，我慢慢变得非常尊敬。另外一些人不得不终生忍受良心挣扎。

那次与大韩民国首任非军人总统金泳三会面之后数年，朴金变成了一位主要政治人物。

但是，在我第一次遇见他时，他只是韩国总统的"一个挡箭牌"。其实，年轻的朴金是个极富技巧的青瓦台人物，出色而忠诚地为其总统和祖国服务。

总统会见的那个上午，他手里拿着小茶壶，走进青瓦台一间小接待室。我在韩国进行的每一次正式采访，献茶是经常伴随的一种仪式，有人一边给你沏茶，一边低语劝告，说这是高丽参茶，"喝了对人好"。

在那次旅程中，这种事经常发生，我后来开玩笑说，我开始怀疑是不是我老婆从洛杉矶秘密打电话给这些韩国官员抱怨婚姻不美满！于是，我对聪明而敏感的朴金开玩笑道："嘿，我要的只是采访你们总统，而不是跟他做爱！"

朴金大笑说："我干这个工作两年了，绝对从未听过这样说话的！"

"只是个挡箭牌"，是一种有损人格的说法，但许多记者就是如此看待新闻秘书的。这种评价适用对象，与其说是他们，不如说是我们。有不同种类新闻秘书，正如有不同种类新闻记者。我遇到的新闻秘书多是些尽职尽责的专业人士，他们工作起来和我们一样努力。

我将永远不会忘记，多年以前在东京，飞机晚点四个小时，登记入住洲际全日空酒店（ANA Hotel）的那个晚上。一场台风迫使来自洛杉矶的飞机改变航向，北飞札幌，直到风势平静下来好久，才飞回东京降落。那时，我心里想，日本外务省的新闻助理可能早就回家去了吧。

彼时已是午夜，我半睡半醒，拖着行李箱走向登记处。这时，忽然有人拍我肩膀，把我带回清醒之地。"普雷特教授，"一个声音说，这个声音来自一位穿着朴素的中年男人，他一手拿着个黑色公文包，另一手拿着把雨伞，"我的名字叫儿玉和夫（Kazuo Kodama）。"原来，外务省这位新闻助理一直在这里等着我。我们之中有几人能够为有可能第二天才做的事情，坐在酒店大堂等候那么长时间？我被这种纯粹、执着、不辞辛劳的敬业精神所感动。

日本外务省著名的职业外交官儿玉和夫先生是很特别，但并非唯一。新闻发言人诸如千叶明（Akira Chiba）以及寺井一郎（Koji Tsuruoka）等，为公共服务理念增添了光彩。这个圈子里的顶尖选手都是一样，像中国的韩涛（Han Tao），他在洛杉矶做了几年中国政府的新闻发言人。

但是，我所见过最机智的新闻秘书，无疑当推美国的迈克尔·马凯利（Mike McCurry）。他先是为国务院的沃伦·克里斯托弗工作，后来以白宫新闻秘书告终。最后，为他老板克林顿挡枪避弹的工作，彻底摧垮了他，但是在他那坚忍艰苦的任期内，我想不出来一个真正他自己制造的敌人。

有一次，七月四日，周末，我和女儿阿什莉去华盛顿玩，迈克尔赢得了我女儿的支持。当时，城里没有什么大人物在，但迈克尔还在他那间滑稽而狭小的办公室里。当我打电话过去，问是否可以带着女儿去他那儿做一次私人拜访时，他说，当然可以，过来吧。太棒了！也许，阿什莉是那年美国唯一的由总统新闻秘书亲自陪同，参观了那个具有历史意义的房间（椭圆形办公室）的十岁儿童。

坦白地说，出类拔萃新闻秘书的名单，和出类拔萃记者的名单一样长。已故的肯尼斯·培根（Kenneth Bacon）是我在阿默斯特学院的同事，曾经当过六年五角大楼新闻秘书，他为该工作岗位建立了一套难以打破的行为标准。戴维·伯根（David Bergen）替不止一个总统服务，最终在哈佛大学立足。前得克萨斯传教士比尔·莫耶斯（Bill Moyers）在林登·约翰逊（Lyndon Johnson）总统手下当白宫新闻秘书，因推动越南战争而灵魂挣扎，但不久即离开去当《新闻日报》发行人，帮助领导那场反对越战的道德抗争。

我从未当过新闻秘书，因此我不知道，如果有个我喜欢的政治人物向我提供该职位，我将会作何反应。令人尊敬的新闻记者和历史学家理查德·里夫斯（Richard Reeves）有一次警告我说，在职业生涯中，我可能会面临至少一次职业困境。但是，直到现在，那并未发生。我很高兴它没有发生，但我极其敬重那些干了这一行，离开时道德名声完美无缺的人。这不是件容易做到的事，若做得很好，则值得大家注目致敬。

我写亚洲专栏差不多快到一年的时候，一个名叫杨时贤（Gwendoline Yeo，她现是洛杉矶多才多艺的女演员，几年前在电视剧《绝望主妇》[*Desperate Housewives*]里多次客串）的聪明学生建议我访问新加坡，她在那里出生并度过少年时代。最初，我对此想法不以为然。我去中国路上曾经在那儿停过，当时我那新专栏进展良好，我为什么要浪费一次旅行，去那弹丸之地新加坡呢？谁会在意那个地方？作为一个聪明的年轻人，会讲三种语言，杨时贤用一个政治作家能够理解的语言，论证了她的主张："你应当去新加坡，是因为你将会遇见一个名叫李光耀（Lee Kuan Yew）的政治天才。"

她对现代新加坡之父的描述，引起我的兴趣。这个国家现已变成具有非同一般影响力的成功的城市型国家，尤其是考虑到该国微小的国土和人口，上述评价千真万确。但是，该国政治体制处理事情的方式，确实和美国的不同。该国实行一党专制，差不多把所有重要的政治反对派都排挤出或者说吸收进了执政党（这是从美国政治价值观角度而言的）。

好消息是：半个世纪前，新加坡被一贯奉行实用主义的大英帝国作为失败事业而放弃。然而，李光耀组建起一个高层统治团队，独立自主地把贫穷的新加坡建设成为世界上最令人印象深刻的小地方之一。但是,他做成此事的方式又不是美国式的。

这个地方表面上的二元性使我着迷,令人羡慕的成就与令人质疑的过程形成反差。同样,李光耀那难解政治之谜也让我着迷,对于此人,至少可以这样说,在美国新闻媒体上没有得到很好报道,至少在20世纪90年代是如此。

我决定拜访新加坡政府,打电话申请一张记者签证,以便去那儿旅行,写一篇或两篇文章。

令我吃惊的是,起初他们并不热情。"哦,我们知道你要做什么,"那位处理对外新闻事务的政府官员说,"你会来新加坡,在这里待上两点一天,写三点一篇文章,七点六次提到那个鞭打事件"[1]。

他们说得有一定道理。

很长时间以来,新加坡政府一直在追踪那些空降的外国记者(他们来待段时间,然后写些关于那个鞭打案的新闻报道)。确实,来东南亚之前,我查阅了《洛杉矶时报》以往专栏文章和新闻报道的数据库,发现近年来(或者说一直以来)绝大部分文献都是聚焦于新加坡使用鞭刑惩罚罪犯和震慑社会,以及关于臭名昭著的第一个美国受刑者迈克尔·斐(Michael Fay)的报道。此人多多少少是个典型的年轻、不负责任的美国傻瓜,在全部目标就是要使公众绝对尊重权威、控制所有异端的政治文化里,他竟然决定公开展示其在墙上和汽车上的喷画技

---

[1] 这里使用三个带小数点的数字,是新加坡官员嘲讽调侃性说法,显示其对美国记者来访的消极态度。

能。在这个微小而警备森严的城市国家里,那个美国年轻人很快被逮捕,立即被处以少量新加坡鞭刑惩罚。

美国媒体立马一片责难之声。多么原始!多么粗野!美国媒体巨头们大声疾呼凌迟新加坡,告诉它怎么做事。可是,他们绝没想到,美国公共舆论与其说是反对,不如说是赞成这种行为,可能因为我们希望对自己出格的孩子,至少能够更严厉一点,而不必招致美国公民自由联盟(American Civilian Liberties Union)官司的掌掴。

但是,让我们回到我与新加坡政府官员的对话。

"好吧,我跟你达成交易,"我说,"我将会待五天,整周工作日。我不会去马来西亚,不会去印度尼西亚,在那段时间里,我不会去亚洲任何别的地方。我会去看,去了解,然后我会写一篇专栏文章,文章中我可能会只提及鞭刑案一次,因为作为一个美国记者,我必须提到你们的鞭刑法律至少一次,否则我会失掉记者证!"

当然,我是在开玩笑,要不然呢?当然,美国记者没有什么记者证,但他们需要吗?嗯,这是个有意思的问题,你可能会对我的答案感到惊讶!

那位新加坡官员以其人之道还治其人,对我说:"OK,这是你开出的条件:你会待一周,不带偏见地去观察、去听、去看,会写一篇专栏文章,可能会只提鞭刑一次,对吧?"

"没错。我不得不提一次,否则专栏文章上不了《洛杉矶时报》。"

"肯定还有个隐藏条件。"

"对,还有个条件。"

"呃——好吧，什么条件？"

"在我离开新加坡之前，我必须要见一下李光耀。"

那位媒体关系官员说，他稍后打给我，然后就挂掉了电话。

我本来想，再也不会接到他的电话。

两天之后，我得到新加坡回话。"OK，按照我们理解，交易如下：你来新加坡，待上一周，看你想看的，没人跟随你，当然你可以写任何你想写的东西。我们会尽可能帮助你。因为我们知道你计划在星期六乘新加坡航空公司（Singapore Airlines）868次航班去香港，所以，星期五的五点钟，你可以有四十五分钟时间与李光耀在其伊斯塔纳宫（the Istana）办公室会面。"

伊斯塔纳宫是一座古老、可爱的大英帝国殖民地时期的宫殿，有个九洞高尔夫球场。李光耀作为有民族自豪感的华裔新加坡人，让英国人搬离这个宫殿，可能令他极其快乐和兴奋，但没有一个人说过他是愚蠢的。至少在工作时间，伊斯塔纳宫很快变成类似于白宫的政府代名词。

于是，我去了新加坡。我笑着告诉学生们，我一在机场落地，就立即去咨询处问道："鞭刑在什么地方进行？鞭刑中心怎么走？"他们看着我，好像在看一个疯子。当然，我是在开玩笑。

在1997年的新加坡，我看到的是一个具有很高生活标准的现代国家，大约百分之九十的家庭都有自己的房子。差不多是完全就业，地方干净如新，很多政府办公室都有空调，感谢上帝，因为这个国家的气温赛过烤炉！

不错，新加坡有自己的问题，诸如民族关系紧张，过分的政治高压，就业的持续焦虑等。但是，他们在许多方面已经做了大量工作，任何有公平心的外来记者都会对此印象深刻。这个城市国家是世界上人均国民收入最高国家之一。没有乱丢的垃圾，环境是如此干净，成为西方环保主义者的天堂。从机场过来的路上，往车外看，路边找不到一点垃圾。公共教育系统始终排名世界前列。新加坡政府内阁的集体智商，至少等于其所有邻国政府内阁智商的总和；其公务员收入良好，任用过程总体上是价值驱动，选优汰劣。其备受非议、总是支持政府的新闻媒介，和美国同行总是挖掘负面新闻、攻击性新闻不同，不采用耸人听闻的手法处理矛盾冲突，很好地为各民族服务，拥有一家世界级日报《海峡时报》(*The Straits Times*)。

这不是我在西方报纸上读到的新加坡，那个没有生机、无趣、机械、像个赤道雪茄盒似的地方。相反，新加坡是另外一个模样，我很喜欢。

这就是我对新加坡的总体印象，而期盼已久与资深总理的周五会见也越来越近了。李光耀在1990年卸职后，接受了"开国总理"这个称号（后来，2004年他又担任"总理资政"的职务）。

在战后建设民族国家历史上，他成功设计策划了最显著的国家发展繁荣的传奇故事，他到底是个什么样的人？美国媒体把他轻率地描绘成某种政治控制狂，类似于"软性独裁者"。而最终答案，让他们失望了。

那次会见时间长，内容深广。本来计划是四十五分钟，实际上这位新加坡开国总理用了将近两个小时阐述他的观点，这是既紧张又愉悦的两个钟头。他用在英国剑桥读书时养成的富有魅力、不列颠式的轻松活泼语调，体贴周到，以及令人惊异的准确，回答了我的每一个问题。

当20世纪60年代李光耀及其人民行动党（People's Action Party）开始把七零八落的新加坡重新拼凑起来的时候，他面对的最大问题是什么？令人吃惊的是，李说不是经济问题，不是国家安全问题，也不是公共教育问题，而是治安问题，无处不在的贩毒团伙在街道上呼啸而过，恐吓公民，让正派的新加坡人夜间不敢出门，简直是无法无天、无恶不作。在英国人统治期间，他们忽略这些帮派团伙，这种自流放任政策导致问题层出不穷，各种问题最终演变成活生生的梦魇。这些到处流窜的帮派团伙不仅晚间控制街道，就是光天化日之下也敢恣意妄为。在贩毒团伙枪战或飞车枪击案中，无辜局外人被射杀的威胁是真实存在的。李光耀坚称，放任这种脱轨的非法行为，是不可能建设和平安宁的社会的。

我问他采取什么措施打击这些帮派团伙。

"我们让军队逮捕他们，投入大狱。"

"那么，审判是怎样进行的？"我理性地问。

"我们不搞审判，"这位资深政治家直言不讳。

"什么？！"我努力看起来平静镇定，但我想我是失败了。我的美国做派还是太过明显地表现出来。

"汤姆，你晓得，我们继承了英国司法体系，需要一个团伙成员的证词才能判决另一个。但是，帮派会杀掉任何敢开口的人，于是就形成一种旋转门机制，这边抓进来一个嫌犯，经过依赖目击证人证词的审判，该目击证人会被帮派杀掉，然后嫌犯又走出那个旋转门，回到街上。"

"警察为什么不能保护目击证人？"

"他们还不够强大。"

"那么，你们怎么做？"

"我们让军队包围他们，把这些帮派成员全部投进监狱，"李光耀说。

"那么，他们今天在哪里？"

"总体来说，他们还在监狱里。"

"但是，这太荒谬了！"

他清醒而淡然地盯住我的眼睛，没有丁点歉疚的意思，直截了当地说："普雷特先生，难道你没注意到吗？现在新加坡街上是安全的。"

李光耀的话让我愣在那儿，无言以对。多年之后，老婆安德莉亚（Andrea）勇敢地对我说："我想独自一人离开一周，没有讨厌的你和烦人的孩子在身边。我需要整整一周只属于我自己。你觉得，哪个地方对孤单女人来说是最有趣又最安全的？"我回答："那容易，新加坡。"她去了，而且爱上了这个地方。后来她又去过好几次，但她形成一个强烈的观点，那就是新加坡前总理及其继承者应当放松一点点，让新加坡人民更多地享受自己。如此，则该国可能就接近完美了。

我们转换到另外一个话题。我问李光耀和中国打交道的事。对此，他持有同情观点，认为亚洲稳定的关键，在于中国稳定，并认为中国稳定在一定意义上与中美关系状态有关。用这位资深总理的话来说，如果中美关系"走上正轨"，或者换言之，中美关系乃非军事关系，即对抗最小化，合作最大化，那么中国，包括亚洲，将会有个美好的未来。反之，如果发生类似冷战的对抗，亚洲将会变得不稳定，因为亚洲繁荣大部分取决于政治稳定，不搞对抗。

结束采访时，我确信，不管是爱他还是恨他，李光耀思想超群，意志坚定。

在靠近乌节路（Orchard Road）的富丽堂皇的香格里拉酒店，我匆匆写出新加坡专栏文章，用传真和电子邮件发给《洛杉矶时报》，然后去机场搭乘长途航班飞回加利福尼亚。归程中，我睡得像只小狗。

当我到达洛杉矶，一个紧急电话正在等我。电话是《洛杉矶时报》一个编辑打的："汤姆，这篇关于新加坡的文章，你确定要发吗？"

我说："当然，怎么了？"

"嗯，呃，怎么说呢……这篇文章是不是对新加坡太软了点？"

"你是什么意思？"

"新加坡是个可怕的地方，汤姆，你对他们太宽容了！"

"你去过新加坡没有？"

那个编辑承认他没去过。

"我刚从那个地方回来，在那儿采访了一周，我认为那个地方一点儿都不可怕。我想这篇文章是相当公正的。没有人跟踪我，我没看到任何鞭刑。李光耀比丹·奎尔（Dan Quayle）[1]聪

---

[1]. 丹·奎尔（Dan Quayle）是美国第四十四届副总统，总统是乔治·布什（George H. W. Bush）。

明多了。"

"我不知道。对这篇文章，高层领导有点犯嘀咕。"

"你看啊，新加坡的报纸，不管有何优点，很明显不如西方商业性报纸自由。但是，我们报纸完全开放与自由，任何有根有据的观点都能得到发表，这不正是我们报纸最受人尊敬的证据之一吗？"

我顺嘴问道，我们是否也要让《洛杉矶时报》变成像新加坡媒体那样具有压制性呢？

此计成功。《洛杉矶时报》让步，那篇专栏得以发表，里边真的没有丁点儿可能被诠释为公然反美的东西。如果说有什么东西，只是揭示了李光耀看好美国的多种方式。这篇文章在某处写道："像许多亚洲领导人一样，李光耀从未让反美主义前进半分。事实上……他把美国看成反对侵略、维护国家主权原则唯一值得信赖的捍卫者。在生存于大国和强权夹缝间的小国眼里，这是个重要且颇受感激的特点。他甚至通过警告日本'若想被国际社会完全接受，则不要过分强调自己的独特性'，无形中促进了美国的多元族群价值观。"

在批评美国方面，李光耀同样很注重实际。他平静指出，美国自身应留心正在恶化的国内问题，尤其是内陆城市的贫困与教育不足，同时多多试验"新生活方式"，因为国内稳定的美国"是特别重要的美、中、日三角关系的基石"。这听起来更像是深思熟虑的政治家的沉思，而不是不切实际的独裁暴君的狂想。几年以后，我去采访韩国总统金大中（Kim Dae Jung），他被授予2000年诺贝尔和平奖，他热情洋溢地把李光耀形容为"高瞻远瞩的政治领袖"，是他单枪匹马"在波翻浪涌的现代政治中领导一个小国走向现代繁荣社会"。

李光耀所理解的世界政治,是一套互相交织的意识形态和行为实践,有的和美国方式一致,有的不一致。李的政治倾向显然属于后者,但我看不出为此抨击他的理由,尤其是他用非美国的信念创造了一个安全、繁荣与和平的新国家。

那篇文章刊出一周左右(《洛杉矶时报》恰当地制作了一个标题:"私屋拥有者与强硬路线者"),我接到迪米特里·西梅斯(Dimitri Simes)打来的电话,他是位于华盛顿的尼克松中心(Nixon Center)主任,该中心打算在那年11月的一次晚宴上授予李光耀"年度政治家"("Statesman of the Year")荣誉。

迪米特里言谈幽默,说刚接到基辛格从纽约打来的电话,基辛格读了《纽约时报》威廉·萨菲尔(William Safire)的专栏文章,这篇文章严厉批判新加坡,把李光耀称作"小希特勒"。盛怒的基辛格打电话给他说:"(这里很重的德国口音响起)迪米特里!我非常生气,威廉的文章就是垃圾,他怎么能写出如此废话?他从未去过新加坡。李光耀是亚洲和世界伟大的政治家之一。事实上,《洛杉矶时报》名叫'普雷'的专栏作家的观点倒有不少细致入微可取之处。"他发错了我的姓,听起来像晚餐用的盘子(plate)。

显然,听到这话,于我确是莫大享受。我过去的"高层领导"比尔·萨菲尔(Bill Safire),不仅错发那篇新加坡报道,而且错发的原因在于他违反了自己提出的第一重要原则:报道,报道,再报道。后来,萨菲尔某种程度上改变了他对于李光耀的观点,但仅发生在第一次和李光耀相处之后。之前,这位聪明的专栏作家从未访问过新加坡。我访问过。这就是区别所在。并且,有时候这是个至关重要的区别。

不断地报道。记者的第一原则应当总是:报道,报道,再报道。

实际上,基辛格被萨菲尔这篇文章搞得如此不安,以至于他向尼克松中心提出,如果中心仍然需要他引介李光耀,他可以推迟早在计划中的土耳其商业之旅。尼克松中心官员几个月前提议由基辛格引介李光耀,但基辛格由于前面早有土耳其之行的承诺,所以礼貌地谢绝了。

尼克松中心当然不笨。当听到这个提议,他们大喜过望。"太棒了!亨利,我们还想有劳尊驾。"这于土耳其方面是个坏事,于尼克松中心的人自然是喜事。

好,尼克松中心认为,我写了一篇文章,不仅让《洛杉矶时报》编辑心绪不宁,而且激怒了比尔·萨菲尔;接着,比尔·萨菲尔又写了一篇专栏惹恼基辛格,所以他们感觉是我启动了多米诺骨牌效应。然后,事情继续发展,我也被邀请参加那次晚宴,以及晚宴之前的私人接待。最终,我欣喜地成为这次政治大咖聚会的受益人。我怎么能不去?

晚宴到来的那天,在乔治城(Georgetown)四季酒店楼下的一间私人接待室里,我谦卑地坐在角落里,观察着美国东海岸顶级人物得意洋洋地进入房间。这是华盛顿政治圈的名人录。也有次级人物,主要是来自大华盛顿地区的新加坡裔移居名人(他们并不一定是富人)。最后,还有第三级人物,那就是来自洛杉矶的本人,以及我的一个客人,她是个前新加坡人，以前是我的学生，正在华盛顿特区走亲戚，迪米特里说我可以把她带过来。

当然，基辛格，和纽特·金里奇（Newt Gingrich）、比尔·布拉德利（Bill Bradley）[1]以及其他大人物一样，都是隆重登场。我津津有味地观察着。

具有超凡魅力的李光耀及其夫人（她是个"双优生"，意即剑桥大学最高学业荣誉的获得者）到达，成为聚光灯的中心。仪式感油然而生。每个人都鞠躬如仪，毕恭毕敬。

李光耀看到我，戏剧性地指着我的方向。"《洛杉矶时报》！"他大声地说。挤得满满当当的接待室，顿时安静了许多。

我一边笑着，一边心里想："哦，上帝，他不可能记得我的姓名，但是无论如何，他要鞭打我了！"

相反，他说："你的那个专栏……我了解并欣赏美国媒体的理念。你的专栏文章很勇敢。"

这是个令人惊异的时刻。可以肯定，李光耀不会是通过奉承一个专栏作家来寻求支持的第一人，但我想那不是他的动机。除非新加坡整体形象遭到伤害，他并不太介意西方报纸怎样看待他。他主要意思是，美国新闻媒体有种支配一切的理念，这种理念我们自己习以为常，视而不见，但对美国之外的人是极其明显的；他也隐隐理解到，如果美国记者偏离这种理念太远的话，该记者则会面临一定风险，尤其是职业上的风险。

---

[1] 纽特·金里奇（Newt Gingrich）是当时美国众议院议长；比尔·布拉德利（Bill Bradley）时任美国民主党参议员。

我没有抨击新加坡，就是偏离了该理念。我是冒一定风险的，我想《洛杉矶时报》对我那篇专栏文章是不太高兴的。另外，对我关于中国的一系列文章，同样不高兴，因为那些文章强调的是变革大潮正在席卷那个国家，而不是强调侵犯人权，或者那些过时的中国做事方法。甚至，对我关于日本的专栏，也不高兴，因为那些专栏文章传播的是理解，而不是谴责。

你看，在美国媒体上，如果你不大力抨击，你就不是个真正有男人气概的记者。

在文章中，我确实说过，李光耀无疑是"另一个无情的独裁者……他对生机勃勃的自由报业等东西所抱持的严苛不容忍态度，被他纯正的剑桥口音所缓冲保护"。与此构成平衡的是，我也宣称："美国不必同意李光耀说的每件事。但是，为什么不倾听？我们可以从他那儿了解新加坡，同时也了解我们自己。"

可是，在美国政治性媒体上，平衡的观点行之不远。持有平衡观点的记者，会被看作平淡乏味的胆小鬼和不堪一击的对手。记者们常常自封为社会的"看门狗"（watchdog），很多人期盼这只"看门狗"永远处于饥渴难耐、露出尖牙利齿的状态，否则，就会将其看成不识时务的呆子。李光耀和我们大家一样，有他的缺点，任何人都必须直率承认这一点。但是，就算最坏的批评家也承认，李光耀是个智力超群、经验非凡的人，拥有建设国家的钢铁般意志。没错，他做这些事情，用的是新加坡模式，而不是美国模式，但那正是美国需要理解的东西。新加坡模式真的管用。

美国模式不是每个人的模式，将来也绝不会是。在美国模式之外，还有许多成功的运作模式。也许，我们应当开始更加尊重其他人的模式。无处不在的美国新闻媒体应能采用更多细致入微、更少种族中心的新闻报道。

对于专栏作家采访而言，另一个令人着迷、可以访问的地方，同时又具特殊挑战性的地方，那就是中国香港。像新加坡一样，香港人口不多，但在世界舞台上的影响超过其自身重量。在英国人管制之下，香港在经济上是繁荣的，但被故意贬抑为幼稚的政治实体。然而，历史持续展开，香港和其他地方一样，唯一不变的就是变化。

首先，介绍一点背景资料：1982年，英国政府同意，在十五年时间内，他们将把香港主权移交给北京。当1997年终于来临，很多西方媒体都在预测最坏的情况。我持不同观点，即无论北京共产主义体制有什么样的缺点，从其自身利益出发，北京也会让香港政府到位，不管该政府意识形态倾向如何，事实将证明其至少会和前任一样称职能干。也许在某些方面，甚至更能干，因为毕竟该政府将是真正中国人的政府。

无论如何，我决定，通过某种方式对即将就任的香港领导人董建华进行独家采访，去寻找第一手资料。

使用传统方法难以获得独家采访。独家采访需要大量准备工作和许多精密谋划。善谋者，独家采访竞得者也。

当然，别人也有此想法。至少有一百个采访请求，而且填满此请求名单的,都是当今世界上真正的媒体巨人,诸如《新闻周刊》(Newsweek)、《泰晤士报》(Times)、《华盛顿邮报》、《伦敦时报》(London Times)、《信使晚报》(Corriera della Serra)、《世界报》(Le Monde)等。

问题是,新特首董建华以前是搞船舶航运的生意人,对西方媒体并不完全信任,我也不能完全责怪他。西方媒体带着固有的否定性理念、灾难性预言以及没完没了的反华反共,想方设法、集中精力对付他。因此,我的西方媒体资历,在获取独家采访机会上,绝不会是个帮助,事实上很可能是个障碍。

在去香港前夕,我突然想到一个主意。几个月前,我运气特别好,遇到了陈启宗(Ronnie Chan),他是个精明多智的香港富豪和出类拔萃的政治人物。我立即喜欢上他,因为他不怕冒险,曾对我说:"你知道,汤姆,我喜欢你上一篇专栏文章,但之前那一篇真的令人讨厌。"

我能接受或忍受如此评论,甚至尊重它。作为南加州大学(USC)毕业生和大学董事会成员,陈启宗熟悉并喜欢洛杉矶的生活方式。我是其对手学校加州大学洛杉矶分校的教授,从理论上说,我们俩之间也构成竞争对手关系,但是我们在一起的时间总是非常有趣。

在计划去香港的前一个晚上,我终于意识到,陈启宗或类似的人有可能帮我弄到一次采访新任特首的机会。于是,我很快打出一份短短的传真,发给在香港的陈启宗。传真上写道:"亲爱的罗尼,几天后我将到达香港,会在那里待上一周,看看有何新闻。你能否帮我找个机会见见董建华?爱你并吻你,加州大学洛杉矶分校汤姆教授。"

这是一次没有把握的尝试，但有可能管用。事实上，这是我唯一的机会。如果陈启宗是个人脉广泛的亿万富翁，我想他会有办法。如果他在政治上以及国内外事务上，如我所知那样积极活跃（毕竟他已跻身达沃斯世界经济论坛理事会），那么他肯定拥有远超于我的影响力，而我只不过是一千个跪地乞求的记者之一，这些上千记者都渴望得到采访董建华的机会，而董建华却在千方百计躲避记者，一概拒绝任何采访。

果然，当我在香港酒店登记入住时，陈启宗的留言已经在等我："亲爱的汤姆，新任特首将在周五晚六点钟接见我们俩，只作为一次社交访问。我想，这次会见时间够长，能满足你的需要。如果你不能准时赴会，请给我打电话。否则，我将在下午五点钟到酒店接你。"虽然不像赢得普利策大奖，但那感觉也是欣喜若狂，因为要与中国香港的新管理者谈话，真的是太不容易了。

星期五，五点钟，陈启宗带车来接我，能看出他心情不错。苏茜（不是其真名）也上了车，她是我以前的学生，现在香港，非常仰慕香港政务司司长陈方安生（Anson Chan），不像大多数西方记者，苏茜希望董建华一切顺利。我知道，陈启宗会喜欢苏茜严肃认真的工作态度，我已跟他说清楚这个未来出色的领导者将会跟我们一起去。

但是，我还没来得及打招呼，甚至还没来得及欣赏一下我这位朋友的睿智和魅力，这时陈启宗的车载电话突然刺耳地响起来。

他说了几分钟普通话之后，转向我，用英语说："汤姆，我这里有好消息，也有坏消息。好消息是，会见继续进行；坏消息是,这次会见不能被报道。你不能引用董建华今晚对我们说的任何话。"

这是个灾难性的打击。我好不容易弄到一个采访,但却不能使用。我第一本能反应是暴怒,我想作为一个年轻人,我要大声抗议,恨不得在陈启宗背上捅一刀,然后跳下车。但是,从现实角度看,我能做什么?我能说"你告诉特首,除非他按照我的方式行事,否则我将不会见他"?

我想不能这么做。这不是解决问题的办法,尤其是在亚洲。

所以,我只好点头,咽下我的失望,对此陈启宗明显表示同情。在去董建华办公室的路上,我一直在想:"我来了,马上要进到这位新特首的办公室,三周之后香港主权历史性地移交中国,可是我却不能写一篇引用他的专栏文章。"

我所能做的,就是不能失去这个机会。

对西方来说,董建华是个神秘人物,我想破解他。实际上,我了解他的唯一事情就是,他被西方媒体描绘成一个冷淡、精明的生意人,现在靠当北京的木偶而谋生。然而,我很快发现,他绝不是那种人。

首先,事实证明,董建华是个胖胖的、慈祥的人,温暖、友好,笑容常常挂在脸上。当然,我们仨走进他的办公室,他先向陈启宗打招呼,然后陈再把我和助手介绍给特首。

我们立即坐下来,还有董建华的办公室主任和新闻助理在场,开始我们的会见。随着我开始问第一个问题,学生助手就拿出速记本。她当时穿着一件很保守的白色亚麻衣服,头上梳了一个圆形发髻。她的行为态度就像一个勤奋好学的研究生坐在其硕士导师边上。

尽管如此，忧心忡忡的新闻助理立即采取行动。特首的预约本上只写着："陈启宗和他的朋友，下午六点"。新闻助理提前打电话给陈启宗办公室，问清楚朋友是谁。在拒绝许许多多采访请求之后，得知陈启宗的朋友是个《洛杉矶时报》的专栏作家，他感到不爽。他劝说董建华把这次会见设定为私人访问。于是，这位新闻助理进行干涉，说："哦，不，小姐，你不可以记笔记。"

我看着苏茜。她看起来一脸苦恼，感情受伤，心急如焚的样子，她的角色扮演近乎完美。我不确定是否要给她个拥抱，或者给她颁个奥斯卡奖。

这时，特首干预了。"不，没关系，"董建华用一种恭敬有礼的方式说，"汤姆可以用作背景资料。"他对我朋友慈祥地微笑，说："别担心，你可以记笔记。"

新闻助理脸都白了，已经拒绝众多世界领军媒体机构和媒体大腕采访请求，我能想象到此刻他在想什么。我们交谈了一个多小时。当会谈终于结束时，我感谢特首和陈启宗安排的此次会见，也感谢那位新闻助理的理解。

"普雷特先生，欢迎你，"新闻助理说，"但是，我必须提醒你和陈先生，虽然你的助理被允许记了笔记，但只能作为背景资料使用。这次会见不能对外报道。"

这时，某种原始力量突然攫住了我，心里合计，我已经采访在手，没有什么东西可失去了。事实上，我站起来，发表了荒唐、感情冲动、夸大其词的结束语：

"即将赴任的特首先生，我对您非常尊重，但不允许报道此次会见，我觉得很荒唐。"

"大部分西方媒体把特首描绘成一个冷漠、机械、狡猾的北京傀儡，对香港或真正生活于此的人民并不关心。他们说，特首只为北京的利益服务。但是，今晚的交谈帮助我搞清楚了，特首其实深深地关怀着香港，想把事情做好，同时也尊重香港主权现归北京的事实。您是个清楚意识到自己在走钢丝的人。"

在我表达半是算计的唠唠叨叨愤怒请求之时，我看着陈启宗的眼睛，能分辨出来他准确知道我在干什么。我也看我助理的眼睛，看到她也明白。我继续这样唠叨了一两分钟。

当我说完，新闻助理没有看我的眼睛，但董建华在看。董站起来，握着我的手，眼睛看着我的朋友，说："OK。继续你的工作，可以报道这次会见。谢谢你的到来。"

在电梯上，我不知道要先亲吻谁，是我机灵的助手，她记了如此好的笔记，看起来那么楚楚动人，还是陈启宗，为他的关系和智慧？陈启宗知道，我不会在会见中像个蠢货般行动。他也知道，我可能是向西方世界传达另一面香港故事的渠道。我很高兴刚才那样做，因为这是个尚未有人报道的大新闻。

后来，我发现两件有趣的事情。第一件事，在我采访过后两天，董建华的新闻助理匆忙宣布，将举行一场面向所有记者的新闻发布会，而此前拒绝了他们的采访。这是董建华给予西方媒体的第一次新闻发布会。我想，是尴尬的新闻助理按下恐慌的按钮，最后产生这个想法，因为同意《洛杉矶时报》专栏作家的独家采访完全是意料之外的事。

尽管我有点自我中心，实际上也许低估了该独家新闻的重要性。那次会见后,第二天,我参加由某论坛主办的午餐会,CNN驻中国记者奇迈可(Mike Chinoy)是主旨发言人。他的演讲基本上是其最近出版的《直播中国》(*China Live*)一书的注释。奇迈可认为,中国内部正在经历巨大变化,这种变化会将这个国家带到什么方向,没人可以预测。和大多数西方记者不一样,奇迈可强调的是中国"新"闻,即关于这个国家变化的东西,而不是"旧"闻,即所谓压制人权等老生常谈。

演讲过后,我买了两本书,一本给我家人,一本送给颇有助益的学生助手。当奇迈可正在书上签名时,他问我为什么不给自己留一本。为了挑拨印刷媒介和电视媒介之间长久存在的竞争火并,我说:"我是印刷媒体的,你是电视媒体的,我能从电视人那里学到什么?"

他大笑。"嗯,我读过你写的东西,非常好!那么,你在香港干什么?"

"哦,没啥事。写点文章,亲身感受香港移交。"

"那你这几天一直在做什么?你见了谁?"

"哦,这个事,那个事。好吧,我昨晚见了董建华。"

"是跟旅游团,还是什么?"

"不是,我采访了他。"

他立马停住笔,说:"你什么?"

"是的,我跟他在一起待了一个小时二十分钟。好极了。"

"你个王八蛋!你怎么弄到的?"

"我只是侥幸成功。"

"你个王八蛋!这是全世界独家新闻啊!"

"真的?我还在疑惑。谢谢你为我确认此事,迈可!"

"让侏儒转页",有时令人疯狂,或者令人愉悦地嫉妒。有时,那只意味着你正在做你应该做的工作。

这个故事的意义在于:要想获得别人没有的非凡新闻,有时你必须使用非凡手段。在此个案中,有三个因素对我有利。一是有颇具影响力的内应,他了解我、信任我。二是有能干与敬业兼备的学生助手,她帮助做了很好的记录,而且用其青春年少激发了香港新特首的终极绅士感。三是我带着开放心态进入情境,而不是像西方某些记者那样去采访报道,我想董建华看到了这一点。要想作为严肃记者招人尊重,就必须保持开放心态。

这种开放心态,使同月的另外两篇专栏文章应运而生。紧随采访董建华专栏文章之后,第二篇专栏文章聚焦于即将离职的英国末任香港总督彭定康(Christopher Patten)。他在香港主权移交最后阶段提出民主问题,这种受质疑的虚伪性遭到中国人憎恨,因为在英国人漫长殖民统治期间,民主问题明显处于休眠状态。尽管如此,彭定康受到西方报纸追捧。他说,一切正确东西,能适应所有意识形态成见,是值得引用的伟大副本。难怪很多中国人,包括香港方面和北京方面,都觉得他十分令人生气。我也有同感,觉得彭定康聪明反被聪明误,这是我专栏文章里说的。西方新闻记者用谷歌搜索有关香港的文章,就会注意到这篇文章。该文章有影响力吗?谁知道。通常情况下,西方报纸是按照自身意识形态的心脏律动而行事的。当然,这是一条非同寻常的新闻。

关于1997年香港的第三篇专栏文章,同样令某些人生气。

该文基本观点是,香港许多人害怕西方"空降记者",因为这些西方记者永远抱着意识形态偏见,可能损害香港的旅游和投资,比如有西方媒体说解放军将会布满香港大街小巷,但这种情况过去没有,现在也没有。

以上是我三篇专栏的要旨与观点,是西方传统媒体所未见的。我要为当时的编辑朱迪·杜根(Judy Dugan)及其上司珍妮特·克莱顿(Janet Clayton)喝彩(珍妮特是我在《洛杉矶时报》社论版主编的继任者),因为她们宽容忍耐如此有悖传统信仰的观点。但是,整体来说,这些文章经受住十几年的检验,至今还能在谷歌上找到!

我们新闻记者必须把信守诺言作为神圣不可打破的职业操守来坚持。如果某个评论提供者和接受者达成一致"不公开发表",那么该评论就应保持秘密状态,到此为止。如果某句引语是在"不能对外传播"条件下提供给你,你也接受该条件,那么你就不能自食其言。从长期眼光来看,违背诺言将会导致新闻媒体这一行业的消亡。

当我1995年开始写专栏时,常取"倾听亚洲"这类完美的标题。当然,对美国报人编辑和政治精英的自我认同来说,这种标题有点太过分了。美国克林顿政府财政部副部长劳伦斯·欧·萨默斯(Lawrence O Summers[1])有一次曾坦率告诉我(在瑞士达沃斯世界经济论坛休息处),他喜欢我的专栏,但发

---

[1]. 此处怀疑原著有误,应是 Lawrence Henry "Larry" Summers。

现在总体上"太支持亚洲"了。

萨默斯是哈佛大学前校长,是个颇有争议的人物,但你不得不尊重他对创新思想的热情,以及坚决不为思想或语言中陈词滥调辩护的态度。在他身上,几乎看不到平庸的东西,更没有平凡单调。同时,他为人直率,对此人们并不总是欣赏。有一次,在某国际会议上,与某自命不凡的法国部长在小组里讨论因特网的未来,当法国部长大言不惭宣称法国的网络使用率是世界上最高的,萨默斯差一点没有保持住克制。(事实上,法国不是最高的,韩国是。)

萨默斯的品性可谓"诚实"。1997年7月关于初期亚洲金融危机的专栏文章,匿名引用某美国官员的话,说美国不可能干预泰铢崩溃,正如其在1995年墨西哥金融危机中所为,因为"泰国不在我们国界之内"。在相互依赖的经济和金融全球化时代,该表态是如此荒唐,我不得不在文章中引用它(文章本意是对即将到来的持续两年的地区性金融灾难发出大声预警),但我不想点出该官员的名字。我在想,几个月时间内,亚洲货币危机的日益蔓延会促使华盛顿更多介入,不管是出于赤裸裸的自我利益考虑(此时美元也已染病在身),还是出于一般地缘政治层面对该地区义务的考虑。

然而,相反,此事并未发生,华盛顿依然保持旁观,直到这股潜流几乎把美国对冲基金吸光。在关于亚洲金融危机一周年的文章中,我再次引用那句话,不过这次指明此话实际上是政府高级官员一年前说过的。

这篇文章在《洛杉矶时报》刊登的那天早晨,萨默斯从华盛顿打来电话,咆哮如雷:"但是我从未说过那句话!"我早就知道他会来电,所以拿好笔记本放在我面前。没错,他说过那句话,我全记在笔记本上了(我总是带着笔记本,现在还保存着)。

我们争论了五分钟。我坚持自己立场,他恼怒至极。他大喊大叫,我沉默;但是我说,你说过那句话。

萨默斯说:"我想我没有说过。好,就算我说过那句话,也说过不能公开报道。"

可是他错了,笔记就在我面前。"部长先生,当你说的某些话要求不公开报道或不具名时,我会醒目地用粗线条将其圈起来。笔记就在我面前,没有要求保密。一年前,我没有点出你的名字,是因为我感到那个评论不是你在很好状态下所说,我对你是尊重的。

"另一方面,我是个记者,没有义务向官员建议其收回有关公共利益的话,尤其是你确实说过那话,并且没有要求不公开报道。嘿,我给你一整年时间去解决亚洲金融危机。你还需要多长时间?"

听到这个俏皮话,我能感到他轻声笑了一下,然后气氛缓和了一点。

又是没完没了的沉默。然后,萨默斯说了类似的话:"好吧,显然,我们之间有误解,这是个僵局……对此,你有何提议?"

这一次,我迅即理解他的意思。"为什么我们不再做一次访谈?你觉得,呃,现在怎么样?"我能感到他的怀疑。"但是这一次,我会把笔记打印出来,"我说,"用传真发到你办公室,你可以仔细检查,如果我误解你,你可做任何编辑修改,然后我们会再写一篇专栏文章，就一重要话题，加入你的引语，这一次绝对准确。"

这位未来常春藤名校的校长笑了，表示完全同意。

我写了另一篇专栏文章。后来，哈佛大学找到新校长取代萨默斯之后，巴拉克·侯赛因·奥巴马（Barack Hussein Obama）总统任命他为政府最高经济顾问。可以肯定，萨默斯是一个谜，但很难让人不去欣赏他的勇敢行为，特别是在他看来我们记者有错误时，他不惮与极度敏感和复仇心重的记者正面冲突。这种品质，我没有，从来没有，也绝不会有，可名之为智慧、正直和勇气。

如果说日本人对我们美国记者有一些牢骚要发的话，那就是，我们的报道非常忠实地反映了我们自我中心的文化。准确原因是，有些美国人认为，我们全知全能，没有理由劳心费神去倾听别人，听他们说很多话。当然，这种观察肯定不能适用于所有美国和西方记者，但对我们当中许多人来说，这是个有效批评。

最坏的道德犯罪之一，就是种族中心罪。这个世界尽管不像汤姆·弗里德曼（Tom Friedman）所误解是平的，但世界各地人们联系越来越紧密，在此背景下，你的新闻工作若不能根据国际标准，精细入微地描绘，客观平衡地报道，那么你可能就会变成非世界性的。

尽管萨默斯曾经斥责我太"支持亚洲人"（管他到底是什

么意思！），他还是欣赏我的两篇文章，它们是在美国上下对日本政府经济管理政策大加挞伐的背景下撰写的。在20世纪80年代，日本简直是树立了经济效率标准，但到20世纪90年代，因为财政不良和实际上经济负增长，日本变成忧郁的海报男孩了。

20世纪90年代中后期，在美国财政部敦促和鼓动下，美国精英新闻媒体开始进入攻击模式。文章铺天盖地，评论一篇接着一篇，都在严厉批评东京没有踢醒这只昏睡的经济东方熊，使之变成精力充沛的强劲公牛。

美国媒体对日本的攻击，持续不断，令人难堪。美国财政部长罗伯特·鲁宾（他是个聪明人，但不是国际主义者）乐于为这场大火再添柴加油，在一系列演讲中，敦促日本扩大开放（也就是说，让更多的美国货物进入日本市场），裁汰冗员以实现人工成本效率（意思是，要像美国那样毫不留情、有计划地裁减人员），停止通过支持推定赢家公司以及孤立预测输家而微观管理企业发展的努力（这是日本20世纪70和80年代经济腾飞的制胜法宝，使日本变成世界第二大经济体）。

鲁宾或者《纽约时报》给日本所开药方的基本内容，实际上可以说是可靠的，时代变化已经快于日本经济，但是，这个药方百分之百是美国药。

对日本人来说，经济和社会紧密联系在一起。比起团队合作，个人主义更不受重视。政府干预经济，如果有助于维护社会稳定，那就是恰当的公共政策。最重要的是，变化必须是渐进的，肯定没有《纽约时报》及其高层信息来源美国财政部所希望的那么快。

我经常去日本,足以知道华盛顿的不断批评,正在慢慢深入其身体内部。日本人绝不笨,他们知道本国经济毫无生气。但是,那又有多糟糕呢?日本依然是世界第二大经济体。一位日本著名报纸编辑曾驾驶其雷克萨斯(Lexus)车带我逛东京,不停炫耀这个摩天大楼,那个富丽堂皇的购物广场,并总结道:"日本人并没有看到华盛顿所描绘的灾难图景。"要记住,就在几十年前,日本努力从战争废墟中爬起,那时日本经济还属于第三世界。现在,日本是世界第二大经济强国!如果下个十年,经济继续恶化,日本名列第三了,准确地说依然不会大祸临头。所以,国家并不急于让成千上万日本工人下岗,埋下社会可能不稳定的种子。

一天,在欧洲某国际会议上,萨默斯的新闻助理走过来,对我说:"你知道,拉里(Larry)绝不会承认,但你那些敦促我们停止抨击亲密盟友日本的专栏文章产生效果了。事实上,拉里拿着第一篇文章去给鲍勃·鲁宾看,鲁宾读完之后问他是否同意文章观点。拉里说他有点同意。鲍勃很尊重萨默斯的观点,即便他不同意这些观点,当然这种情况比较少见,然后说:'和总统约一下,把这篇文章送给他看看。'他们去了椭圆形办公室,克林顿读了这篇文章,对鲁宾和萨默斯说:'观点基本正确,我们在日本有利益,不仅仅是经济利益,特别是战略利益。我们确实需要降低调门。'"

在新闻助理告诉我这个故事时,我心里乐开了花。我像被按摩一样舒坦。用纽约当地人的话说,我知道你在对我做什么,但依然感觉良好!

然后,身后走来一位令人尊敬的《纽约时报》记者。他是个不错的家伙，但也是个真正厉害的日本批评者。令人惊奇的是，他证实了这个故事，并增添颇有趣味的细节，说萨默斯曾亲自要求他读那篇文章，就像对鲁宾那样，以便理解美国政府将要开始降低反日调门的态度。

然后，如魔法般地，美国新闻媒体都这样做了，特别是《纽约时报》！真想知道此事是如何发生的……

除非在事情进行过程中你能尽情做自己，否则永远不要尝试让侏儒转页。你必须忠实于自己，你陷入麻烦之时，往往就是你努力把自己想象成别人之时。

做记者工作，确实可以遇见很有趣的人物。津路佳浩二（Koji Tsuroka）和儿玉和夫是其中两个。他们俩是日本外务省的职业外交官，都是忠诚的爱国者，但都自认为不过是工作勤奋的公务员。事实上，他们是颇有才能的外交官。

要明白，在和这些第一流人才打交道时，你绝不要试图比他们更机灵，而应公平处事，并尊重其忠诚与亲和都是完全属于日本或中国或韩国或印度，等等，而不属于美国。同时，还要明白，到达这种层级的专业人士，往往行事微妙低调，委婉含蓄，一般来说，这不是美国人的处事方式。这个特点，与其说是别的国家或民族的特征，不如说是日本人的特征。我这样说，完全是赞扬的意思。我们美国人只能学会使用这种方法的皮毛表象来拓展我们的反应机制。因此，当一个日本外交官对一个美国记者说话相当直接的时候，用日本人风格来说，这就像摔了一小跤，跌坏了脑袋。

"汤姆，"在东京一家酒店喝酒时儿玉和夫对我说，"你明天去见首相时，做你自己，自然点。"

我想，对这话不能太认真。我承认，我真正的自己是有点傻里傻气的。如果不穿套装，在游泳池之外每个地方，我常常系着刺眼的领带，穿着粗花呢男夹克，一副过分随意的做派。显然，这不是对方想要的。

"你是什么意思？"

儿玉和夫解释说，时髦的小泉纯一郎首相不喜欢过分正式，特别是在谈话中。不管你做什么，就是不要念你早就准备好的问题单。我们要求你一个月前递交想问的问题，对此，首相新闻助理早就准备好了书面回答，但是首相对准备好的材料一点也不感兴趣。因此，从一开始，就直接向他发问你最关注的问题。这是和他相处的最好办法。

"但是，"他补充道，"另外还有一件事，小泉喜欢洞察人的内心，他会直接盯视你的眼睛。不要尝试躲避他的视线，或低下眼睛看你的笔记。那会使人有点不舒服，你要尽可能和他眼睛保持对视。他认为，如果你转移视线，说明你心不在焉。"

"那么，"最后，我说，"做我自己，你真的确定这是你们想要的？对我来说，这只是一次采访，但这是你们的工作，可能关系到你们前程，对吗？"

儿玉和夫笑了："他会喜欢你的。他喜欢随机、偶然、不可预测的东西。像你一样，他很容易厌倦。并且，他是个很有自信的人，因此他不会猜疑自然举动。"

这将变成我绝对向往的一次采访。

小泉是日本政党政治的驯狮者。他的政治谋略是，越过老党棍的脑袋，经常借助电视媒介，直接诉诸公众。这位首相个子较高，头发蓬乱但有光泽，是个单身汉，在他五年任期当中几个关键阶段，敢于赌一把。一次，是把具有象征意义的一千名日本士兵派到伊拉克，让其美国盟友很高兴；另一次，当参议院驳回一项国内改革计划时，他解散了议会。（这两个事件都发生在我采访他之后。）

第二天，时在2003年9月，我在日本首相新官邸的客椅上落座。旧官邸，现在如果不是垃圾堆，就已变成一种纪念物了。新官邸阔大优雅，但又简朴，带有沉思冥想的日本古典风格，同时又有点美国现代主义元素在里面。

在会见室，三个助理陪我等待。这时，首相走了进来。小泉看起来比一般日本政客要更年轻些，我直接盯视着他，用手在自己头发上做个可爱的向上冲的手势，我的头发是直立、白小麦风格的，可被比作"白人唐·金"（white man's Don King）。

没有任何犹豫，小泉跟我做了同样动作。我们笑了一会儿。

我的第一个问题，是关于问题本身的："我需要按照呈交给你的问题顺序，逐一问你准备好的问题吗？"

小泉通过一个熟练的译员直截了当地说："不要，问任何你想问的问题。忘记那准备好的问题吧。"

这次采访预定是二十分钟时间，但是实际持续了四十分钟左右。尽管新闻秘书忧心忡忡、坐立不安地抗议，我还能把采访时长撑到原计划的两倍，是因为随着采访的进行，问题越来越刺激和有趣。这个效果是精心设计所致。我总是以令人昏昏欲睡的问题开始，随着会见变得越来越舒服，我的问题也开始深入突进。当害怕首相新闻助理就要把我赶出官邸时，最后那莽撞的问题才喷薄而出。这时候，小泉已经确认将派部队去伊拉克的诺言，以及把他这一届首相任期的赌注押在改革上。关于伊拉克部队问题，尽管在派兵时机上还比较模糊，但他的决心很坚定，关于国内经济变革问题，他尤其看重邮政改革，给我感觉是他有把握让议会通过，后来他果然做到了！

到了提最后一个问题的时间。"首相先生，你的第一个内阁任命是卫生大臣，在第一次公开新闻发布会上，有人问你，在人民健康方面，对政府来说，是加快推进抗二噁英排放运动，还是加速政府批准伟哥销售更重要。"房间里一阵骚动。当然，小泉是日本最有名的单身汉。"首相先生，你当时回答，我想是引人发笑地回答说：'是的，伟哥……'由于首相现在依然是个单身汉……你现在回答那个问题，还是同样优先顺序吗？"

小泉的助手们几乎从沙发上摔下来，但首相本人，眼睛发亮，似有所准备，在那等着我呢。他解释说，批准伟哥销售，不是为满足我自己需要，而是对一般日本国民的生理和心理健康很重要，因为日本的出生率在持续下降，人口老龄化日益严重。

"你的意思是，"我说，现在真的要让侏儒转页了，"需要伟哥的，不是首相，而是，比如说，你劳累的同事！"首相点头，看着那些疲劳的同事，咯咯地笑。

那天夜里，儿玉和夫打电话给我。"我听说了伟哥的问题，半个外务省都在谈论这个事。"

"他看起来并没有很生气,"我辩护道。

"相反,他很喜欢这个采访。事实上,他说这是当选首相以来他做过的最好的一对一专访。"

"你是说,与一个外国记者?"

"不,不仅是与外国记者。最好的一次专访。话只能说到这里了。"

行文至此,相信读者诸君已看明白,我是充分享受去会见、采访那些有助于创造历史的人。原因何在?作为在长岛出生的人,我可能带有一点郊区敬畏。但是,另外还有更令人信服的理由。作为公共政策学院的毕业生,所学专业是政治科学,而不是新闻学,不论是研究生,还是本科生,对这些历史创造者们,我更有理由至少表现出某种程度的尊重,这倒不是因为他们的职位,而是因为这些职位所面临的巨大困难。

在普林斯顿读书的时候,我逐渐理解要实现良政是件多么复杂的事情(实行恶政要容易得多)。比如,要降低通货膨胀率而又不能拉高失业率,是多么令人难以忍受的困难。

各个新闻学院以及一般新闻业有不同观点和伦理道德。不管政治人物多么谦虚,记者们不会去理解、欣赏他们的改革努力,而是对他们冷嘲热讽——本能地(也是通过训练)认为几乎一切事情都是表演,没有什么真诚,政治只与金钱(贿赂等)有关,无论是日本人还是中国人或韩国人或印度人,都是不能信任的。

没错,我不是昨天刚刚出生,但我不会每天别有用心地说，每个政治领导人都是腐败无能的，没有人在真正严肃地认真干事（甚至说没有人是真诚的爱国者）。在美国新闻界，一般来说，谁要是敢在报道中说一句政治或政策的好话，谁就会被讥笑为天真幼稚得无可救药。读者诸君不会愿意看到我们记者和编辑处于这些偏见的接收端吧？

2010年1月1日，我的外交专栏走过了十五周年。在过去十五年中，我的专栏是美国唯一定期出版的辛迪加亚洲专栏。有笑话说，这个亚洲专栏既是最坏的，也是最好的。当然，这两种说法都没错，因为它是唯一的。我希望它保持原样！

或者，也许我现在不想这样。

十五年过后，我现在还是仅有的辛迪加老牌亚洲专栏作家，对此我也许有点尴尬。也许，我们大家都该有点生气，因为亚洲并没有从美国媒体上得到更多尊重。

我想，这是我的一个心病。但是我有种感觉，随着亚洲历史巨浪般在眼前展开，考虑到中国和印度的崛起等，美国媒体的目光兴许不会放过一切细微之处。甚至在今天，我的专栏，虽发端于洛杉矶，但已更多出现在亚洲报纸上，而不是美国报纸上。现在，我的专栏已不再出现于美国西海岸主流大报《洛杉矶时报》。

那么，今天我的专栏栖身何处？我不知道。我现在手里有一大把世界报纸，综合发行量达数百万份。这么多年之后，也许是时候该把火炬传给年轻一代了。

毕竟，我这一生还是很精彩的，从达沃斯到新加坡，是不同寻常、令人着迷、自我实现的一生。

事实上，妻子安德烈娅有一天提醒我说，我第一篇文章发表在《洛杉矶时报》的那一天,正好是辛普森(OJ Simpson)案判决下来的时候。因此,说有很多人读过那篇文章,是值得怀疑的。那么,也许是命运在设法告诉我什么。也许我没有倾听。也许现在正是其时。

伟大的剧作家安尼塔·卢斯(Anita Loos)写过:"命运持续发生。"

我们倒要看看,命运下一步将会把我们带向何方。

但是,无论发生什么,对于生活中的我,未来的专栏,以及生活中的读者诸君,请不要忘记让侏儒转页。

我经常被问及的一个问题是,新闻工作真的是像医生那样的职业吗?回答是,我认为要取决于我们记者的道德规范和实际行为。我们所为,世界所见,亦是告诉全世界我们是何许人也。如果我们在世界上盛气凌人,带着无知,带着偏见,带着欺骗,招摇过市,那么除了我们自己,没有谁会拿我们当回事。所以,我们越是用心聆听别人,了解的东西就越多,包括了解我们自身越多;然而,我们越是孤芳自赏,沾沾自喜,我们看起来将越是愚蠢,越是无关紧要。

第二章
长岛《新闻日报》：从马铃薯田到梦想园地（1970—1971）

我是误打误撞进入新闻媒体这一行的，一连串偶然事件让我得到第一份工作。读初中时校报偶然需要招一名编辑，而我恰好就是唯一需要这个工作的笨蛋。到了高中，在学生报纸工作看起来是个好玩的去处，在我笨拙的少年时代，这个地方为我提供了一张社交网络。说实话，如果你在高中或大学为学生报纸工作过，那么要当心，你将来很有可能在劫难逃地成为一名职业记者。

敢于冒险的癖性实乃发端于大学时代。今天许多记者，甚至在了解这一行之前，就已经是记者了。

《阿默斯特学生报》（*Amherst Student*）的编辑工作，根本不是一项令人尊敬的课外活动。但是，我和我最好的朋友共同担任执行编辑职务，两人每周轮流执掌编务，出版这份双周刊报纸。天哪，我们玩得多么开心！

后来事实证明，《阿默斯特学生报》是一座跨越护城河、通往美国新闻业城堡的桥梁。大三那年夏天，我参加《华盛顿邮报》暑期实习生的岗位面试。运也？命也？主持这次面试的，不是人事部经理（很高兴该经理去度假了），而是杰出的执行主编本人，而此人原来是阿默斯特学院的校友。妙极了！（与其说人好，不如说运好，对吗？）

阿默斯特是新英格兰很小的学院，不像哈佛、康奈尔或斯坦福那样产出成千上万的大量校友。而且，不管什么原因，像阿默斯特此类学校很少有毕业生进入新闻传媒这一行。那么，首都大报执行主编这样的高层领导来自阿默斯特的几率究竟有几何？

诶，读者诸君，这样的事就是发生了。不知怎么地，你正站在那门口，他们想你可能是他们需要的人，事实上，你正是他们当下急需之人！此时，就是所谓千载难逢的机遇之一。你会喘不上气，像个呆子般跑掉吗？或者，你会一展才华，用你的责任、能量和意志甩开膀子大干一场？

我来到《华盛顿邮报》当暑期实习生的时候，阿默斯特学院的校友兼校董埃尔·弗伦德利（Al Friendly）在执掌该报多年之后，即将被本杰明·布拉德利（Benjamin Bradlee）取代，本杰明是《新闻周刊》华盛顿办事处主任，曾是已故总统约翰·F·肯尼迪的著名密友。我害怕，失去校友导师，我将为此受罪。我会被很多误解包围。

布拉德利穿着宽条纹衬衫，系着领带，衣领微开，在新闻编辑部里像打了鸡血一样。以往，弗伦德利先生经常待在自己四面高墙、装修精良的办公室里，而这位布拉德利先生一天当中大部分时间都在编辑部里潜行徘徊，像只正在寻求一场打斗或不断追逐的猫，当然不会允许任何一个人躺在以往的功劳簿上睡大觉，不思进取。最后，他甚至找人把办公室装上玻璃墙,似乎在说:"我能看见你,你能看见我。那么,小伙子和姑娘们,让我们干活,不要玩耍。"

布拉德利的目标,是让编辑部重新充满活力。他的办法是,无时不在以及人格魅力。他继承的,不仅是沉闷的员工,还有极简约的暑期实习生项目。在我来的那一年,只有少量实习生。然而,我们都是幸运孩子。

因为,随着烟雾弥漫的八月降临华盛顿,报社里的大人物一般都逃离都市(除非在每四年一次的总统提名大会期间),有的去舒适宜人的湖滨,有的去弗吉尼亚州的凉爽山区,有的去马里兰州的海滩,有的去自家夏季别墅,还有的更富裕,则去了科德角(Cape Cod)或楠塔基特岛(Nantucket)。

到八月中,我们吃苦耐劳的实习生已占可用新闻记者的五分之一。在华盛顿平常夏季,因为没有很多好新闻,所以一般十来个记者就足够了。但是,当意想不到新闻冒出来的时候,实习生们就会异乎寻常地得到一些采访机会,因为周围没剩下几个人。事实上,他们是为数甚少想要工作的人。

这就是为什么你绝不要接受另一种暑期实习岗位的理由,即你的主要挑战是掌握使用复印机的操作技能,或者主要做前台接待工作。去为你自己找个真正意义的工作岗位。该工作岗位不必非得像CNN或《华盛顿邮报》这类名头响的单位,而是要找个人手短缺,因而会拼命实际使用你的单位。在《华盛顿邮报》这类地方,这种拼命使用新手的现象不经常发生;幸运的是,这种事在我身上发生了。

一天,白宫公布了一大堆中上层联邦政府官员任命。该任命包含太多名字,且在八月中宣布,此时华盛顿(这个城市不是别的，就是一个工作之城）别无新闻可报，这种情况让该新闻有机会成为一个整版新闻。

布拉德利听说此事以后，目光扫视编辑部以便找个人来处理这个新闻。当他望向我这边时，我迷人而单纯地微笑，百分之一百零一地保持着箭在弦上的状态。

"嘿，小伙子，来一下。"（这部精彩的《总统班底》，讲述了《华盛顿邮报》通过揭露水门事件真相而逼迫尼克松总统下台的故事。电影中，布拉德利的扮演者是已故的杰森·罗巴茨[Jason Robarts]，他是个外向型演员，以无人能抢走他一个镜头而著名。可是，真正了解布拉德利的人认为，这位派头十足的罗巴茨并未演好这个角色！）

我赶紧跑过去。布拉德利要言不烦，几句话就把整个安排交代清楚了。（和戴维·英格利希爵士，也许包括佛斯特先生[Don Forst]不同，我再也没有为如此简明扼要、明白自己所需的总编辑工作过。前述两位先生，本书后面章节还会涉及。）

布拉德利大致如此说：今天上午发生了一群中上层官员任命的新闻，这些官员没有一个大到足以单独构成一篇新闻的，但是如果捆到一起，也许会成为这个政府之城的一篇好新闻，尤其是在八月份的新闻淡季。你何不动动脑筋，想一想如何处理这个新闻？也许能整点什么特别包装？

那时已是下午一点钟，距离截稿时间只剩下几个小时。那么，如何处理这个预料之外的紧急任务？我想起布拉德利在《新闻周刊》的背景，这本《新闻周刊》像《时代》杂志一样，强调对相关新闻进行巧妙而简洁的包装。于是，选择"让侏儒转页"，尝试一下"新闻周刊方式"。

你不必是智商很高的人也能琢磨出来,如果活力四射的新任总编想要一个传统新闻,那他就会把该任务交给某个没有出去度假的富有经验的传统记者。但是,变戏法似的从帽子里拽出一个暑期实习生来完成该任务,显然他要的是完全不同的东西。

大约一小时过后,某国内新闻编辑闲逛到桌子前查看我的工作。他看起来很有礼貌地提醒,我正在偏离常轨,因为我正在使用的方法"不是邮报风格"。我不知道怎么说,如同任何一个工作新手,你想取悦每一个人,不想得罪任何一个人。(我对此特别有负罪感。作为刚刚成年的酗酒孩子,我唾弃大声争吵就像逃避兵役者逃避战争。)幸好,布拉德利的眼睛潜望镜似的,透过不规则延展的城市新闻编辑室,看到正在发生的事情,然后走过来拯救我。

"别打扰这个孩子!"新任总编大声吼道。

那个国内新闻编辑看起来吓了一跳。

"别打扰这个孩子!"布拉德利重复道,"让他尝试自己的方式。让我们这里尝试一次新东西!上帝!"

那位中层编辑害怕影响生计,立即逃回他自己的办公桌。

布拉德利回头看着我,问是否已搞定。

"我想是的。在每张照片下面附上五十至七十字简介,然后用一条短消息介绍这个照片—简历包究竟意味着什么。"

布拉德利笑了。上帝啊,他是个粗犷而英俊的男人,我若加盟他的团队,该有多好!"听起来很好。只是要注意给图片编辑提供一份官员任命的名单,以便让他有足够时间去找齐这些照片。如果不能为每个人配齐照片,那么你的方案狗屎不如。"

要做好一件工作，不只是要及时露面和着装得体。这是伍迪·艾伦（Woody Allen）说的，但它是蠢话。而是要碰上对的人，当这个有权势且对的人来到你身边说：嘿，给这孩子一个机会，这时你要有年轻人"标新立异"的进取心！

第二天，每个人都认为，这个新闻套装（八个任命配八张照片）取得了令人快乐的成功。一个非常、非常小的明星诞生了。

这个成功故事的必备因素何在？你需要一个锐意创新的总编，以及一个足够年轻、足够有抱负、足够无经验的"新兵"，也许还够笨，以至于没有意识到创新所包含的巨大风险，特别是在《华盛顿邮报》这类传统深厚的机构。

你看，在很多大型机构里，管理层往往庄严宣告追求创新，但当创新真的来了，他们又会像既有抗体拼命抵抗外来病毒。正如多年之后我们在《洛杉矶时报》管理层经常说的，当然是以半开玩笑的方式："没错，我们鼓励员工创新，只是不要给我们带来任何新东西！"

布拉德利是位真正、几乎无所畏惧的创新者，至少在我当实习生那个时期，当然也至少在波澜壮阔的水门年代。作为一个幸运的实习生，我是首批从具有胆大求新本能的领导者那里获益的人之一。我的才华，自然不能和破解水门事件之谜的那两位传奇记者——鲍勃·伍德沃德（Bob Woodward）和卡尔·伯恩斯坦（Carl Bernstein）——相提并论，但是，和其他任何主编相比，布拉德利亲近"无畏的年轻记者"这一点，帮助他与这两个年轻记者相处时间更长。我意思是，就是这个人，在我当暑期实习生的第三周，就把一整版的新闻交给了我。

低层编辑对来自阿默斯特的实习生并不总是很喜欢。一天，一对老夫妇来到邮报编辑部，作为具有历史意义的"林肯旅"（Lincoln Brigade）一文不名的老兵及其妻子，被转到了我这里。像个理想主义的人道救援工作者那样了解其悲惨遭遇后，我开始认真地给城市有关机构打电话，寻找住房和临时补助金。最后，好多编辑哄堂大笑，把我叫过去。他们解释说，这对夫妇的要求是荒谬的，整个事情就是一骗局。他们就是要看看我会怎样轻信而上当。我成功通过这个测试——唉。不管是否潜在高手，我还有很多东西要学习。这就是意义所在，而且是个非常生动的启示。

一周过后，国内新闻编辑要求我去五月花酒店采访一场政治演讲，当时我年仅二十岁。我是上一周处理联邦官员任命新闻的金牌实习生。甚至连副总编，一位已在邮报工作数十年、脾气暴躁的资深报人，第二天也来到我跟前，表扬道："这是我在这里看到过的按照截稿时限写作的最好新闻之一。"

这是真正报人的行家之言！按照截稿时限写新闻，是报纸工作的核心。有些长篇文章可以耗时数周，或者在极端情况下，甚至需要数月准备。软性的专题文章写作很快，但发表可能会被延宕一天、两天或三天，有很多机会改写。但是，按照截稿时限写新闻，必须在非常有限的时间内完成。截稿时限一到，新闻必须写完，不能有任何借口！在宏大的人生计划中，这也许不过是一项微小的技能，但对于做报纸或新闻周刊的来说却是个关键技能。《包法利夫人》（*Madam Bovary*）的写作花了十年时间，那是持久的经典作品，而数年之后，我写专栏文章只花一个小时左右时间。后者现在不是经典，过去不是经典，将来也绝不会被当作经典。但是，这些专栏文章满足截稿时限的要求。按照截稿时限写新闻，是新闻行业的"心脏"所在。

在五月花酒店的政治晚餐会上，我坐在为媒体用绳子围起来的区域里，有点无聊，知道最终也就能为报纸发条小新闻。在许多类似场合，我感觉新闻媒介仿佛被视作一种传染病似的，在一个专司疾病控制的政治管理中心监视之下，记者们被装在"有盖培养皿"里丢弃一边。

在这个培养皿里，有一个记者，是《新闻周刊》当时颇受推崇的教育版编辑。我发现，他在好奇地看着我，好像我不仅对于《华盛顿邮报》这个采访任务而言太年轻了，而且或许对于任何严肃的新闻工作看起来也是太不成熟。

我们亲切交谈，到分手时，他要求当我回到阿默斯特学院时，接受《新闻周刊》业余校园记者的职位。"什么？"我说，"我只有二十岁。"他说："如果你足够优秀到能进入《华盛顿邮报》，那么你也同样有能力为《新闻周刊》工作。"

我当场接受了。为什么要犹豫？

当实习生或从事任何新工作期间，你最主要的动作也许是比任何人工作更长时间。我想，法律和医药行业是如此，新闻行业也是如此，这是一条不变的规则。当我对自己要做什么感到犹疑时，我就说：待在那儿，坚持下去，做点什么，让你自己有用！忘掉朝九晚五工作的安逸。年轻人一天只投入最低限度的七至八个小时，在一个组织里将一事无成，除非他或她是该组织所有者的子孙，美国中情局的潜伏特工，黑帮成员，或者极其幸运或富有才华。因此，睡办公室，周末加班，用多付出时间来补偿你自身经验不足。让同事们知道，即便发生地震，道路不能通行，城市公共交通系统瘫痪，你也会想方设法赶到办公室，四脚着地爬过来也在所不惜。（我说这话是认真的。）

那个夏天，报社只有几个实习生，而有太多八月度假者，因此我们被给予很多机会来证明自己。总体来看，我们干得不错。不是因为我们才华横溢，而是因为足够畅通无阻以至彰显我们的勇敢，足够饥不择食以至我们没有觉得被剥削利用。我们太年轻，不能完全理解自身的局限，因此我们并未感到自己有什么局限（或者也许，我们正处于青春期拒绝接受局限的幸福状态）。而且，实习层次所允许我们练习的新闻工作，准确地说，也不是什么复杂高深的工作。

这个层次新闻报道工作取得成功所需要的，是不知疲倦的旺盛精力，保持沉默能力，雪藏自我，用心聆听，以及信赖依靠古老常识。也许，还需要一种功能性注意力缺乏症（ADD），以及在假定读者们心上还有很多别的事情前提下，把自己易于厌倦的能力转化为简洁叙述新闻事实的才华。

我确实符合上述各项要求。我有功能性注意力缺乏症，集中注意力的长度足够让我枯坐倾听和保持记忆。

到夏季结束，我已编辑三十多篇署名新闻。我相信，在

《华盛顿邮报》，这构成"单个暑期实习生纪录"，对以后暑期实习生编出更多署名新闻提出挑战。之所以说"我相信"，是因为我当实习生已经过去几十年了，现在编辑标准已经提高很多，没有实习生可能发表那么多署名新闻！

整个暑期实习期，布拉德利给予极大支持。显然，他喜欢身边为青年人所环绕（我今天以及一直以来也是这样），不太关注他们经验的缺失。事实上，他可能认为太多经验反而会妨碍创新。对他而言，培养一个没有任何经验的新手，比重新塑造一个老于世故的事业野心家，要轻松容易得多。当水门酒店闯入案迅速演变成重大政治谜团时，就是这种人生哲学指引这位伟大而勇敢的总编继续支持鲍勃·伍德沃德和卡尔·伯恩斯坦。他和"这俩孩子"紧密地站在一起。

在斯蒂芬·D.伊萨克斯（Stephen D. Isaacs，当时他是活力四射的城市新闻编辑，后来变成哥伦比亚大学新闻学院同样活力四射的教授）建议下，在跳进那辆不稳定的凯旋牌（Triumph）跑车，开车回到阿默斯特学院继续大四学业前，我最后一次拜访了布拉德利。

"那么，下一步你打算干什么？"他问，双脚架在桌子上，铅笔别在耳朵上，外套挂在椅背上。

"回到学校，完成学业。"

"那个我知道，但以后呢？"

"读研究生。"

"你为何不来这里，为我们工作？"

"需要那个学位。"

"啊，去你的。研究生狗屁不值！"

此话确实是他说的。他还重复了一遍:"研究生狗屁不值。"不要问为什么,反正我进了研究生院!

就这样,这片"别打扰这个孩子"的广阔天地,向鲍勃·伍德沃德和卡尔·伯恩斯坦敞开了大门。他们是否意识到,他俩的赫赫声名应主要归功于我?

没错,我没有走另外一条道路,就如同在高中时,作为全情投入的古典单簧管手,我被推荐拿茱莉亚奖学金(Julliard scholarship),但我却选择了另外一条路。

就这样,命运继续展开。

干新闻这一行要想成功,接受常春藤名校的大学教育并不是必需品。确实如此,伍德罗·威尔逊公共与国际事务学院(在这里我取得公共与国际事务硕士学位)的毕业生很少纡尊降贵进入新闻这一行。他们干的都是些重要事情,诸如在政府或公共机构工作,或者从事非盈利活动或人道主义事业。

我在普林斯顿大学和阿默斯特学院的好朋友、极其聪明的艾伦·莱瑟姆(Aaron Latham),他曾为获得巨大成功的电影《都市牛仔》(*Urban Cowboy*)写过剧本,过去常半开玩笑地说,上普林斯顿大学这类学校的最好理由,并不是这些学校绝对比其他学校好,而是把这些学校纳入背景资料和简历中,你就不必终其一生地念叨:"哦,天呐,如果我在普林斯顿或阿默斯特这类地方上过学该多好……"

毫无疑问,上一所很好的学校,确实会给你提供智力上的自信,去应对差不多任何智力或政策上的挑战。但是,这个重要性仅仅是针对高端新闻工作而言的,因为在这个行业的顶层，你才有机会去采访、评价那些绝顶聪明的人。你需要接受你能得到的最好教育，以便去理解他们说的东西，或者更大的可能性是，去理解他们竭力回避的东西。

当然，如果新闻工作者至少具有高质量的硕士学位，那么所有重要形式的严肃新闻（即非娱乐新闻）都将会好得多。这个世界太复杂了，再不能仓促应对，而长久以来美国新闻界一直就是如此行事的。在公共卫生、经济学、公共政策（我的最爱）或外国语言文化，甚至新闻学（这会是我最末的选择）等专业方面的研究生学位，能够把你武装起来去应对处理很多挑战。确实，如果我是美国之王，我将会要求合格的新闻记者必须最低拥有某个专业的硕士学位。

读者诸君，可能会让你吃惊的是我的一种强烈感觉，即实体学科的硕士学位对于美国及其年轻人来说，将会比新闻学硕士学位要好些。我没有反对新闻学院的思想偏见，尤其是对那些非常好的新闻学院，比如位于纽约、具有专业象征性的哥伦比亚大学新闻学院，再比如位于洛杉矶的南加州大学阿能伯格传播学院（the USC Annenberg School），该学院主任杰夫·考恩（Geoff Cowan）及其团队一直在进行高效改革和创新。但是，学生在时间和金钱上的开支若转投在某实体学科的高级学位上，或许更富有成效。本杰明·布拉德利及其继承者们能教给你所有必需的"新闻技巧"，但他们不能教给你经济学边际效用分析技术，不能教你怎样说汉语普通话，怎样理解复杂的公共卫生和公共政策问题，以及国际关系权衡，甚至也不能教给你社会工作如何招标，这是个没有得到恰当评价的学科领域。

在《华盛顿邮报》实习和研究生毕业以后，在获得第一个重要全职的新闻工作之前，我花了几个月时间写了一本严肃的书，我想可能没有多少人读过这本书。商业成功从不是我最重要的目标，我银行账户里的数据可以证明这一点。这本书是关于核武器竞赛的，在西方与苏联的冷战漩涡中，该主题如同席天卷地的风暴。这种性质的书注定是不会赚钱的。

令人惊异的是，美国最富商业头脑的出版商西蒙与舒斯特出版社（Simon & Schuster）认为这本书应当出版。我的责任编辑之一是理查德·克鲁格（Richard Kluger），他是《纽约先驱论坛报》前书评编辑，是个聪明的思想者。另一个责编是比尔·西蒙（Bill Simon），当时非常年轻，后来上了法学院，但在那之前就拥有首批进口到美国的宝马车中的一辆（这说明，在我二十出头的青年时代，一个好朋友是美国首批雅皮士宝马车主之一）。

为广大读者写一本书，很容易成为智力上最累人，极其复杂，与此同时又是所能想到最美妙、最激动人心的探险。伦敦《每日邮报》传奇主编、已故的戴维·英格利希爵士曾经告诉我，在新闻工作中，这是他感到不能够做好的一件事，也是他有点嫉妒我能力的地方。他还说过，在印刷媒体大众传播中，没有什么东西比写书更困难的了，为写书，一个人必须得准备付出超乎寻常的个人和职业牺牲。一条铺满碎玻璃碴道路的图景反而点燃了我的雄心。读者诸君，我可以给你的建议是，写一本重要主题的严肃书籍，是件值得投入时间、心理能量以及才华的了不起的事情，如果你没有撒谎，这件事甚至是高贵的。

为写好这本书,我在超整洁的伍德罗·威尔逊学院图书馆做研究,然后回到曼哈顿西边超乱的公寓里开始写作。我常常一周两到三次乘坐由宾州车站到普林斯顿的火车,坐在图书馆里,像年轻的卡尔·马克思(Karl Marx)那样试图去弄明白这个世界。我从研究生指导老师、特别是富有远见的理查德·法克(Richard Falk)那里获得巨大鼓励。他正在写一本关于诸如国际战争法院那样全球创新的书,大多数人嘲笑他的想法,认为如果不是火星人狂想,至少是乌托邦。给我很大鼓励的,还有理查德·乌尔曼(Richard Ullman),他是位思想敏锐的教授,也是世界问题的热情评论者,曾经担任《纽约时报》社论作家。

但是,在生产经典著作方面,我不是卡尔·马克思。他的巨著《资本论》引发一场政治革命,至今仍在被销售和阅读。我自己的著作《理解世界末日:鹰派、鸽派以及人民的武备竞赛指南》(Understanding Doomsday: A Guide to the Arms Race for Hawks, Doves and People),事实证明既无影响力,也无商业价值。但是,撰写这本书是我今生最大荣幸之一。当时,我才二十三岁。我获得众多热情鼓励,分别来自我最好的老师,了不起的出版商,以及十分给力、关心体贴的著作代理人塞隆·雷恩斯(Theron Raines)。我是个很幸运的年轻人。

我这本书没有受到什么差评,却得到几个精彩评论。《科学美国人》(Scientific American)杂志很喜欢这本书。该书既出了精装本,又出了平装本。销售情况比起希拉里·克林顿的回忆录,要少卖几十亿册。但是,在传奇性总编迈克尔·科尔达(Michael Korda)领导下,西蒙与舒斯特出版社还是出版了这本书，他们对该书商业潜力并无什么幻想。当学生们就美国出版业肮脏的商业性本质进行说教时，我一直把这段经历记在心上。一般来讲，学生们的观察是正确的，但并非都对，因为著名的科尔达就是个特别的例外。

书写完了，我有另外一件事要做，即去找一份真正有薪酬的工作。虽然只有二十三岁，但不知怎的，我害怕到《纽约时报》去找工作，基于同样理由，我害怕到哈佛大学去读书。对我而言，这些地方有点太大、太冷以及太没有人情味了。我曾在匹兹堡大学（University of Pittsburgh）读过一年，哈佛某学院接受了我的转学申请，但当小得多的阿默斯特学院也接受我转移学分并提供全额奖学金时，我选择了后者。

阿默斯特和普林斯顿对我的未来至关重要，因为这两所学校帮助我塑造了自我意识。我的父亲是个骄傲但又没有什么文化的人，他的眼界有限，竟然反对我读大学；我的母亲是个慈爱但怯懦的人，她蜷缩在高大威猛的父亲（身高六点五英尺的美国海军陆战队员）的阴影下生活。作为父母不坚定的产物，我在学业上是个早慧者，但从自我界定方面看，却是个晚熟者。

对许多记者来说，这种自我观察也许都是如此。因为新闻工作过程主要是一种接受状态，接受各种思想、各种新闻以及别人做的各种事情，记者能够在接受性和客观性的面罩后面隐藏多年，除了一张媒体名片而不需要更多地亮出自我。

同样，如果不是被阿默斯特和普林斯顿教育培养，也许我只不过是个心灵白板一块的男孩，这两所学府在世界范围的学术声誉是名副其实的。确实，不论在学校还是在工作单位，当独生子女似的被教育和爱护下，我都处在最佳状态。

对于年轻人来说，清楚意识到自己是谁以及在什么环境下工作得最好，这是很重要的。有些朋友喜欢规模巨大的大学，比如哈佛和康奈尔，但是于我而言，小一点、像个家庭的大学更好。在阿默斯特和普林斯顿，我肯定不是最好的学生。但是，我还不错，赢得了作为《华盛顿邮报》校园记者（在阿默斯特）以及《新闻周刊》校园记者（在普林斯顿）的额外荣誉。

这些工作机会真是很了不起，令人难以置信的好。一则，媒体会支付一点薪酬，但更有意义的是，这些实践锻炼教会你如何与远方某个大型媒体机构总部保持联系。我从未当过驻外记者（如果你很勇敢，当驻外记者可能是新闻这一行中最好的工作，次之则是当国际事务专栏作家），但做特约校园记者工作也差堪比拟。

在叙述我的第一份正式工作之前，这里还得补记最后一笔。这是我干过的唯一一不在新闻媒体的工作，那是阿默斯特学院毕业后在华盛顿国务院当暑期实习生。在国务院，我为美国高层外交官撰写讲话稿，我很喜欢这份工作。人们常用这样的词汇来埋汰国务院，什么"雾谷"(foggy bottom)[1]，什么一帮"四海为家、女里女气的男孩"(cosmopolitan girlie-boys)等，但我的经验并非如此。我所遇到的，是一群专注于外交事业的官员，有男有女，他们工作时间很长，但收入微薄，他们聪明

---

[1]. "雾谷"为美国国务院所在地，常用来讽刺其官方发言及政策声明的含糊不清。

认真，受过良好教育，为外交事业奉献一切。也许正是这个暑期工作经验，包括在普林斯顿大学公共政策学院两年研究生学习背景，解构了美国新闻界那种膝跳反射似的观点，即大部分公共官员不是无能就是腐败的。这种弥漫于美国媒体的怀疑、否定态度，是当代美国新闻工作的事实，毫无疑问，对此我很讨厌，部分原因是有时我自己的作品也在延续这种情况。

在发行人比尔·莫耶斯（Bill Moyers）和总编戴维·拉文索尔（David Laventhol）温柔呵护之下，《新闻日报》就要成为我的"阿默斯特"，然后，在聪明古怪的克莱·费尔克（Clay Felker）以及平面设计天才米尔顿·格拉瑟（Milton Glaser）和沃尔特·伯纳德（Walter Bernard）领导下，《纽约》（*New York*）杂志就要成为我的"普林斯顿"。

《新闻日报》在20世纪70年代已经是份相当不错的报纸，但还是决心要干更大的事情。该报在长岛处于近乎垄断的地位，而长岛又是世界上最大城市日益富裕的郊区。在戴夫（戴维的昵称）总编主持下，《新闻日报》就要成为美国十大最佳报纸之一（差不多在每个此类排行榜上）。在这个成功故事中，我有机会扮演了个小角色，发挥了点小作用。

或许，是我凭自身努力主动开拓出这么个小角色。命运是环境的产物，在莫耶斯和戴夫（他们不仅信任年轻人，而且认为年轻人是成功的关键要素）那里，我有幸拥有了另一个本杰明·布拉德利，他们都是那种"别打扰那个孩子"类型的人。他们是倾向创新而不是守成的理性探险者。

显然，名校学位为我获得这次工作面试打开了大门，否则我也许得不到这次机会。此类事情也只有在莫耶斯来到《新闻日报》当发行人才可能发生,他是林登·约翰逊(Lyndon Johnson)总统的前新闻秘书。他到任后第一举措,就是聘用戴夫当总编。这真是个非常棒的举措。

当年轻的你贸然闯入一个行业,最重要的单个因素也许就是你将要为其工作的那个人。跟对了人,你则能人尽其才,或者认识你的局限。从长远眼光来看,在这个阶段,他们提供的指导和机会比金钱或地位来得更具决定性作用。

年轻的戴夫不像布拉德利那样,像个大呼小叫的电影明星。他羞涩,还有点口齿不清,但拥有博大精深的思想空间,且能不断反思,关爱他人。1989年在《洛杉矶时报》,谢尔比·科菲(Shelby Coffey)接手了一项可怕的工作,就是当了我的顶头上司。他曾非常精准地把戴夫描述为"一个圣人"。戴夫成为我的第一个职业导师,是我极大的幸运。

作为耶鲁大学研究生,戴夫比起布拉德利更加尊重高等教育在报业中的价值。布拉德利认为研究生教育"狗屁不值",而戴夫对出身于伍德罗·威尔逊学院的年轻人,竟然选择新闻业作为职业道路而充满好奇(或曰困惑)。

通过面试当然是得到一份工作的第一个考验。对我而言,虽然干新闻工作证明是最容易的考试,但面试本身就是令人疲乏的任务。一方面,轻微疏忽就可能让一个人失去工作;另一方面,除非雇主相当肯定某人正是其所需,否则,许多人面试都不能通过。

戴夫经常沉默寡言（但从不缺少思想），由于他表达上惜字如金，使得面试变得一点都不容易。在如此氛围下，我有两个选择：一是我说得很多以填补尴尬的静默，二是我说得很少，让未来老板自己摊牌。

我的策略总是假设面试我的人比我聪明，因为他或她有工作，且是个好工作，而我没有，我需要这个工作。我怎么能不必装腔作势，就能打动富有智慧的面试官，让其雇用我呢？因此，我总是选择喋喋不休路线，即所谓"狭路相逢勇者胜"策略。

事实证明，这个策略对戴夫是有效的。他是个自己惜字如金、却欣赏别人说话的人。和他截然相反，我是极为健谈的人。讲故事，说笑话，是我长项。所以，我谈到挚爱的普林斯顿，还讲了布拉德利的故事。戴夫坐在桌子后面，像童话里矮胖的蛋壳先生，如果蛋壳先生是牛津大学导师，那么他把我的话都听了进去。当我最后慢下来准备冲刺的时候，他说："我明天就雇你当记者，你觉得如何？"

我本可以说"好"，确实，也许我也应当说"好"。在报社，我努力目标是进入管理层，而通往管理层的路径，通常是先从城市新闻编辑干起，然后是全国新闻或外国新闻编辑。但是，我更喜欢思想和政策问题，而不是火车事故、飞车追逐或者外国人奇闻趣事之类的新闻消息。我更愿意想象自己在探索福利改革思想，而不是追逐各种事故的救护车。因此，我得寸进尺地问，是否能得到社论写作的职位。

在参加工作面试时，一定要"得寸进尺"，但要注意适度。不要令人讨厌或者不知感恩，但是所有提供或建议给你的职位总是可以进一步改善的。一旦你被雇用,在近期内改善处境的手段就大大减少,因为那时老板想要的是出色表现,即他或她投资于你的回报。但是,起初谈判职位时,你还没有同意那些条款,那么你的影响力处于最大化。一旦同意那些条款,那么你得待在该职位至少一年时间。

在工作面试过程中,一定要"得寸进尺",但要注意适度。一旦被雇用,你在近期改善处境的手段将会大大减少。

我知道,这个忠告"说起来容易,做起来难",我们总是不敢奋力争取自己的利益。但是,"你能做得更好或不同吗?"只要你能礼貌地提供该问题答案,作为雇员,你将会更被看重,未来老板更可能雇用和重视你。因为他们会想,如果这是你在老板面前对待自己的方式,那么这也会是你在某信源或市长或"深喉"面前对待自己的方式。做新闻工作(即便是最经典的那种)如果没有一点冲劲,那将一事无成。

注意,我没有要求更多的钱,或更多假期,或大额报销账单。我所要求的,只是能做得更好的工作而已。但是,不管你想要什么,面试时就提出来。不要当个傻瓜,但也不要做胆小鬼。

事实证明,戴夫对我的生活发生巨大影响。他有钢铁般容忍怪人的智慧和能力,只要他们工作时间保质保量,他对我的了解超过差不多任何一个人。我是有点古怪,即便常春藤名牌大学的学位证书也不能掩藏这个难以逃避的真相。但是,他对这一点感到OK，事实上，他本人也有点古怪，他认为人才和古怪不仅是相容的，而且常常不可分离。如果你有一点点古怪，那么这就是你所需要的领导者。

在莫耶斯雇用戴夫之时，戴夫已经被广泛认为是美国最富创造性的记者之一了。布拉德利曾任命他做《华盛顿邮报》第一个时尚版的主编。

时尚版，是着重于健康、名人、电影、戏剧、音乐等专题报道的新型报纸版面。在该版面独立出现前，此类"软性"新闻在大部分美国报纸里面散见各版，当然不会出现在头版，最多出现于女性版。通过强化和推崇此类报道，《华盛顿邮报》在美国开风气之先，其实质是把杂志特点添加到日报里。冲在这个变革前沿的，正是年轻的戴夫。

戴夫不是个讲究着装的人，很明显，他对外表极不关心，我们过去常常拿其着装开玩笑。他对穿衣服确实关注得不可能再少了，他的每日衣橱就是他脑袋里的各种思想。

在长岛《新闻日报》他那金鱼缸似的办公室外面，是熙熙攘攘、一片忙乱的新闻编辑部，记者们在打电话，在匆忙赶稿，在回答编辑们尖锐的问题。如果你盯着他看足够长时间，他的眼睛就会暴露其真实状态。他把一切看在眼里，他可不是容易受愚弄的人。《新闻日报》之后，命运让我为他工作两次以上。后来，我常常开玩笑说，这种一而再的雇用频率违反了联邦法律关于某人能被同一个人雇用次数的规定。事实上，任何人有此荣幸为戴夫《新闻日报》工作，他就是被上苍所眷顾，被好运所青睐。

20世纪70年代的长岛《新闻日报》，与其说是所谓巨大的成功故事，不如说是个绝佳的探险。这也是我想在那里工作的缘由，与其进入整体上业已完成的事业，还不如进入尚在进行中、活力十足的工作，尤其是当你正年轻时。这应当是所有年轻人的梦想所在，忘记IBM这类大公司，去结交你们这一代的比尔·盖茨（Bill Gates）吧！

初次面试几天之后，比尔·莫耶斯（在大多数报纸机构中，发行人是领导社论版的直接上司，可以说，社论版是发行人的运动主场）打电话过来，要我顺便过去进行第二次面试，我感到当社论作家的事有戏了。对一份工作我首先所想要的，是冒险性、挑战性以及能和某个了不起的人一起工作。有了莫耶斯和戴夫，和这两位了不起的人一起工作，这样前述三者具备，夫复何求。

莫耶斯具有南方人性格，熠熠闪光的眼睛乐于观察。虽然貌似肤浅、笑口常开，其实他是个真正的智者。当时《新闻日报》办公地点在花园城（Garden City），我去到莫耶斯办公室面试，他千方百计地让我保持放松状态。在我记忆当中，他对雇用我的唯一担心是，我可能"太普林斯顿气"了，也就是带有常春藤名校或《纽约时报》那种贵族气，而不够平民化。但是，当我告诉他我是在长岛出生并长大时，他的担心瞬间烟消云散。

几周之后，我到《新闻日报》编辑部上班，负责撰写全国和外交政策社论。这份工作对我的要求是，与其他同事的相容性，对主要问题精于世故但又不矫揉造作的处理办法，以及大量社论产出。我喜欢去拜访各种人并和他们交谈，我大量阅读，涉猎甚广，而且工作努力。

当时《新闻日报》并不像后来卖给时代-镜报公司后那样庞大，但也绝不是一家处于奋斗挣扎中的报纸。因此，这里的人真的不得不更加努力工作才行。对我来说，这一点没问题。我天生就是个工作狂，而且说实话，我花在工作上的时间越多，那么花在喝酒上的时间就越少。我可不想将来变成另一个报纸酒鬼。

《新闻日报》本身非常棒，报道长岛郊区就像报道私家后院。在当地老师家长见面会上，几乎不可能不碰到《新闻日报》记者。总体来看，该报的新闻报道是成熟和有助益的。在我看来，《新闻日报》是一张使当地人摆脱乡巴佬形象的报纸。

但是，报道本地新闻不对我的胃口，而思考问题是我喜欢干的事。因此，我特别喜欢在社论版工作，把社论版当成报纸"思维着的大脑"，关注当时严肃问题和复杂争论。

但有个问题不允许我去写，那就是越南（Vietnam）战争问题。这个论题差不多百分之百是比尔·莫耶斯的心肝宝贝。他在白宫工作过，亲眼看到美国在东南亚行为方式的严重错误，他几乎会抓住每个机会，急切地向长岛和全世界解释该战略错误和道德灾难的重要影响。

莫耶斯最不寻常之处，是其外表形象与内心信念的自相矛盾。他是个前浸信会传教士，如果没有当那位急剧扩大越南战争的美国总统的新闻秘书，那么他很有可能是另一位反战斗士。然而，他的工作正是为这个杀死五万多美国人以及上帝才知道杀死多少越南人的悲剧作公共关系挡箭牌，究其本质肯定是不可接受的罪恶。最终，他获得一个高高在上的讲坛去谴责这场战争,而这场战争正是他所在那届政府推动的。除了这种矛盾性,他撰写的社论激情洋溢,能激发读者内心深处潜在的深刻的正义感和道德义愤。在我看来,莫耶斯的社论没有被授予普利策奖,如此伟大的新闻工作没有得到应有承认,是极为不公平的。近几十年以来,类似的例子还有很多。

回顾在《新闻日报》的那些日子,想不起来评论部里有谁支持那场战争。我当然不支持。事实上,早在我当《阿默斯特学生报》执行主编时,就写过东海岸大学反越战的第一篇社论。我们这篇社论打败了《哈佛深红报》(Harvard Crimson),比该报早几周时间发表。我早先曾去剑桥(Cambridge)看望当时《哈佛学院日刊》(Harvard College daily)主编唐纳德·格雷厄姆(Donald Graham),很快了解到《哈佛深红报》(常被戏称为"犯罪报")正在策划一个反越战专题。我快速返回阿默斯特,告诉校报同事哈佛的计划,并说服他们,包括《阿默斯特学生报》主席马歇尔·布鲁姆(Marshall Bloom,他非常容易说服,因为他正忙于像毛泽东那样反对越战),我们应当迅速发表本校打破禁区、反体制的社论。于是,《阿默斯特学生报》就成了美国东海岸首家明确宣布反对越战的大学校报,而我有幸写作了那篇社论。

这篇社论不是一篇绝对糟糕的作品,吸引了很多人的注意。校园内,这篇社论受到已故厄尔·莱瑟姆(Earl Latham)教授的谴责,他是我主修专业政治学系的主任。不管机智多识的莱瑟姆教授是多么喜欢我,他的反应是出于关心和爱护,也不管我是多么毕恭毕敬,洗耳恭听,但在内心深处,我知道越战是错误的，历史会证明这个观点没有错。在各方面一路绿灯的热情支持下，我树立了第一个反越战标志。

我把这篇社论寄给布赖斯·尼尔森（Bryce Nelson），他当时是参议员弗兰克·丘奇（Frank Church）的助理，丘奇是爱达荷州雄辩的反越战民主党人。布赖斯是《哈佛深红报》的前主席，获得过罗兹奖学金（Rhodes scholar），当过丘奇的外交政策助理，我对他特别敬慕并视之为真正的灵魂伴侣（布赖斯现在是南加州大学安能伯格传播学院的杰出教授）。他曾经帮助我进入阿默斯特学院，如同已故罗伊·希斯（Roy Heath）博士那样，他是本人的精神导师，甚至在我非正式收到去哈佛读大一许可之后，还敦促我去阿默斯特。阿默斯特拥有一流的教授，诸如乔治·凯特布（George Kateb）、本杰明·德莫特（Benjamin DeMott）、厄尔·莱瑟姆、威廉·普里查德（William Pritchard）以及已故院长斯科特·波特（Scott Porter）等，选择阿默斯特是我最初十九年生命中作出的最好决定。

丘奇最终把我那篇社论载入《国会议事录》（*Congressional Record*），证明疯狂、吸毒甚至滥交的伯克利（Berkeley）不是唯一反对越战的大学。这一年是1965年，当然，伯克利暴动预示着大规模学生反战示威即将到来，预示着肯特州立大学的悲剧[1]，预示着整个国家在精神层面自我毁灭地分裂为两个敌对阵营。

不管在大学校报还是别的媒体，"争当第一"的信念是理

---

1. 指1970年5月4日俄亥俄州陆军国民警卫队在肯特州立大学校园开枪射击反战抗议示威的学生，导致四人死亡，九人受伤。

解媒体的关键。当我意识到哈佛可能在反对越战方面打败我们时,我才知道深植于内心的这种冲动是如此强大。实际上,什么最重要?答案很简单,那就是:你内心深处必须有争当第一、争做最好或做到最具想象力的竞争性冲动。如果你没有这种冲动,就不要考虑把媒体工作当作职业生涯了。

当然,在越南问题上,正如后来悲剧所证明的,比尔·莫耶斯站在了正确历史的一边,但在《新闻日报》政治层面站错了队。当时拥有该报的古根海姆家族(Guggenheims)认为,对他们口味而言,莫耶斯的反战运动太过尖锐,太过无情。因此,不久,莫耶斯遂成为历史。

这里有个人生教训,那就是,在任何机构,不论是学生报纸还是《时代》杂志,你得用心搞清楚谁是当家的,或曰权力何在。你不能指望总是与权力战斗而结果你能赢。也许你可以取得些战术性的胜利,甚至有时是重要的胜利,但从长期来看,如果你给权力施压太大,或者很快,或者经过一段时间,最终你会被权力压得粉碎,不管你是不是曾经为美国总统服务的国务卿,还是为报纸发行人服务的社论作家。就莫耶斯案例来说,他只是个被雇用的发行人,他要为报纸业主利益服务。

数年之后,在伦敦,我再次学到这个教训。当时我为戴维·英格利希爵士工作,他是联合报业(Associated Newspapers)的总编,联合报业是以欧洲为基地的媒体巨头,他也是执掌《每日邮报》几十年、令人难以忘怀、聪明无比的主编。他有个观点,即美国的报纸总编们假装清高、让自己免于商业决策,其实是失大于得。

最后,丢掉《新闻日报》的工作,其实对莫耶斯来说是因祸得福。作为富有人格魅力且精力无限的人,他后来变成美国公共广播的标志性人物,真的是人尽其才,得其所哉。他是个超级棒的人和深刻的思想家,作为一个年轻人我从他那里学到很多东西。他的作品和他的讲话一样,充满激情,带着曾经年轻的得克萨斯传教士的信念。他教会我既要关注事业又要关心每一个体。当他继续追求更伟大的新闻事业时,他所取得的巨大媒体成功,我一点都不嫉妒。莫耶斯真的是才华横溢,他是个很好的人,在新闻界不是每个成功的人都像他这样。我不知道他赚了多少钱,但是,不管多少钱,他都值那个价。

戴夫也是如此。比起他所表现出来的,内在的戴夫可能会更有意思。有一次,他邀请我(当时我只有二十三岁左右)去扬克斯市(Yonkers)的特罗特斯(Trotters)看夜场赛马。那时,《新闻日报》正在报道一个关于赛马结果的违规新闻。一天,他似乎随意地问我:"明天晚上,想跟我去看一场作弊的赛马比赛吗?"我想,就在那时我才知道他喜欢我。当然,我也喜欢他。

虽然我不是新闻报道那边的,快速获取热点新闻并不是我的工作,但我能为戴夫带来独家报道,这让我很快乐(下面几页就是解释这个事)。如果老板对你青眼有加,不厌其烦让你做事的话,你总是想要让老板开心。确实,我的老板对此很开心。在本报关于林登·约翰逊(Lyndon B. Johnson)回忆录的新闻刊出数周之后,他仍处于兴奋状态。这条独家新闻是经由我当时最好的朋友艾伦·莱瑟姆提供得来的。艾伦在获得英语博士学位离开普林斯顿之后，被《时尚先生》(*Esquire*)杂志聘用，其时这本著名杂志的主编是哈罗德·海耶斯（Harold Hayes）。那时，我正在写核武竞赛的书《理解世界末日》，艾伦常邀请我去参加他们每周在曼哈顿召开的报道思想会议，哈罗德通常在附近宾馆酒吧里组织这个会议。艾伦和他们十几个高层人物围坐在一起，边喝边聊，思考讨论封面主题和报道角度。我不是他们员工，但我想艾伦很重视我新闻报道的能力和想法，喜欢向他的朋友圈特别引介我，就像我也喜欢引介他一样。

在选择亲密好友之时，务必要精心选择。如果你有机会在非常聪慧的朋友与智能较低的朋友之间进行选择，请选前者。

早年，艾伦似乎总是能够在紧要关头救我于苦难之中。最典型艾伦救我的故事发生在普林斯顿大学，当时我需要通过一项外语考试。总的来说，我的语言技能简直太差了。上高中时我的俄语就学得很烂，所以就选择学法语。学法语看起来似乎不那么难，并且，同室好友艾伦法语说得还不错。

我在旧金山《新闻周刊》暑期实习时，普林斯顿给我一笔五百美元贷款请法语辅导老师。在请辅导老师上，我几乎没花什么钱。不论在当时还是现在，对青年人来说，旧金山都是激动人心的城市。

考试前一周，艾伦从法国给我打电话，那时他和其超性感的哥伦比亚国家航空公司（Avianca）的空姐恋人在法国度假，基本上是这位空姐教给艾伦那些真正有用的法语。艾伦关心我的考试，他盼望着在普林斯顿和我共享一套公寓，但如果我通不过外语考试，我将会被驱逐出大学。

在电话里，他开始用法语跟我聊天，很快就得出结论，我是一只煮熟了的非法裔笨鹅。他说："你考试要挂。"这意味着我会被普林斯顿开除。我怎么办？

艾伦静静坐了几分钟，然后说："我有个主意。也许，考官会是个现代语言教授，他特讨厌做考试之类的杂事。他会坐在昏暗的房间，打扮得装模作样，脸上带着副宁愿在任何别地干任何事也不愿干这事的表情。"艾伦又停顿一下，"如果是这样，也许他会以'暑假里你干了什么？'这类居高临下的问题开始考试。"

但是，如果他或她开场问了别的问题，怎么办？艾伦回答："那你就挂了，然后开除。因此，这是唯一希望。事实上，不管他问什么，就告诉他你在暑假里做的事。"

接下来三天，我预先准备了关于我暑假生活中所有重要问题的答案，从语法、语言上对该复杂答案进行反复排练。那真是个非常冗长、矫揉造作的答案。

在反复彩排的末尾，艾伦说："听我说，你只讲这个，别的不要讲。这个回答很不错，那位教授会和你有同感，认为你俩不应当忍受这场煎熬和折磨，作为一件荒唐事，他会结束这场考试。"

这是希望所在，但是会问那个问题吗？

我敲考官的门。请进，一个法语声音说。猜猜发生了什么？一只小台灯幽暗地亮着，桌子后面坐着的，是一位打扮得无可挑剔、一脸厌烦无聊的教授。长长的沉默,我一言不发,等待着第一个问题。终于,他用法语问:"那么,你在暑假干了什么?"我给了他一个精彩而冗长的回答。这就是我如何通过普林斯顿法语考试的。我有一个非常聪明的朋友,是他帮助我脱离了困境。

《时尚先生》的海耶斯从未提供工作给我,但我和艾伦走得很近,并且在长岛《新闻日报》干得不错。相当不错。

由于某种原因,一开始我在社论写作上遇到点困难,于是调到社论版对页[1],在二十四岁的年纪,当上该版主编。他们喜欢我在《新闻日报》社论版对页的工作,部分原因是该版的创新性,同时也许因为我投入了很多时间。我像条狗似的努力工作,因为当我被雇用时,我从没感到自己拥有铁饭碗那样安全的权利。持续不断的不安全感带来持续不断的产出。

总体来看,对我来说,这种状况带来更好的工作状态。所谓更好的工作状态,我意思是说,更加敬业、投入地为读者提供最好服务,夜以继日,日复一日。对我而言,如果实实在在、全力投入工作,一天下来离开岗位之时,我能说:我已竭尽全力,我做了自己可能做到的一切,我要回家,彻底放松,等待明日再战。(比尔·莫耶斯和戴夫·拉文索尔这两位都是同样的工蜂。尽管他们的名气和成就已经很了不起,但他们还是常常第一个到单位,从早到晚,又是最后一个离开单位。)

---

1. 即位于社论版对面的言论版,专门用来刊发报社之外社会各界言论或意见的专版,与社论不同,其不代表报社立场和观点。

要做好新闻工作，和做好其他事情一样，需要投入很多精力和热情，尤其是日常新闻工作。人们说好的新闻工作，意思等同于律师说"应有的勤奋"或"最佳的服务"。持续不断追求这个目标，就会给我们公民文化增添价值，因为这将带来更多理解，有助于优先考虑某些问题和议题。好的新闻工作不必枯燥乏味，但除非寻求强化公共利益，否则不能算好。人们把新闻媒介称为"第四权力"或"政府第四部门"，就是突出强调在美国体制中新闻媒介的核心作用。

当社论版和社论版对页不能发挥鼓舞、发动和告知的作用，那活该被不当回事。无精打采的社论版就像被遗弃在港口低租金区的废船，随波逐流，起伏不定，多处进水，最终沉没，了无踪迹，没有人关心，偶尔有百无聊赖的水老鼠光顾。

新闻工作中的社论版，最纯粹地表明为什么宪法第一修正案是正当的。当新闻媒介履行其严肃的公共服务使命，所谓"第四权力"才真正值得宪法保护。但是，如果新闻媒介只是利用宪法特权谋取私利，而无助于人们认识和理解生活、政府或世界，无益于他们的起居、健康以及后代，那么，新闻媒介就辜负了公共信托，遭到公众唾弃就是理所应当的了。

在《新闻日报》，由热情洋溢的领导人莫耶斯和戴夫授权，年轻的编辑约翰·沃尔什（John Walsh）和我致力于让社论版脱胎换骨、浴火重生，在读者就要直奔运动版或时尚版之前，让社论版一下子跳到读者眼前，紧紧抓住读者的兴趣和注意力。我的办法是，大量使用社论艺术，特别是辛辣的漫画社论，这种漫画能够激发能量，用强有力的图像呈现问题。直到今天我还认为，如果大部分新闻工作缺乏真正天才的话，有时不妨围绕讽刺性政治漫画打点主意。

我记得有一天，实在找不到什么有价值的东西放到社论版对页上，一切都好像昨天的麦片粥似的。因此，我决定"让侏儒转页"，得去做点以前从未做过的事情。不是放一两张社论漫画，而是上一整版的漫画。当你打开社论版对页，一大波有形的意见扑面而来，吸引你的注意力，使你流连忘返。编辑部的反应是热烈的，上层领导没有提出反对，因此我在周六报纸上把这种实践制度化，形成常规特色。现在，整个国家其他报纸上都可以看到类似的东西。这种操作也引起漫画家协会的关注，要求我在他们年度晚宴上演讲。我去了，告诉他们我真的喜欢他们的作品。他们拼命地鼓掌。

要知道，那个年代美国社论版发展趋势是另外一种样子：无精打采，漫无目标，那些政治专栏既不能让人感到不安，也不能给人以思想启发，随便付之一炬是其应得下场。

因此，我尝试很多不同的方法，为什么不，我才二十四岁啊。

一天上午，我还没有从宿醉中完全清醒过来，戴夫·拉文索尔走进我简陋的办公室。就算他渴望做个圣诞老人，其突然驾临也可能是个不吉之兆。在许多方面，戴夫都是和蔼可亲的，但他也是个羞涩口讷之人。开始，我不能清晰理解他到底在说什么，我想可能有麻烦了。我又尝试了新的东西，在一篇关于航空安全的专栏文章周围，安排了一组非常引人注目的照片。但是，我忘记把这个创新向我的领导社论版主编报告。

这种疏忽不是我故意冒犯领导，而是尝试新事物时的本能性反应，先在脑海里彻底想透（我有个小小的才能，就是内心视觉化），一旦确信其管用，我会立即去做。我下意识地害怕，编委会可能枪毙掉任何实质原创的东西。这是大部分编委会的全部意义所在，倾向于最少冒风险的观点，不是吗？

另外，我作为独行侠往往要比作为团队成员工作得更好。这里边的原因，既有我的不安全感，也有我的自我中心。我讨厌争吵，即便是好意和专业的争吵也不喜欢。如果我是个精神科专家，也许会对自我作如下心理分析：出生于父母剧烈争吵和酗酒成性家庭的孩子，一般来说，会逃避可能伤感情的对抗，更不用说真正的艰苦困顿。

后来事实证明，戴夫不是来批评我的。他喜欢那个编排设计，把一则航空安全的新闻包裹在几张飞机坠毁的照片中间。他在我的办公室徘徊了差不多五分钟。但这个支持意味深远，既给我教训，也给我自信，这种自信会让我的职业生涯峰回路转，会让我的头脑保持清醒，因为这是高层领导对精确控制风险的奖励。

戴夫对我所犯唯一错误就是，在这个工作之后，在不同工作岗位上又雇用我两次以上。这是件我们常常开玩笑的事情。

职业生涯初期，最重要的因素是你替谁工作以及为什么。薪水、福利等还在其次。如果你的目标是追求卓越，那么周围应聚拢一帮出类拔萃之人。如果你的老板是一只火鸡，你就不可能是一飞冲天的雄鹰。如果火鸡是你的老板，那么雇用你的单位该是何种滑稽的农场？

可以肯定的是，报纸不仅仅只有社论和意见版。事实上，报纸是由新闻驱动的，而不是由思想驱动，或者你也可以说，报纸是由构成新闻的思想所驱动。现在每天出版的报纸本来即如此。我们可曾看过这样的报纸，其大字标题写着："对不起，今天没有新闻"？

当然，我们从未看过如此报纸。相应地，报纸对新闻有着鲨鱼似的，甚至贪食症似的永不餍足的胃口，尽管当下对运动和名人新闻的需求远超任何别的新闻。因此，如果你置身新闻媒介，而且你想取悦高层领导（我确实想特别取悦戴夫·拉文索尔，以及比尔·莫耶斯，几乎每个人都喜欢他们俩），那么你所要做的，就是采写一篇大新闻。

这里，再举一个为什么拥有聪明朋友确有助益的例子。还记得艾伦·莱瑟姆吗？他是我最亲密的大学室友，指导我通过几乎不可能的语言考试，就是在普林斯顿助我通过法语考试的那位，他为我找到一条非同寻常的新闻，让我在《新闻日报》顿时脸上有光。

那时，艾伦还在《时尚先生》杂志当普通编辑，一天，我接到他打来的电话。那是在1971年。事情经过大致如此：前总统林登·约翰逊的回忆录《登高望远》即将出版，正在向一些高端杂志销售二次连续刊载权，这本书当时除了艾伦等几个编辑，没有人看过。

林登·约翰逊，既是越战的作恶者，也是倡导公民权利法案、促进少数族裔权利的行善者，在当时是个大热门人物。如果他在回忆录中坦率直言，他关于越战的观点就会特别有利可图，当然也有新闻价值。

该回忆录出版商为了寻求更大商业利益，允许精选的一组编辑进入某个房间浏览该书手稿一个小时左右。规则是不允许复印，不能做笔记。《时尚先生》杂志派遣艾伦作为代表。因此，我的大学和研究生好友走进曼哈顿某旅馆的房间，待在那儿一个小时查看手稿，以便确定他们杂志购买该书连载权有多大利益（所谓购买连载权，即在书店上架之时，杂志可以购买选登该书某些章节的权利）。

艾伦是个极其聪明的人（我希望读者诸君不介意我再三申述此点），该书暴露出来的最主要真相，就是其显著的自白性。也就是说，林登·约翰逊在扩大战争规模和深度之时，其实是同意批评家和持不同政见者的某些怀疑的。出版商不允许任何拷贝拿出房间，但是，聪明绝顶的艾伦趁出版商守护者目光他移时，悄悄记下书中某些直接引语，以便向总编哈罗德·海耶斯报告。

艾伦报告完以后，就从其曼哈顿办公室打电话给我，送上这条独家新闻。我全神贯注地聆听。这条独家新闻简直太棒了，是越战主要领导者前总统在作出派遣五万名美国士兵远赴印度支那送死这一可怕决策时的所思所忧。

我慌慌张张、急急忙忙地走进戴夫办公室。我在想，我搞到了一个大新闻。我转告了该新闻的基本要素、引语以及信息来源。起先，戴夫没说话。难道是我过分夸大了这条新闻？也许这并不是什么大新闻？然后，我记得他以几乎听不见的声音说了两句话："你信任你的朋友笔记准确吗？"（我说当然，真的，他就是在普林斯顿帮我通过法语考试的那个伙计）然后，说："好新闻！"（也就是说：登吧，汤姆！）

《新闻日报》第二天发表了该新闻。这是一条轰动全国的大新闻。

可以想象，那本书的出版商恼羞成怒，因为《新闻日报》把最好的东西都挑走了。律师们威胁说要追究窃取版权的责任。这个愚蠢的威胁，仅仅是拉长了这条新闻，使之持续数天。顺便说一下，真正的报纸和杂志编辑差不多都喜欢有人威胁说要告他们。我是说真正的编辑，而不是公司造假者和往上爬者。一般来说，不管对错，这些编辑将此威胁视为一个信号，那就是他们工作也许是对路的，该工作让某些人想要隐藏的东西曝光，进入公众视野。

我担心，戴夫也许不愿意走得太远，陷入如此危险境地，他也许会因为这个争议而开始与我拉开距离。

翌日，戴夫慢吞吞地走进我的小办公室，离开前只说了这句话，十分低沉的声音，以至于我以为他在要求我执行一项黑手党谋杀："汤姆，感谢你弄到那条新闻，也代我感谢艾伦。我们这里太长时间没有如此有趣的事了！"读者诸君，你难道不想为这样的人工作吗？

也许不是所有方面但必是很多方面，如果你在媒体工作中没有感到一定程度的"乐趣"，那么意义何在？除非薪水不菲，否则还是另换一种媒体工作，或者干脆回到学校，重新训练自己去干不同的、更加有意义的职业吧。

艾伦另谋他就，离开了《时尚先生》。这不是件容易的事。

《时尚先生》是当时美国领军的男性杂志,总编哈罗德·海耶斯是个优雅的南方人,其魅力犹如广阔的萨凡纳河(Savannah River),与年轻人才的交往方式颇有些智力调情的味道,真的是异彩纷呈。

但是,然后来了位真正放荡的男人克莱·费尔克(Clay Felker)。这个令人难以置信的家伙,部分是江轮赌徒,部分是大学啦啦队队员,部分是威利·罗曼(Willy Loman)[1],部分是纯正杂志天才。当时,他是时髦别致的《纽约》周刊的创刊总编,那些(在杂志历史早期阶段)相对廉价的年轻人才很快就会明白,他是个极其成功的花衣魔笛手(Pied Piper)[2]。

在20世纪70年代《纽约》杂志取得极大成功之前,《纽约客》(*New Yorker*)一直是大都会周刊杂志之王。以高雅文学和新闻作品为主要内容,再加上无数如果不是毁灭性、那也常常是滑稽幽默的社论漫画,《纽约客》是如此庞然大物,人们很难相信,市场上还剩下多少氧气足以维持另一家杂志的生存。

纽约《先驱论坛报》(*Herald Tribune*)的星期刊曾命名为"纽约",该报消亡之后,费尔克和其他几个人发现有市场空当,充塞以人才的氧气和很多社论热点,创刊这本杂志,然后展翅高飞。

当时,这本杂志还处于早期创业阶段。这个阶段是寻找能发现真实自我工作的最佳时段。在这种媒体单位,出版文化尚

---

[1]. 威利·罗曼(Willy Loman)是美国著名剧作家阿瑟·米勒代表作品《推销员之死》中的主人公,追寻"美国梦"失败后走向毁灭。
[2]. 德国传说中的人物,被请来驱逐镇上的老鼠,却拿不到报酬,因而吹笛子把镇上的小孩拐走。这里意即克莱对年轻人才有种吸引魔力。

未固定，员工也正年轻、聪明且富于实验精神，你所作创造性贡献，能使你现有才能相形见绌。也就是说，机遇和挑战是如此巨大，以至于必须有人来填补这许多空白。对即刻解决方案的需求，常常远超可用人才之供给。在这种躁动不安的环境之下，即便中才之人，有时也会有超常发挥，甚至有冲顶的辉煌表现。

艾伦是属于长得很帅却羞涩的类型，而我是不帅也不羞涩型。他有点拙于社交，而我是社交不厌。他当初比我聪明得多，现在可就说不定了。在《时尚先生》，他是个年轻传奇，克莱·费尔克把他抢走了，对哈罗德·海耶斯是个严重损失。是为数不多、成就超预期者的能量和才华，能够驱动杂志迈上新的高度；在海耶斯领导的《时尚先生》或在费尔克领导的《纽约》之类杂志里，年轻人能够发挥巨大影响。

艾伦叛变之后，哈罗德迁怒于克莱。不久，戴夫·拉文索尔也被克莱搞得有点恼火。猜猜发生了什么？我接到克莱办公室的电话，这个电话就要改变我生命中的一切。

对我而言，这是个重大时刻，这种经历对许多年轻人而言皆是如此，因为这是我第一个职业上升机会。对此，我记忆犹新。以下是背景资料。

随着长岛逐渐发展与扩张，马铃薯地被犁平，上面盖起大量地区性房屋，《新闻日报》也开始在美国东海岸报纸版图上扩张。但是，《新闻日报》没有星期日版，把日益扩大的长岛市场拱手让给以曼哈顿为基地的《纽约每日新闻》（*New York Daily News*），少部分让给了非常高端的《纽约时报》。

也许，戴夫和莫耶斯以他们自己的方式来看是天才的，但他们没有看到这里还有一块相当大的开放市场。因此，1971年，《新闻日报星期天版》(Sunday Newsday)的创刊工作开始启动。

在美国市场上，星期天报纸提供一种特殊商机，理解这点很重要。广告商们喜欢星期天报纸，因为调查显示，读者在星期天比其他任何一天花在报纸上的时间更多。妈妈和女儿（带有点成见）一般看时装、家居等版，爸爸和儿子主要看运动版，小小孩儿则痴迷于彩色漫画版（这个创新发源于美国，然后出口到英国和其他地方）。

此外，以高收入家庭作为市场目标的报纸，常常包含一个"知识"版（"intellectual" section），该版旨在帮助读者增长知识，了解各种趋势、争论和问题。《新闻日报星期天版》的目标，不仅要基本扫荡《纽约每日新闻》在长岛的主导地位，而且要逐步削弱《纽约时报》，该报星期天在长岛大部分高尚社区里卖得很好，特别是在富裕的北岸区（North Shore）。

因此，戴夫要求我创办一个命名为"思想交锋"（IDEAS）的星期天版面，同时招一名工作助手。雇用人才，事实证明是我的长项。我能发现人才，通常不会感到威胁，即使该人比我强。所以，我请约翰·沃尔什（John Walsh）加入到创刊工作。他很聪明，后来变成《滚石》(Rolling Stone)、《体育世界》(Inside Sports)以及"娱乐体育节目电视网"（ESPN）的总编辑。我们吸引了很多作家，比如戴维·哈伯斯坦（David Halberstam）、艾萨克·阿西莫夫（Isaac Asimov，他的快乐兄弟斯丹 [Stan] 是《新闻日报》总经理），为长岛《新闻日报》撰写主要本地报道。有时，我们的版面看起来和《纽约时报》星期天意见版同样好。戴夫非常激动。和约翰共事起来也非常好。主要因为我让他做副手，《新闻日报》的星期天意见版有时也是令人敬畏的。

正如一位老先生所说，思维敏捷的报人的真实心态是："我可能会错，但我绝不能犹豫。"在报纸工作中，迟延决策肯定是错误决策。错过报纸截稿时限，在新闻工作上是罪莫大焉。约翰和我之所以合作得很好，主要因为我们俩都喜欢做决策，而且很少回头看，停滞不前。约翰是个极有才华的工作伙伴，能给周围人带来极大乐趣。

在招聘员工时，务必要当心那些被描述为"天才"的潜在员工，不管是其自我描述还是别人的描述。若雇用此"天才"，最大可能性是，六个月之后你连自杀的心都有。这是因为现实生活中没有什么"天才"。上帝不会每天都在制造很多戈雅（Goya）[1]或爱因斯坦（Einstein）或普契尼（Puccini）[2]。也许你所遇到的，不是某个"天才"，而是让你生无可恋的某君。像约翰·沃尔什这样既富才华又极好相处的人，在这个世界上是极为罕见的。

星期天意见版"思想交锋"如此成功，以至吸引了长岛以外的注意力。该版思想观念有点古怪，但正是因此才有吸引

---

1. 西班牙浪漫主义画家，被认为是18世纪末和19世纪初最重要的西班牙艺术家，常被称作最后一位古典大师和第一位现代大师。
2. 意大利歌剧作曲家，被称为"威尔第之后意大利歌剧最伟大的作曲家"。

力。整个版面被故意设计成视觉保守的样子，好像在说，真正聪明的读者不需要什么花哨嚣张的设计，就能被吸引到真正"内容"上来。此外，周一至周六本报社论版对页上往往有很多花哨设计，比巡游的郊区冰激凌卡车还要花哨！

风格保守的星期天"思想交锋"版运行良好，1998年以前一直是《新闻日报》星期天意见版。1998年后，作为《新闻日报》纽约市版的社论版主编，我被要求对该版进行重新设计。

但是，我还没来得及做这个工作，一大堆工作已抢先到来。下一个就是克莱·费尔克打来的电话（现在《纽约》杂志工作的艾伦已提醒我说一个电话马上打过来），问我周四上午十一点能否到克莱曼哈顿办公室见一面。我说，当然可以。

我的观点是，不管你干某工作是多么快乐，如果某人认为有个更好主意给我，为什么不仔细聆听并认真听完？这与不忠诚无关，而是照顾好你自己。

星期天的"思想交锋"版一般在周三夜里上印版台，而克莱要求我第二天上午去见他。但是，我没有支支吾吾要求换个时间，以便自己休息得好点、更加自信点，而是张口就答应了。

我心跳加快。《纽约》杂志已开始走红，聪明的艾伦就在那里工作，是他给过我林登·约翰逊的独家新闻。我得好好准备一下，起码要让艾伦看起来脸上有光，因为说实话，不管我是不是个好编辑，我的面试确实能给人留下好印象。无论我是否得到那个工作,都不能让艾伦脸上没光。

我和约翰在《新闻日报》排字间完成那一期"思想交锋"版的有关工作,时间大概到凌晨两点钟了。我拖着疲惫身躯回到长岛的蜗居,又难于入睡,知道有个即将成为明星总编的午前面试正等着我。结果,实际上我只有九十分钟的深度睡眠,然后回到车里,驶向曼哈顿。

当时,《纽约》杂志社位于曼哈顿东三十区一座摇摇欲坠的古老的赤褐色砂石建筑里。我才二十多岁,比起这座上了年纪的建筑,我要年轻得多。这座建筑屋顶是漏的,管线经常失效,供暖系统低劣,没有电梯,但对我而言,该建筑就要变得很有魅力。我对它当然是一见钟情。

克莱在其办公室接见我。首先映入眼帘的,是一片狼藉。手稿、照片到处都是,还有摇摇晃晃、沾满咖啡污渍的长沙发。克莱在沙发上清理出一小块空间,让我坐下。

通常,我的面试战果都是不错的,但那天可能不在最好状态,我看起来一定形容枯槁。因为夜班劳累,因为紧张失眠(我有足够聪明适应正向全美最棒杂志发展的《纽约》杂志吗?更关键的是,对于可能要离开《新闻日报》和总是支持我的戴夫导师,我有一种罪恶感吗?),以及因为开着破败失修的"凯旋牌"绿色运动跑车到市中心的冗长乏味的旅途。

事实上,我回到长岛时,并不知道我是否会被录用。对于这次面试,所有我能记得的,就是招聘岗位叫"资深编辑"(不管其何意,反正就我所知,编辑人员名单里并无"资浅编辑"一职),以及某时克莱对《新闻日报》所开薪水表达了在我看来是惊奇的意思。

当然,《新闻日报》目前已经处于盈利状态,而《纽约》杂志本质上是个新开张企业,还在亏本阶段。工资支出主要由投资人的资金来支持,克莱必须照看好人家给他用来工作的东西。

我回到《新闻日报》的那天下午,艾伦打电话给我。

"汤姆,我是艾伦。"

"你好,我那事怎么样?"

"不坏,"他说,"但是,有个问题。"

"薪水?"我问。其实,如果我觉得机会特别好的话,我是准备好接受相同数量,甚至少点工资的。此外,即便我完全尊重《新闻日报》及其一流的编者,但我对慢节奏的长岛郊区越来越感到厌倦。作为单身男人,我对曼哈顿生活早已垂涎三尺,并且对有时通宵不眠的年轻人来说,那种不夜城似乎是更合胃口的梦想之地。

艾伦说,问题是克莱对我饮酒有点担心。亲眼目睹那么多新闻人在酒瓶里葬送他们事业后,他对我喝酒的问题感到忧虑和不安。

艾伦知道我确实喜欢喝酒,我告诉他说,昨晚加了夜班,一夜无休,又一路颠簸。

"哦,难怪你看起来形容枯槁,面如死灰!"

我大笑。

"嗯,克莱可能会打电话邀请你星期天共进午餐。不管你做什么,在开胃菜上来之前,不要猛灌血腥玛丽(Bloody Marys)[1]!"

---

1. 一种由伏特加酒或杜松子酒等加番茄汁调制而成的红玛丽混合酒。

星期天午餐是在曼哈顿一家奇妙的饭馆里吃的。女侍者走过来,克莱点了波旁威士忌和苏打水,我要了杯冰茶。然后,克莱又点了份波旁威士忌和苏打水。我依然是冰茶。

那天晚些时候,艾伦打来电话问情况。

"相当好,"我说,"但是,告诉我,克莱是个饮者吗?"

"不是。"

"那他为什么吃午餐时点了两份波旁威士忌酒?"

"哈!他那样做了?"

"是的。"

"他几乎从不喝酒,"艾伦说,"他一定在测试你。"

哈哈哈……

"你点了什么?"

"冰茶,"我回答,"总共三杯。"

"明智之举,"他说,"你可能要得到一个工作机会。"

两周之后,在戴夫办公室,我告知了他。

戴夫感到震惊,也许还有点受伤难过,尽管他还像往常一样难以解读。但是,当我说已厌倦长岛,那是我出生并长大的地方,并说盼望着过曼哈顿单身夜生活时,他还是相信我。因为,这些话都是真情实感。

他问我对方给开多少工资。

我撒谎了。我不得不撒谎。我没有勇气告诉他,《纽约》杂志给我的工资要少。我太喜欢戴夫·拉文索尔,我也喜欢《新闻日报》,并且永远喜欢。有时,与他们的局限无关;有时,那是你的需要。所以,我说多一万块钱。

实际上，我的工资是少了两千块钱，但比艾伦所接受的工资又多三千块。我怎么告诉艾伦？我要告诉艾伦吗？我想不要。

但是，当他问到杂志的医保待遇时，我还没有来得及回答，他就打断了。"如果他们有这项待遇，你也许还不知道。"

他说得对。我不知道。

我的退出台词是这样的："然而，我告诉克莱我不能立即开始工作。我告诉他，我真的非常尊敬你们，想给你们六周的事先通知期。"

戴夫有点不信地看着我。当人们决定接受一个新工作时，没有人会给出那么长的事先通知期。事实上，一旦你决定离开，大部分雇主都要求你尽快开门走人，大部分雇员在大笑离开时，恨不得当面朝雇主脸上吐唾沫。但是，我不会这样。我想要给《新闻日报》发送一个信息，错不在报纸，也不在员工，而是在此地。我所有可怕的家庭记忆，就在离《新闻日报》总部几英里的地方。我想远离这些记忆，同时，除了太早放弃希望，我不愿责备父母任何东西。

我的母亲多年以前就去世了。她在世时，有一天打了一辆出租车从她居住的精神病院来到《新闻日报》，在门厅里声称她是我的母亲。我像个懦夫，躲藏了一个多小时，直到保安把她带走。事后，保安通知我时，我镇静地说，那太奇怪了，我想她已死了好多年了。我是不是太冷酷？是的，但为心理上的自我保护，这是必须的。许多年之后，我的姐姐举家搬离长岛，到佛罗里达（Florida）开始新的生活。她花了比我长得多的时间去逃离，但她做到了，我为她感到非常高兴。她也为自己及家人感到非常高兴。

对于六周的事先通知期，我是认真的。那是我主动提出来的。克莱对此很愤怒。可以说，他想要我第二天就到岗，但我坚持我的立场。

我相信，戴夫和《新闻日报》这个单位永远不会忘记这个姿态。

你如何退出一个单位，和你如何进入这个单位同样重要。事实上，除非某单位对你确实太过残忍，当你离开时，请避免当他们面吐唾沫。优雅地离开，如果没有B角，你应提供帮助找个替代，并在离开前提供尽可能长的缓冲期。这样做有两个理由。第一，这是应该做的事情。第二，你绝不会知道，有朝一日你可能再次想为那个单位工作……那么，他们也许不会忘记你离开的方式。

第三章
《纽约》杂志：建设好于破坏
（1971—1975）

毫无疑问，杂志之于印刷新闻媒介，一般来说就像化妆之于洛杉矶明星，也就是说，杂志是那种更加光鲜亮丽，更加熠熠夺目，更加视觉取向的印刷媒介。杂志的设计更加精致，闻起来味道更好，摸上去也不会弄得满手黑，往往与读者建立起一种个人化关系。

我很幸运，受雇于这样一家杂志，不是精致定型的成品，而是正在进步中的杰作。我很幸运，作为一个年轻人，生活在世界上最富活力的城市之一。我很幸运，拥有这样一位老板，他只用一半时间惦记杂志的利润。

在美国，杂志业已经悲剧而彻底地被改造，主要迎合那些渴望花钱的人，似乎那就是生活的全部意义。我后来在CBS杂志分部当主编时，常常开玩笑说，只要有一定市场份额，不管其如何模糊与无聊，CBS都会在此基础上创办一本杂志。如果研发部高手泰德（Ted）发现，去年卖了一千一百万把高脚椅，那么可以打赌，他肯定会提出创刊一本《高脚椅月刊》（*High Chair Monthly*）杂志。

当然，这将会是世界历史上最无聊的杂志，但那正是许多市场营销者的思维方式。准确地说，这种对市场分析的宗教般的热情,即是每年这么多杂志诞生又很快死亡的原因。不是每一个市场空间都能维持其出版物,或者说,应当维持其出版物的。

总体来看,杂志在美国很受欢迎,但也并非那么重要。人们通常认为,围绕着杂志世界的所有兴奋以及读者忠诚度,都表征着杂志传播内容的伟大与持久重要,但是,实际上真相恰恰相反。在衡量社会贡献与影响的媒介谱系上,严肃的电视媒介拔得头筹,主要因为其图像对大众思想影响深刻。报纸位居第二,大部分是因其一年三百六十五天都在那儿哼哼唧唧不断,有时在哗众取宠和商业主义罪恶中也能创造出点美德,按照托克维尔(Alexis de Toqueville)的理解,这哗众取宠和商业主义正是民主的本质。排在最末的是艳俗杂志,除极少数例外,大部分杂志的内容往往在纯娱乐和半新闻之间摇摆。

在克莱·费尔克傲慢且大胆的编辑之下,20世纪70年代的这家杂志似乎定义了美国最有吸引力的市场目标,即纽约真正和潜在的中上阶层。就是从这里,我的印刷媒介新闻生涯的杂志部分真正开始了。

《纽约》杂志诞生于《纽约先驱论坛报》的灰烬里,该报是一家令人尊敬的大报,20世纪60年代末停刊。尽管拥有一批真正出色的编辑,包括詹姆斯·G.贝洛斯(James G. Bellows)、谢尔登·扎拉兹尼克(Sheldon Zalaznick)、迪克·沙普(Dick Schaap),当然也包括费尔克等,该报仍然不敌优秀且根深蒂固的《纽约时报》。

克莱和《纽约先驱论坛报》几个前编辑决定重新包装该报"星期日"版,然后作为一个周刊通过订阅或在报摊上出售。我在该刊早期来到编辑部，在时间上和感情上都和好朋友艾伦·莱瑟姆有关，他是个很棒的作家，也是当时编辑部里最年轻的资深编辑。

在所有方面，克莱都是个真正的领导者和变化多端的启发者。他极富人格魅力，非常迷人，富于想象力，而且拥有排山倒海的能量，起初只是表现为他眼睛里魔鬼似的闪光。有时，他在曼哈顿最著名的法国菜餐馆卢特斯（Lutece），午餐或晚餐时喝杯价格不菲的红酒。但是，和我认识的大部分新闻人不一样，他绝不是个饮者。

他是个受过良好教育的南方人，在南方长大，受教于杜克大学（Duke University），和一位可爱的出身名门，名叫帕梅拉·蒂芬（Pamela Tiffin）的女子短暂结过婚，该女子后因令人心跳停止的性感形象而变得更加出名。再后来，克莱又娶了纽约的美女记者盖尔·希伊（Gail Sheehy）。

在克莱和帕梅拉离婚几年后，我曾经在曼哈顿一个聚会上遇到过帕梅拉。她不知道我为其前夫工作，直到我告诉她。这时，我想她会认为我是个智商二流的家伙（她身材火辣，感觉敏锐）。那个和她一起来的男人，是个著名建筑师。她走开时，建筑师告诉我，帕梅拉通常不屑和陌生人交谈，因此，我身上肯定有点不同凡响之处，因为她一直快乐地和我聊天。

克莱爱上帕梅拉的原因显而易见。在任何意义上，她都是个绝代佳人，性格温暖可人，外形光彩照人。

新闻记者渴求魅力，这使我们某些人去戏剧界寻找异性伴侣，这其中似乎存在着某种道理。那个时候，我正在和一个名叫格温（Gwen）的年轻女演员来往，然而我想，对她而言，也许我就是个灾难,正如克莱对于帕梅拉那样。确实,帕梅拉问了我几个关于克莱的尖锐问题,在某点上,我们四目凝聚,似有同经患难、心有灵犀之感,我差一点要约她出去。

因此,就是这位才华横溢女演员的前夫,敢打敢冲,亲手缔造了曼哈顿这本很有前途的杂志,就像为自己建造了一个光芒四射、高傲自负的小小星球,这本杂志专注于描绘美国这座最大城市的底细内幕与行为规范。

那个著名建筑师又回来与我交谈,开始连珠炮似的提出知识分子常问的那些问题。"那么,请告诉我,普雷特先生,你是在哪里受的教育?"

"在阿默斯特读本科,"我说,"然后,在普林斯顿得硕士学位。"

"很厉害,"他说,"那么,你现在做什么工作?"

"我在《纽约》杂志工作。"

"在克莱·费尔克那儿?"

"对。"

他看着我,仿佛我已失去理智。"你究竟为何要这样做?"很显然,他感到常春藤名校的教育在我身上是纯属浪费。

"我不知道你到底是什么意思?"我慢慢地说。

那位建筑师盯着我看了很长时间,说:"你的生命为什么不用来干点重要的事情?"

我目瞪口呆。这位建筑师因设计纽约著名而不朽的摩天大楼颇负盛名,其傲慢自负的话语以及尖刻无情的问题,此后数周一直盘旋在我脑海里,挥之不去。在这个令人不安的问题前面,当时我基本思维过程是这样的:"我很棒。不仅在美国最火的杂志和克莱·费尔克以及挚友艾伦·莱瑟姆一起共事,而且在二十六岁时已经当上资深编辑。我现在是单身,从未离过婚,无任何赡养费负担,身体健康,没有大毛病,且正和绝代佳人帕梅拉一起喝着雪莉酒。"

然而现在,我内心对话又添一条新路径。"然后,这个明显非常聪明的家伙问我,为何要纡尊降贵去干这么个低级职业。"

年轻人的自高自大,再加上喝了不少酒,最终隐藏了建筑师的话对我狂妄自信职业方向感所造成的撕裂。然而,随着年华老去,我发现自己常常在思考着他说过的话。那不是恶意的评论,事实上,是真诚的话语。今天,我感谢他说了那样的话,尽管他绝无可能还记得那个时刻。

我也开始明白,建筑师的话是有道理的,我同时也晓得,不经意间克莱和建筑师的观点是一致的!米尔顿·格拉瑟(Milton Glaser)是当时伟大的平面设计创新者,图钉画室(Push Pin Studios)专家),每每在封面新闻策划会议上,对克莱提出的稀奇古怪的新闻报道想法,很明显不敢直言反对,但吞吞吐吐地说:"但是,克莱,如果我们这样做,那太可怕了!人们会……"这时克莱总是耐心地坐在那儿倾听。

然后,克莱会对见多识广的格拉瑟进行反击:"但是,米尔顿,这只是本杂志。"这就是说,它不是原子核物理学,也不是肿瘤学,不能治什么大病,甚至也抵不上小说《包法利夫人》。它只是本杂志而已。

这里,克莱不是贬低我们工作,准确地说,而是指出我们并非在报道国家安全问题,因此,如果他做些变通,挑战某些极限,不会引发与俄国人的核战争。

因此,很久以前鸡尾酒会上那位著名建筑师的本质意思是,大部分商业杂志根本就是鸡毛蒜皮,没有永恒价值和重要意义。确实,克莱自己的观点就是,一本成功的杂志,就算是最顶级的那种,最多也只是个文化快照,只是记录了某个瞬间,以及对那个瞬间的观察与思考。

有一次,我和《纽约》杂志社另一个极富才华且经验丰富的编辑拜伦·多贝尔(Byron Dobell)一起研读1938年古老的《生活》杂志(*Life*)。当时,我说了些非常愚蠢的话,啊,这对我而言也不是史无前例。我说:"天哪,这本杂志看起来多么老气!"

显然,我们俩当中,拜伦的智慧要甩我好几条街。他说:"汤姆,但这是一本好杂志的标志。"

换言之,当你二十、三十或四十年后回看这本杂志时,它应当看起来老气。所有好杂志都是如此。这意味着当年该杂志抓住了时代精神,或者那个时代的文化本质。准确地说,正因为杂志是时代的反映,所以在其生存时代之外,是提供不了什么价值的(当然,不包括对文化历史学家而言寻找有用史料和学术脚注的价值)。所以,让我们大家达成共识:如果你在杂志工作,但并不享受这份工作,那么请赶快另换一种工作吧,因为你不会做出任何可能对时代具有持久贡献的事情。

请记住,如前所述,《纽约》杂志是智慧和创造的欢乐社区。克莱及其员工近乎垄断了那个年代顶尖青年人才。本刊记者汤姆·沃尔夫（Tom Wolfe）当时已是出类拔萃的传奇性人物。另一个本刊记者盖尔·希伊刚刚开始她在畅销书榜单上的胜利进军。艾伦·莱瑟姆继续为热门电影《都市牛郎》撰写剧本。安迪·托比亚斯（Andy Tobias）关于复杂的金融话题写了一本又一本的畅销书。丹·道夫曼（Dan Dorfman）尽管后来身陷法律麻烦，但当时肯定是最好的金融分析家，实际上是他首创了金融分析文体。肯·奥莱塔（Ken Auletta）在媒体界成为领军记者，写了好几本畅销书，后来若干年又为《纽约客》版面带来生气。迈克尔·克莱默（Michael Kramer）是来自阿默斯特的我的同班同学，将要成为《时代》杂志的专栏作家和《纽约新闻日报》的社论版主编。如果世界上有个比盖尔·格林（Gail Greene）更好的美食批评家或美食作家，那么他不会是用英语写作的。美术总监瓦尔特·波拉德（Walter Bernard）真是个腕儿，在米尔顿·格拉瑟手下工作一段时间之后，开始重新设计《时代》杂志。实际上，这个名单还很长。

这是个全明星的团队（还有如我此类短工掺杂其间）。

克莱不仅是把这棵人才之树上各个枝条联接起来的主干，而且他真的体验到创办杂志的乐趣。反过来，这种乐趣又会生产出能让读者一周接一周感到持续不断的愉悦与相关体验的杂志。正是这种环绕《纽约》杂志的愉悦感，才把我们解放出来，去做很多真正重要的工作。所以，我们能采写出有关国际和政治事务的文章，这些文章几乎完全没有进入当时少点想象力的《纽约时报》的思考范围，或许该报编者认为这些文章太具争议性或者角度太过尖锐了。

因此，新闻学院里教的那些原则信条，很明显在《纽约》

杂志里是少有的。比如，这一行里众所周知的教堂与国家分开原则，即编辑与广告分离原则，在《纽约》杂志并不存在，至少不如许多新闻学院所憧憬的那样从机制上分开。如果有某个品牌睫毛膏的广告版进来，我们会发表一篇如何化妆的社论，或者发一篇题为"用你的睫毛刷勾引他的五十种办法"的文章。没问题。人们总得要吃饭和偿还抵押贷款，尤其是编辑和作家。此外，我喜欢使用睫毛膏的聪明女人，如果可以，请原谅我。

记住，许多出版物比如《时尚》杂志（Vogue）、《大都会》杂志（Cosmopolitan）等都有类似行为。这就是你从未看到纽约主要出版物做过布卢明代尔百货公司（Bloomingdale）邮购订单运作以及蒂凡尼（Tiffany）宝石生意的调查性报道的原因。归根结底，杂志需要生存的商业基础，如果你伤害提供该商业基础的广告商，杂志就会死亡。也许这是令人悲哀的，也许这是错误的，但在商业化的美国，这是相当简单且完全不可避免的。

说也奇怪，许多新闻学院都不强调此类事。如果你进入新闻这一行，想按照新闻学院说的那种方式干活，那么，也许你应当干点别的什么工作。

第二个理由是，《纽约》杂志固有的快乐哲学使我们能够去做重要的工作。这种哲学把我们从客观性的束缚中解放出来。显然，这种陈述需要放到语境中去理解。

人们可能认为《纽约时报》的报道是客观的，我本人不这么想。不管你意见如何，事实上，20世纪70年代的《纽约》杂志并不想要（或声称具有）那种客观性。

我们需要角度尖锐的新闻。在这种意义上,克莱的新闻观有时比主流新闻学更诚实。真正的客观性是非常难于达到的,在努力把流动现实客观化的过程中,要冒论题僵硬化和制造单调乏味新闻的风险。没错,事实应该是正确的,如果不能把事实搞清楚,没有人会对你生产的东西感兴趣。然而,如果新闻报道不能引人入胜,不论客观与否,克莱都不信任此新闻工作。"这个东西意义何在?"克莱常常咆哮道,把一篇不吸引人的手稿扔得满屋子都是。"一定要击中要害!"

陈词滥调,是克莱经常暴跳如雷的抱怨。往往在最后一分钟,他会从杂志上抽下某篇文章,因为他感到,如果这篇文章是乏味的,则没有人会读,即便它是重要的,也不会造成任何这样或那样的差别。如果某物理学家就著名且难懂的黎曼假说(Riemann Hypothesis)提出一个解决方案或一道证明,《纽约时报》会认为,如果该物理学家没有可信度,则没有人会相信这个证明,但是对克莱·费尔克而言,如果没有人能够理解这道证明,如果该证明不能以足够吸引人去理解的方式呈现,那么由谁提出这个证明就无关紧要。

简言之,比起更加教条主义、目标在于高端市场的美国新闻意识形态"客观性第一",克莱更赞成英国报界的一般意识形态"故事性第一"。也就是说,总体来看,他和英国人都更愿意其出版物有尖锐的角度(即保守的或自由的),包含强烈的观点,而不是可信但平淡乏味。伦敦人并不期待《卫报》(*The Guardian*)会赞美保守党(Conservatives),也不会期待《每日电讯报》(*The Telegraph*)奉承工党(Labour Party)政治家。

一个美国媒体人的自白 135

同样，克莱不会找这样的作家，该作家执行采写任务时会想："我必须收集对立双方各十二条事实，以代表这条新闻的所有观点。"相反，他会找此类作家，该作家要具有"小说家的眼睛"，要能挑选、组装、传播最能显露真相的细节给读者：领子边的线头暗示着粗心，不匹配的袜子说明散漫或使用毒品，放在红木桌上的杂志揭示某种迷恋，或者迷其内容，或者迷其过分整洁的版面设计。他要的作家是左拉（Emile Zola），而不是《大英百科全书》（*Encyclopedia Britannica*）编写者。

当然，后来克莱设置了事实检查员的岗位（只是到杂志开始赚钱时才有事实检查员），以确保所陈述事件是真实的。杂志需要显示其编辑过程中的审慎调查，但我并不真的认为克莱对此有太多关注，当然我对他绝对抱以极大尊重。一方面，他肯定不愿意因为诽谤而遭受起诉，另一方面，如果他不得不在没人想读的新闻报道与富有娱乐性、打擦边球的新闻报道之间作出选择的话，他会选择后者。对此，没有任何问题，而且我并不在意前杂志专家、现在是加州大学伯克利分校新闻学院研究生院的某位杰出教授说了什么。

就这样，《纽约》杂志有时引起很大争论，但也引导纽约人对影响他们生活、不过还没有得到广泛报道的真正城市问题发生深刻兴趣。

一个富有启发性的案例就是盖尔·希伊所写的关于纽约妓女的经典作品，该作品要点在于，性交易已经迅速发展为成熟的商业行业。这个话题有点"伤风败俗"，另外围绕该新闻报道的争议主要来自这样一个事实，即该报道主要爆料者是个直言不讳的拉客妓女，名叫"红裤子"，她也是这篇轰动性报道的核心所在,其实这个"角色"并非真实存在于某时某地某个躯体的某个人。

千真万确,盖尔和那些妓女待在一块,一起出去闲逛。但她没有描绘这个妓女群体当中任何个体,才华横溢的盖尔将经历的各种细节、颜色以及氛围缝合到一起,创造了一个能够表达该报道全部意义的合成人物,这显然好于狭隘地描绘某个具体对象。在我看来,这里没有什么问题。如果我们在刊物上再发一条免责声明说:"红裤子不是某个真实人物,而是一个合成人物",那么什么错也没有。可是,克莱感到没有必要这样做,他犯了错误。他知道这一点。

那些保守媒体愤怒地发现,希伊揭露性报道中那个迷人的、沿街拉客的主角,实际上在作者脑子里,是一群妓女一锅煮的混合物。一时间,人声鼎沸,争论不休。真没夸张,就是这样。然而,盖尔的新闻报道风格确有其价值,能提供独特的方法让事情生动,使其极端引人注目,这样读者就有足够兴趣沉浸到报道当中,接受现实教育,深思有关问题。

《纽约》杂志利用这个原则的最好范例,是其曝光纽约刑事司法体系内部滥用职权和腐败所作的贡献。

20世纪70年代初期,从犯罪团伙和贪污腐败等渠道,开始传出纽约现任法官"脏事"的流言蜚语,克莱指示做个封面报道。这绝对是个令人震惊的新闻,由不屈不挠的调查报道记者杰克·纽菲尔德(Jack Newfield)操刀,取名"纽约十大最坏法官"。这篇新闻不仅指名道姓列举有"脏事"的法官,还指出他们值得这样羞辱的理由,或者是平常醉醺醺地尸位法官席、审判时呼呼大睡,或是经常和"名叫迈克尔·柯里昂(Michael

Corleone）或托尼·索普拉诺（Tony Soprano）的朋友"[1]一起共进晚餐。把法官真名实姓登在杂志上，引起人们包括律师的注意，推动了一个由州长任命的独立特别检查小组的成立，最后起诉了若干现任法官，甚至还有一名联邦地方检察官。

正是《纽约》杂志的这种所谓"轻浮"及其接下来对"严肃新闻"乏味标签的摆脱，吸引了这么多注意力，让受众了解真相，才使其能够做一些重大的工作。事实上，我在《纽约》杂志做得比较好的一件新闻工作，就是报道这个特别检察官清理烂摊子的重大新闻。

在被机构和个人沾沾自喜的海啸搞得忘乎所以之前，我得承认，特别检察官清理刑事司法体系的努力是勇敢的，但也是不彻底的。没有几个人进入起诉名单，到头来也没搞清楚，比起新闻记者攻击之前，该体系是否明显变得更高尚和更防腐。

充分报道一则新闻，甚至继续跟踪隐蔽的犯罪和不公平，和实际上消除或解决这些问题，不是一回事。在沾沾自喜的浮华世界，我们新闻记者已经尽了最大努力，比如我们的普利策新闻奖以及媒体内部的各种奖等，但是，还有大量社会不公、经济差距、政治和公司腐败在蔓延。有时，当我们自己在大吹大擂的时候，其实我们只是在自嗨。

对于刊发艰难棘手的报道以及皆大欢喜的报道，克莱总能找到引人入胜的处理方法，这种特殊本事和工作效率有时真让人羡慕嫉妒恨。有一次，我为《纽约》杂志写一篇题为《黑手

---

[1]. 这两人是美国两部著名黑帮影视作品中的主角。

党战争》("The Mafia at War")的文章，这是一部关于团伙犯罪内部大变动、带插图的历史。该报道也作为杂志特刊，以单行本形式在市场上高价发售。结果，事实证明，这期特刊成了全国畅销书。作为其主要作者，我被要求跋山涉水去波士顿、芝加哥、旧金山和洛杉矶作促销旅行。

说真的，我不是本杂志关于团伙犯罪的主要调查者。这项精细的工作属于尼古拉斯·派勒吉（Nicholas Pileggi），他扎实的新闻报道工作以及精心结撰的书，点燃了好莱坞电影从《好家伙》（*Goodfellas*）到《市政厅》（*City Hall*）的想象。我非常敬佩他讲故事的技巧，但是他身上还有另外一些难于解释的东西。我想是这样：当思考新闻记者本质特征时，脑海里会冒出许多形容词，但是由于某种原因，"优雅"这个词恐怕不会出现在该词汇单的前列。然而，对于尼克（尼古拉斯的昵称），首先进入我们脑海的，恰好就是这个词。

尼克另有使命。作为单身男人，我平静甚至热情地接受了数周舟车劳顿的挑战。事实上，也许正是这次二十七岁时的旅行第一次激发了我对于五星级旅馆那明显不可遏制的胃口，甚至到今天依然如此。

然而，尽管住的旅馆很豪华，但促销《纽约》杂志的旅途有时还是不太愉快。我要是能利用尼克对黑帮世界的精通就好了。因为，我在芝加哥花了一整天时间，早晨和莎莉（Sally）一起做宣传，傍晚和山姆（Sam）一起做图片处理后，第二天下午又被带到一个摄影棚，被告知为拍摄一部关于团伙犯罪的纪录片，我要接受当地一位著名制片人的采访。后来事实证明，我遇到了一个为芝加哥团伙犯罪组织工作的种族律师。他对《黑手党战争》的抱怨，很快吓了我一跳。他判断，这部作品是对所有意大利裔美国人的诽谤。我回应道，我们对那些带着枪、碰巧是意大利裔美国人的描述不是假的，因为他们确实身上带着枪，而且自豪地炫耀其种族联系与结盟。但是，该律师激烈地捍卫其立场，如果我当时处于现在的年纪，会被吓死，但那时我太年轻，不懂得他真的被我"冒犯"到了何种程度。

他继续说道，在纽约报道这种新闻也许能侥幸逃脱惩罚，但在芝加哥肯定不可能，因此，"这种垃圾"不能在芝加哥分销。而且，他还建议我迅速滚出芝加哥。他可不是红口白牙说大话，因为那时候，对于新闻报道曝光这种团伙犯罪，有不少人并不赞成，芝加哥许多卡车公司老板对这些人的态度表示同情。

我赶紧回到芝加哥市中心的旅馆房间，打电话给我的老板，问他该怎么办。

《纽约》杂志创办人克莱·费尔克丝毫没有犹豫地回答："我想你应当尽快离开那座城市，越快越好。"

我立马照此办理，取消芝加哥剩下的有关活动，飞往阳光明媚、美丽宜人的洛杉矶，在那里我不仅感到温暖，而且还感到安全。如果那里也有黑手党，他们不知道我或者不关心我，也许他们正忙于追逐那些未来的女明星呢。

现在回过头来看，毫无疑问，我在芝加哥受到了威胁，但当时，我宁愿放弃这种荣誉。然而，这件事也表明，如果新闻报道持有一种立场，并攻击既得利益集团，那么它会多么有力量。如果新闻作品能够震动具有一百年历史、根深蒂固的犯罪集团，那么请试想一下，对我们政治、经济体制，更重要的是，对于从每个读者心灵中清除某些有害的社会传统，它将会产生怎样潜在的影响。

你想让生活变得激动人心吗？那么，请为一个热情编辑所编的热门杂志而工作并坚持不懈，但有时候请为宝贵的生命而工作吧！

克莱一门心思关注那些能让人们拿起杂志阅读的元素。他知道，任何成功的杂志都有一个独特的身份和标题，至少第一眼通过杂志封面就能明了。克莱经常向我们大家宣讲，封面语和新闻标题归根结底至少和新闻内容同等重要，因为不管你花多少时间采集、写作、修改、润色一篇新闻，如果你随便安个不吸引人的标题在上面，那么没有人会读它。无论如何，只有少数人会读完、吸收整篇新闻的内容，很多人只会扫一眼大标题和小标题就离开。因此，克莱的对策是，精心制作大标题，突出显示醒目引语和图片，以传达新闻清晰含义，引诱读者深入阅读。

在职业生涯中，我碰到过多次违背职业道德的情况，经常是些声誉良好的媒体。职业道德问题是新闻行业没有解决好的头等问题。

当我几十年前第一次被《纽约》杂志雇用时，该杂志还是个新生儿，缺乏可靠的广告基础，因而支付不起雇员太多薪水，或者雇用不了太多人。这就导致大部分员工是女性，因为那时还是妇女解放运动早期阶段,广大女性仍然顺从于接受低于男性的工资。

结果,在《纽约》杂志社,克莱能够雇用很多能干、聪明且积极进取的女性。伊丽莎白·克萝(Elizabeth Crow)职业生涯起步于《纽约》杂志的秘书,后来当过许多女性杂志的主编以及古纳亚尔出版公司(Gruner & Jahr)的杂志高管。朱迪·丹尼尔斯(Judy Daniels)当初也是受雇为秘书,后转到《生活》(*Life*)和《洞察力》(*Savvy*)杂志当主编。盖尔·格林最初从小记者起步,后来变成美国最出色的美食批评家之一,也是一个作品大卖的小说家。(她的作品《蔚蓝天空,没有糖果》由其当时的丈夫唐·佛斯特[Don Forst]编辑)

我知道,这里还有很多人没有提及,当时确实有很多著名的女性编辑和作家。起初《纽约》杂志尽管有大量超棒的女性员工,但她们拿的薪水都比较低。即便如此,在我看来,从那时起新闻媒介中女性角色发展得很好。如今,媒体这一行尽管还远不完美,但在给女性机会方面,差不多和其他行业同样好,甚至比大部分行业还要好点。不错,仍然有不少问题,但媒体文化的总体进步强化了全体公平的正当理念。

在20世纪70年代初期的《纽约》杂志,女性主义革命真的渐入佳境。仅仅几年之内,在年轻编辑格罗拉·斯泰纳姆(Glora Steinem)帮助下,杂志社就新创一本女性主义月刊《女士杂志》(*Ms. Magazine*)。但在其他方面,克莱所雇用的那些女性主义者不知何故看起来特别阴柔。办公室搞得像《时尚》杂志摄影棚,后来就水到渠成地变为首家大量发行的女性主义杂志《女士杂志》的诞生地。

事实上，员工性别平衡变得如此倾斜，以至有一天，伟大的迪克·里夫斯（Dick Reeves）出现在办公室里，看了一下周围说："克莱，你这里女性太多了，而杂志所在城市既有女性读者，也有男性读者！你得雇用些爷们！"迪克曾是《纽约时报》的时政记者，后来被克莱挖了过来。

所以，我开玩笑地把我职业生涯的快速重新启动归功于迪克，因为此后不久，我就被雇用了。

但真相是，《纽约》杂志里的女人对克莱来讲至关重要。克莱带来的最著名女人之一就是盖尔·希伊，令人惊奇的是，她的新闻事业起步也是秘书。在《纽约》杂志时，盖尔写了好多特别报道，其中有前面讨论过的《红裤子》，这篇报道不仅使她一举成名，而且极大提高了其市场价值。不久，她签了个出书合同，写了一本大卖特卖的畅销书《通道》（*Passages*），该书寻求发现人的生命过程中那些可预测的阶段。

盖尔是个极有抱负、工作勤奋的年轻女性，这是她能成为好记者的部分原因。在新闻行业，真的没有什么东西能够取代实实在在、坚持不懈的刻苦工作。

为写《通道》这本书，她做了一百多次访谈。有一天，她问我是否愿意也来做一次访谈。我琢磨，她对我感兴趣，主要有几个原因。我二十多岁，在任何杂志作"资深"编辑都算是年轻的。我又是单身，长相还行（也许……这是个很仁慈的评估），还有点活泼善变，不管有何缺点，这一点可保证我不会沉闷乏味。因此，我说："可以，盖尔。为什么你不过来一起吃晚饭，这样我们就可以交谈几个小时。"

不是我认为能维持她那么长时间的兴趣，而是她毕竟是克莱·费尔克著名的另一半。因此，给她充足的时间，不仅会避免伤害她，而且也不会伤害雇用我的克莱，这是合情合理的。我喜欢这个工作，也喜欢克莱。此外，作为记者，我感到在冥界有块特别温暖的地方是专门留给那些抵制采访的同行们的！

但是，我同意接受访谈有个条件，正如新闻行内人所说，盖尔应当把我打上足够多"马赛克"，以便在最后作品中我不会被辨认出来。如果我要跟她说实话，这就是我的计划。如果我感到以后人们会在街上走到我面前，用手指着我歇斯底里大笑，然后轰然倒地笑死的话，那么我不可能直率坦言父母的事以及我与女人那种普通而感伤的关系。

（我本来认为）盖尔是同意这个协定的，因此她过来一起吃饭，我们交谈。然后，她开心地离开，我回到自己的生活。

这种情况持续到12月一天晚上，当时我带个年轻女人共进晚餐。爱情、葡萄酒和命运的力量排山倒海，最终我们在她那间装饰得可爱、漂亮的房子里共度良宵。我们的谈话是生动而愉快的。

"哦，顺便说一下，汤姆，我在这本刚读过的新书里看到你的简况！我必须说，这太古怪了。我不知道你要克服这么多家庭问题，我真的认为，比她在书中所描绘出来的，你看起来要好得多。"

我正沉浸在她陪伴带来的享受之中，甚至都没意识到她在说什么。我愚蠢地说，对我而言，能被收入约翰·F·肯尼迪（John F. Kennedy）所著《当仁不让》（*Profiles in Courage*）一书中，那是多么大荣誉啊。听了这话，她笑道："汤姆，我知道你不在那本书里。描绘你的是《通道》这本书。"

我心一沉，但我试图敷衍一下了事。"到底是什么让你认为我在那本书里？跟你实话实说，我都不确定那本书写了些什么。"

"汤姆，很清楚，你在那本书里。你知道，你不必在我面前装！那本书是盖尔·希伊写的，这位著名作家是你在《纽约》杂志的同事。"

我的心脏在怦怦地跳，不高兴，甚至愤怒。"你这里有那本书吗？"

"有啊，"她说，站起来去拿书。当她把书拿过来时，眉头紧皱，一脸困惑。她不理解什么原因让我情绪突然变化。

我开始读那本书。我不知道是否是我喝高了还是没喝够，但随着读过每个词，我感觉在绝望和愤怒里越陷越深。读完一两页之后，我抬起头说："我得走了。不过，我能带走这本书吗？我会另买一本给你。"

"我想可以，但是怎么了？是我做了什么事惹恼你了？"

"没有，你没有做错任何事。盖尔·希伊是我同事，为她的书，我同意接受访谈，唯一条件是出版时本人部分必须得到重大伪装处理。我想，你会同意，这本书并未做伪装处理。"

我步履沉重地走出她的公寓，来到西区大街（West End Avenue）上。我愤怒至极，尽管已是曼哈顿12月酷寒冬夜，我甚至想疯狂裸奔一场。夜晚的城市，万籁俱寂，大雪纷扬。没有叫出租车，顶着越来越大的暴风雪，在回家路上，我开始反复阅读《通道》中有关我的段落，一边读，一边一页一页地撕掉（仿佛在肢解一个动物的尸体），把不同章节扔到不同垃圾桶里。在愤怒同时，我也感到更加幻灭，因为到那时我才意识到，没人能够保证，记者所作承诺会被作为职业道德遵守。

后来我逐渐明白，盖尔在访谈我们以后，用该书出版序言里一则免责声明，为她如此利用我和其他人的材料，作正当性辩护。该声明承认，她的信源曾经要求保持匿名，然而，努力改变信源的职业，更动他们的地理位置，"努力避免读者认出他们的可能性"，事实证明是困难的，"……人们选择的职业以及生活的地方与其个性和社会关系紧密相连，个性解释其行为方式，社会关系塑造其为人处世，"她写道，"没有如此精准的等价物。"因此结论是，她只能改变其名字，而没有改动其身份。

于是，我汤姆·普雷特面向世界被呈现为"托尼"，该男人"生来短腿肥胖，其皮肤适合作一般痤疮永久瘢痕效果的医学范例"。很美好，是吧？（亲爱的盖尔，我宁愿你把我描绘成"红裤子"！）

还有其他细节也坐实我的身份。"托尼"上过常春藤名校，写过关于军备竞赛的书，当下是个自由作家，刚刚出版了一本关于黑手党的书，等等。太妙了，她所言皆为事实。

如此这般，不管从表面看还是其他方面看，对于任何认识我的人，都是可识别的。这就是为什么他们突然了解我和家人之间某些痛苦细节，而我不愿这些细节为外人所知。差不多二十年以后，当盖尔问我是否愿意加入她关于男人不同生命阶段的新书时，尽管我尊敬她的才华，我还是婉言谢绝了，其缘由即在于此。

回首往事，我想年轻时的理想主义和狂妄自大，让这个事件比本来更加痛苦，然而，从事后眼光看来，这件事在我职业生涯和生命历程中,是有很好的教训可以汲取的:绝不要信任一个记者,除非你手上有他或她的某些东西。

在新闻这一行内,没有什么道德规则是必须被遵守的,正如对违反道德标准行为的人也没有任何强制性处罚措施一样。忘记这一点,后果自负。

然而,此事还是让我们别提了吧。盖尔过去是、现在仍然是一位真有才华的人。我祝愿她继续获得成功,但是再也不会接受其访谈!

下面是我在《纽约》杂志每周常规工作:

每到周一,在摆着二手沙发和破烂不堪的椅子的一个房间里,克莱会主持召开新闻报道会议。他总是欣欣然为每人提供一份盒饭,这些盒饭通常是从时下热门餐馆里订来的。

该会议很重要,原因有三。第一个原因是,伟大的汤姆·沃尔夫(Tom Wolfe)有时参加此会。就像人们喜欢读他作品一样,见到他本人也是颇有乐趣之事。同时,他也是你曾经遇到过的最有礼貌的活传奇之一,但也许是太过礼貌了!任何人有强烈需要的新闻要他写,他都不会拒绝。你打电话给他,他会答应写。几周过去,令人吃惊的是,没有新闻给你。那不是因为他不负责任,而是因为他太有礼貌,对任何编辑都不会说不,以及因为他实在是太忙了(差不多对于任何新闻,汤姆是每个编辑的首选)。

第二个原因是,该会议让每个人在相同时间相聚在同一空间。这不是件容易事,也许只有克莱能够做到,再加上米尔顿·格拉瑟徘徊其间。相信我,在那个房间的许多年轻编辑和作家都是些精力旺盛、活泼好动的人。我过去常常开玩笑说(特别是对我的学生们),如果你回头看看70年代初期《纽约》杂志的刊头编辑人员栏,上面差不多每个人都比我更出名、更有钱。他们从全世界最著名的杂志领受任务。但是,他们很少会错过克莱周一上午的会议及其提供的午餐。

第三个原因是,除了在同人之间建立共识、发现方向的明显价值之外,能够见识克莱指示编辑工作的技巧。和这些才华横溢、富有创造性但又神经过敏的平面设计师、摄影师、编辑和作家打交道,克莱确实有一套颇具魅力的方法,要知道这些人加起来就相当于恃强凌弱的霸王龙与骄纵跋扈大佬的结合物。在周一会议上,克莱与这些人的互动彰显了本杂志的真实情形:杂志尽管规模小,但人才济济,而众星拱月的核心人物就是克莱。

举例而言,当局外人问到《纽约》杂志的组织架构,格拉瑟会回答:"首先,你晓得,我们有个独裁者……"

谨记:绝不要低估你上级的不安全感。他或她或许有美轮美奂的办公室、精致高档的家具、富裕阔绰的报销账户以及赫然吓人的职务,但是,他们可能也和所有人一样是没有安全感的,试想,他们有多少东西害怕失去,也许比我们大部分人更加有不安全感。建议:和你上级打交道,务请十二万分小心。

描述杂志社组织结构的另一种办法(正如执行主编杰

克·内赛尔［Jack Nessel］所常说的那样），如下图所示：

xxxxxxxxxxxxxxxxxxxx
............x............

小写字母"x"代表着所有编辑，排成一行水平线，没有真正等级差别，然后，大写字母"X"代表着克莱，像个疯子左右来回跑。作为本杂志最好编辑之一，杰克·内赛尔总是这样说："最有影响力的编辑，就是那个恰好在决策前最后和克莱谈话的人。"

在我看来，这个表征同样适用于实际规模相对较小、敢把匈奴王阿提拉（Attila）或贝隆夫人（Eva Peron）[1]放上封面的杂志。至于杰克的建议，即克莱应当好好改改他的心态，是很对的，他确实需要改一下，快把我们逼疯了。二十多年后，在华尔道夫酒店（Waldorf Astoria Hotel）举办的克莱庆祝会上，许多书面赞颂被汇集成册。我的赞颂语是这样写的："克莱让为杂志工作成为一种乐趣。这就是广大读者之所以感到这本杂志有趣的原因。但是，克莱也会把你逼得疯狂。我想我现在还在康复之中。——托马斯·普雷特，《洛杉矶时报》社论版主编。"

从内在和恰当意义上说，杂志是总编意志的产物。即便克莱的想法有点像橄榄球队换房间，而不是规划良好、修剪整齐的花园，你也不能（也许你能，但你不应该）挑剔老板的想法多变。

---

[1]. 阿根廷1946—1952年第一夫人，广泛参与政治和慈善活动，曾创立并领导阿根廷第一个女性政党。

然而，某些时候，对周刊杂志而言，某项决策必须被落实和坚持。当然，编一份日报，时间问题更加令人生畏。杂志编辑可能需要调整自己心态，以便继续走在日报前头。人们没有足够时间那么经常改变想法。

像《纽约》杂志这样自由流动的周刊，其核心概念框架基本局限于曼哈顿岛，需要单一领悟力来统领支配。这就是独裁者用武之地。像《纽约》这样生活化的杂志，不可能由委员会来经营，只能由一个意志强大的自大狂来领导。

如同任何意志强大的总编，克莱为一种与读者共生关系而工作。他觉得自己能够读懂读者心思，感到其匮乏与需要，减轻其痛苦。这就需要不断变化的领悟力，仿佛波涛汹涌海洋上的一叶扁舟。

编者与读者密切联系的方法，就是编者花在外面与人打交道的时间，至少与其待在办公室的时间同样多。克莱典型的日常惯例就是，或者在第五十七大街东宽敞（以曼哈顿标准）的合租公寓里，或者在时髦别致的咖啡馆，会有一个优雅的早餐会。上午十一点之前，能否到办公室说不准。下午一点，他会在一家昂贵的饭店，和某个作家或平面设计师共进午餐。

我注意到，晚上他去参加晚宴聚会时，常常在第三大道乘坐公共汽车去市中心，而不是打出租车。我问他为什么坐公车，而不打出租车，更不用说乘豪华专车了。

他说，坐出租车，看不到很多人，只能看车窗外的尘雾迷蒙。而坐公车，就能看到人们穿什么衣服，读什么书，甚至听到他们家长里短聊天。编者需要走出办公室，去发现正在发生的事，而不是躲在办公桌后面装模作样。编者应当既是作出判断者,又是记者。

一天,他把我召进办公室。他说要跟我说点事。

什么事?

你的费用账户。

哦,天哪!我一定做了什么错事。"怎么了?"我问。我太惊异了,每周末我的费用报销数目通常是微不足道的,费用报销少反映外出活动比较少。

"你应当走出办公室,汤姆。我不要编辑们都坐在办公桌前吃午餐,与他们的金枪鱼三明治交谈。我要他们走出去,会见各种各样的人,深刻体会城市心情。加油!汤姆,走出去!"

我很高兴走出去。但是,为费用报销太少而被总编叫过去批评,这对我是第一次。请相信我,这也绝对是最后一次。

由于我们真的没有一间正式的编务会议室,所以我们这群编辑只能围绕一张陈旧、废弃、古代建筑师的桌子站着,有点像大学开头脑风暴会议,找出引人注目的语言以便把读者眼球牢牢吸引到我们杂志上,就像苍蝇被吸附到捕蝇纸上。克莱常常看向我寻求封面语。这是我的长项之一(诚实地说,有此本事的人不多)。当我想出一句,克莱总会大笑着说:"这就是我们要找的陈词滥调!"这种融汇表扬与调侃的话语,在曼哈顿是一种最高褒赏。

杂志创刊六年之后,取得极大成功,有钱装饰一间美轮美奂的会议室,创作过程和杂志语气与色调都变得更加正式,但我认为新闻语言变得不太有趣了。因此,我给任何想创办杂志人的忠告(完全是主动提供)是:可能情况下,保持宽松氛围，甚至可以毫无顾忌地带有非正式色彩，这更有利于产生自由思想和创造性。一间正式会议室，类似于公司教堂，主要法衣是职业套装，赞美诗主打歌曲是保护好你的屁股。反对这种趋势，应崇拜自由形式与氛围。在杂志世界里，不直接相干的思想并不总是坏东西。然而，没有盒子时，站在盒子外思考，总要容易些。大部分会议室都是盒子状的，对吧？

克莱知道所有新闻报道都是媒介化现实，所以强力主张编者需要让该现实引人入胜、趣味盎然以及充满激情，不能乏味单调。再说一遍，这一观点新闻学院通常不会教，当然除以下事实：直到2008年去世，克莱一直是加州大学伯克利分校"费尔克杂志项目"（Felker Magazine Program）的主任，总体来看，该项目是全美最好的新闻教育之一。

克莱教给我一点特别东西，那就是，对杂志来说，不必把教堂和国家绝对分开，据称这是经营和编辑之间不可逾越的防火墙。出版杂志是商业化行为，必须生产合法产品，赚取合法利润。用伦敦《每日邮报》传奇性总编、已故戴维·英格利希爵士的话说："如果总编辑完全不插手报纸的经营业务，那么很有可能整个媒介运作会被那些经营者接管。"

然而，重申一遍，许多新闻学院不会教给你真实世界的模型。一般教的，都是《纽约时报》那类神话故事。也许因为美国主要新闻学院之一，哥伦比亚大学新闻学院位于纽约市，其教职员工都是来自《纽约时报》《华盛顿邮报》《华尔街日报》（Wall Street Journal）的那帮人。

《纽约时报》是家非常特殊的报纸，其背后站着一个非同寻常的家族。因此，不把该报作为特殊例外，而去尝试复制它,或者把它办成别样的,都会不可避免地引起严重问题。其实,这种特殊例外,恰好证明一般规则的存在。多年以来,即便世事艰难之时,这个家族既愿意,财力上也能够维持一定水准的编辑质量和开支。而大部分报业公司都是公开上市交易的,因此,这些公司都想让利润上去,成本下来,以防股东们造反。现在,《纽约时报》也变成上市公司了。但不久前,《纽约时报》在努力抵制削减开支方面,表现得特别优秀。

我将以对《纽约》杂志的最后观察,结束本章。尽管克莱的办刊方法有诸多缺点,如肤浅、虚构现实以及商业化等,但这种方法孕育了一本每周被超过三十万人热切期盼的杂志。在纽约这个最挑剔、媒介饱和的城市,创办一本得到人们如此期待的刊物,期待程度完全不亚于期待新一集热播电视剧《老友记》(Friends)、《宋飞正传》(Seinfeld)或《绝望主妇》(Desperate Housewives),这本身就说明了某种东西。因此,即便在纽约如此疯狂的城市中,克莱把《纽约》杂志办得很特别、很优秀。

一般来说,伟大的性爱或伟大的音乐对人影响至深,普通新闻报道是不可能抵达或感动受众到如此程度。但是,优秀而生动的新闻报道出现时,能创造一种共同焦点,满足心灵需求,激发无限想象力。新闻报道的价值存焉,不是那种永恒价值,而是真正的当代价值。因此,《纽约》杂志用自己方式,确实提供了值得赞许的公共服务,同时开始盈利且没有堕落为低级小报。通过让读者关注他们时代的各种问题与人物,该杂志对甚嚣尘上的公共冷漠提供了每周一剂的智慧解药。这不是无足轻重的。

与《纽约》杂志家人般亲密氛围渐行渐远，我慢慢走进曼哈顿孤独作家的生活。我自身奇怪的"注意力缺乏症"又发作了，开始对杂志失去兴趣。

这不是别人的错，而是我的原因。《纽约》杂志依然是很好的杂志，我只是没了兴趣。然而，仔细考虑一下，也许克莱应承担部分责任，当然直到今天我还把他当作好朋友，依然觉得他非常迷人。

那时，克莱有个习惯，每个周末都要邀请艾伦及其女朋友，非常可爱的莎莉·凯尔（Sally Keil），去他位于汉普顿（Hamptons）的度假地，但一次也没有邀请我以及我当时女友莱斯利（Lesley），莱斯利是纽约大学法律系的聪明学生，也是世界上最温柔的人之一，这一情况加剧了我那完没了的个人不安全感。为什么会是这样？是盖尔让克莱确信我真是那么丑陋，还是莱斯利不是帕梅拉·蒂芬（Pamela Tiffin）？谁知道呢？但我为什么会介意？克莱有权过他自己的周末生活，我也不是唯一被遗忘的员工。

我不知道为什么我会介意，但我确实是深深地介怀。也许是和艾伦的竞争感，也许是我感到这正在引起莱斯利的痛苦。或许是我不健康的神经质，或许是我太喜欢克莱了。然而，残酷的事实是，当某编辑正在寻求与大家共同创造温暖的家庭氛围时，甜点上来之前，他突然被要求离开餐桌，尤其是他的好朋友从未被排除在甜点之外，这是多么毁灭性的打击！

我知道，我看起来有点幼稚。无论如何，我开始非理性地酗酒。当我不开心时，往往会这样做。然后，我开始愚蠢地怨恨我的老板。

一天，大约在凌晨两点三十分，我来到办公室。不是因为昏睡或宿醉才来得那么迟，而是因为花了整整一个上午和午餐时间在为杂志赶写一篇关于某强硬检察官的特别报道。克莱也同时到达，看到我后，便认定我整夜在喝酒。他说了我，我很受伤和崩溃，但也只是报之以肯定性的点头。当感到被误解时，我不会用真相加以辩解，而是用奇怪的反应方式置之不理，事实上，我应当说一声见鬼去吧。

我把写作当成了避难所。因此，我为西蒙与舒斯特出版社（Simon & Schuster）写了两本书。一本关于美国警察，其最高长官是我所敬慕的帕特里克·V.墨菲（Patrick V. Murphy）；另一本是关于职业犯罪的研究，书名是《罪有所得》（*Crime Pays*）。我还匆忙写了一本小说，叫作《唯一出路》（*The Only Way to Go*）。事实上，这本小说很糟糕，但纽约一家主流出版社还是出版了它。如果你读到这本书，也许你会同意，它真是……太差了。

我住在曼哈顿，与一只名叫"C先生"（Mr. C）的缅甸猫和一只名叫拉菲安（Ruffian）的东奇尼猫生活在一起。为了支付房租，我做了很多杂志工作。我的书《罪有所得》获得不少关注，《花花公子》的编者要求我去加勒比地区（Caribbean）采写一则新闻。准确地说，这不是件困难的任务，而且，不管《花花公子》有什么问题，其对待作家是出了名的慷慨大方。大多数人并不知道这一点。我带回来一些年轻的加勒比女人的照片，编辑们要求我回去再做充分拍摄。但是，我自诩为年轻的作家，不能想象如何可以自降身份去做摄影工作。关于它是不是情色作品，我不作判断。多年以后，我与该杂志创始人休·赫夫纳（Hugh Hefner）成为朋友，实际上我喜欢他。作为百万富豪，他一点也不虚伪做作。他的副手迪克·罗森茨威格（Dick Rosenzweig）是个王子。

事实上，在《纽约》杂志过去二十年里，我发现自己具有一种可名之为"小报精神"的一面，每个人都有。也许，在我们所有人的灵魂里，都有一点小报精神。这也是为什么严肃的纽约人会在早晨阅读《纽约时报》，然后，在晚上回家的火车上，脑袋疲惫不堪之时，会把眼睛扫过《纽约邮报》（*The New York Post*），这是一份"我没品但我为此而骄傲"的糟糕小报。

我灵魂中的小报精神，让我分享、参与了克莱·费尔克的种种轻浮与无聊。因为，《纽约》杂志在内容上比《新闻日报》更具小报精神，而作为长岛日报的《新闻日报》外形上是个小报，但内心或灵魂里不是。

唐·福斯特（Don Forst）是《新闻日报》最好编辑之一，在他微型身躯上却顶着个硕大无朋的小报脑袋。唐是年轻记者梦想成为的那种顶尖编辑，大胆无礼，乐于创新，极其有趣。他就要为我的命运提供下一个转折点。

正是通过他，我的媒介之旅将我带到了洛杉矶，但是，如果我再多点贪心，就仍会留在纽约。事实上，作为我的自由职业媒介之一，《纽约》杂志遭遇一次旋风袭击。袭击者就是鲁伯特·默多克（Rubert Murdoch）。长话短说，基本情况就是克莱被踢出局，默多克取得杂志控制权。用克莱的话说，就是："鲁伯特强暴了我！"这就是我与伟大的默多克的首次相遇，在我思想深处燃烧着有关这一转折事件的焦虑与恐惧。

与此同时，纽约这个大都会的一些废弃社区正在经历神秘的午夜大火。难道是外星入侵者从天而降，并点燃大火？恐怕不是这样。为了获取全面完整的新闻，我从纽约消防局（New York Fire Department）获得批准，到一所真正的消防站生活一周。这意味着我可以得到一张床，还要大家一起凑钱吃饭，吃的是美国最好的家常便饭。相信我，所有关于消防员的坊间传说都是真实的，他们像家人般互相关心，他们体力上异常辛苦（还记得电视剧《欲望都市》里那些性感的消防站场景吗？），总体来说，他们是真正的英雄。

在调查采访过程中，我不仅多次跟随他们午夜紧急出动执行救火任务，而且有一次，我还被允许穿戴上消防装备（这可能违反相关规定），进入一个正在燃烧的建筑。这样的事，我只做过一次，那次坠落的楼梯差一点砸中我，让我再也走不出来！但是，我很高兴做过一次。我不想称之为"让侏儒转页"时刻，但那是一次真正勇敢的新闻报道。

这篇关于消防员的新闻报道是权威而有影响力的。该报道讲述了贪婪或者说绝望的房主，找不到房客租户，为了骗取保险金，雇人纵火烧房的故事。纽约消防局的工作，就是扑灭大火，并逮捕纵火犯。

这篇报道的标题是"布鲁克林为何在燃烧"，但刊发前，我接到杂志社令人愉快的来电，要我参加经历过克莱·费尔克大裁员之后的编辑会议。当我走进会议室，看见了鲁伯特本人，想象一下我的惊奇！此时才是他拥有这本杂志的第二周。

"汤姆，你那篇布鲁克林纵火谋利非法勾当的报道棒极了，"他说。鲁伯特被认为是顶级的生意人，真是恰当不过。

但是，在他的血管里，也流淌着新闻记者的印刷油墨。今天，他的不少出版物还是非常出色，比如在伦敦以外出版的《泰晤士报文学增刊》(*The Times Literary Supplement*)，也许是英语世界最有智慧的期刊。有些出版物只是旨在搞笑，甚至荒唐，但都做得很成功，诸如伦敦的《太阳报》(*Sun*)以及《纽约邮报》。其他的像《澳洲人报》(*The Australian*)、《伦敦泰晤士报》(*The Times of London*)等，既有批评者，也有仰慕者。坦率地说，在各种会议上，特别是涉及其聪明的华裔妻子的会议，我发现鲁伯特很讨人喜欢，但是，我从未成为他的雇员。顺便说一下，我将会在美国亚洲协会（Asia Society）的会议上遇到他的华裔妻子。

鲁伯特看着其他编辑，她们都是女性，问："我们现在的封面报道是什么？"

回答是关于露天咖啡馆。

鲁伯特看着我。我知道他想要我说什么，因为他晓得我不笨。

这就是我应当说的（如果我当时或多或少想成为《纽约》杂志的编辑）："这是个很好的封面报道概念，肯定会有很多读者并引来广告商。现在，正是《纽约》杂志最好时候。然而，既然布鲁克林正在燃烧，既然这些露天咖啡馆两周之内仍然会运营，我们就应该在布鲁克林被烧得一无所有之前，把燃烧的城市作为本周封面报道，然后下一期再上咖啡馆报道，到那时，该报道依然会像早晨咖啡一样新鲜。"

这是我本应该说的话。事实上，我什么也没说。

鲁伯特有点讨厌地看着我。我不责怪他。他明显给我一次射门机会，但我没有踢那只球。显然，我不是他要的人。

问题来了："弗洛伊德博士，我为什么没有扣动扳机？"

答案是："也许你潜意识里同意那个建筑师的观点。"

不吸引人的新闻报道，会冒与人无关的风险，只是娱乐人的新闻报道，又会降低严肃目的的价值。因此，在现实存在的不牢靠平衡上，寻找一个亚里士多德式的道德中点，确实是负责任新闻业的一门艺术。但是，请注意，这种努力不是科学家的任务，而是艺术家的任务。通过精确测量所收获的，要比通过本能所获得的要少。

第四章

伦敦召唤:好报纸不一定无聊

(1978—1981)

如前所述,我们所有人都有一点小报精神。我们围绕在办公室饮水机周围飞短流长,或者互相之间窃窃私语,尤其是当别人丢掉了工作(我们真的感到悲哀吗?),或得到了提升(如果不是我们自己升迁,那么我们真的要发疯!),或经历了离婚(好人是不会离婚的!)。

具有小报精神的报纸和杂志能赚大钱。这些报纸和杂志并不必然是讨厌的,尽管许多是这样;并不必然都凭空捏造新闻,尽管许多是这样;并不必然要求你在人品上让步,尽管总是存在此种风险。

有两家最生动的报纸,任何人都希望为之工作。其一是《洛杉矶先驱考察者报》(*The Los Angeles Herald Examiner*),该报在我离开六年后倒闭,当时我另谋他就到明显不具备小报色彩的《时代》工作;其二是《每日邮报》,该报现在仍然是世界上最强的英文报之一,尽管和过去比已不在同一档次,该报曾在一位绅士领导之下,下面我将要为您介绍这位先生。

这两家报纸,我都曾工作过,是因为《洛杉矶先驱考察者报》总编詹姆斯·G.贝洛斯(James G. Bellows,昵称吉姆)与《每日邮报》总编、也是英国广受好评最伟大的一代报人戴维·英格利希之间的长期感情和互相敬慕，所以我是他们互相仰慕的快乐受益者。数十年前，吉姆已经是《纽约先驱论坛报》的总编，事实上也是最后的总编。而戴维当时只是来自伦敦的一名饥饿难耐的年轻记者。

几年前在伦敦去世的戴维，坚定信仰其半严肃半戏谑提出的所谓"跨大西洋新闻事业"。他认为，美国和英国的新闻事业既足够相似，又足够不同，以至于任何一方都能够乘喷气式飞机快速跨越大洋，到另一方去参加编务会议，而且很快就会互相适应，通过交流经验而互相学习，互相成就。

戴维本人就从他在《纽约先驱论坛报》做交换生的经历中受益良多。当时，他在夜班文字编辑部工作，第二天出现在报纸上的所有新闻都要通过这个厉害的管道进行处理分发。到了晚上，编辑工作的节奏可能变得疯狂。像戴维这样从伦敦来的"进口货"将会发现如此工作真的非常难，但是，戴维也绝不是只"菜鸟"。在截稿时限压力下，他绝对算得上是个能手。

在夜班文字编辑部，戴维是个特别有趣的人。他是个报纸传奇。他的思想闪电一样快，他的直觉是如此敏锐，抓取的新闻角度刀片样锋利。也许，他最大编辑才能是其不同寻常的清晰视野。他的脑袋瓜像电脑般工作，总是知道什么程序最高效。如果其手下能准确供给这台"人体电脑"所需要的东西，他会表示很满意，但如果想要的结果没有出现，他也会毫不掩饰其愤怒。

就其个人而论，戴维绝对是个可爱的人，但也是个浪子。正是通过吉姆·贝洛斯，我才遇到了戴维，或许他就变成我职业生涯当中最重要的导师。此事意义重大，因为我确实一直如此幸运，能够拥有几个优秀导师。

毫无疑问，你听说过很多关于导师影响的事，也许很多说法似乎像个拙劣的宣传。但是，请不要犯低估导师因素的错误。如果你有幸找到对的导师，并有足够智慧接受指导，那么这对你人生旅程将会产生巨大影响。

下面是我的职业生涯转向小报化的过程，无论如何，那是一段有趣又奇特的时期。

离开《纽约》杂志两年后，我从吉姆·贝洛斯和唐·福斯特那里接到一份颇有吸引力的工作邀请，让我去当处于麻烦之中的社论版主编，这两位分别是《洛杉矶先驱考察者报》的头号、二号人物。

这种来自困难出版物的工作机会，不管是《洛杉矶先驱考察者报》还是《家庭周刊》（*Family Weekly*）或者是别的媒体，都特别有吸引力。此类媒体老板在雇员身上寻求的是解决问题的能力，以及永不餍足的创新欲望。这通常是我要去的地方。

来自洛杉矶的工作邀请之所以受欢迎，还因为那时我逐渐厌倦在纽约的自由撰稿人生活。没有顶头上司的指手画脚，一天工作二十个小时，一周工作四天，连续工作不超过两周，这种浪漫激情已经到达衰退转折点。如果我能设法成功忽悠全世界认为我是半正常人的话，我想要得到一种适合半正常人的工作。

唐·福斯特是个具有幽默感的好编辑，也是半正常的，曾经是我在《新闻日报》的同事。他了解我的工作，向贝洛斯推荐了我。贝洛斯对伟大的头条新闻、伟大的作家，以及失败，具有不同寻常的鉴别力。

如前所述，吉姆于2008年以八十六岁高龄去世，是《纽约先驱论坛报》最后一任总编，曾经尝试复活《华盛顿星报》(The Washington Star)但未成功。现在，赫斯特报团（the Hearst Corporation）要求他重振正在慢慢死亡的《洛杉矶先驱考察者报》。无论如何，他达到了目标，至少在一段时间内。然而，这张报纸最终还是死了。和强大且根深蒂固的《洛杉矶时报》对抗，吉姆或者其他什么人真的有几多胜算？

在那些日子里，我并不担心公司的成功，只担心个人成败。因此，我很快满腔热情地投入改进报纸社论版的任务中，整合一个全新工作团队。

雇用对的人，也许是新闻业里最难，也是最讲艺术的工作（其他行业或许也是如此）。当你走错了地儿，你常常得忍受该错误数月时间，甚至更长；当你走对了，早晨醒来，你会迫不及待投入工作。

如果说干新闻这一行，我有什么优于常人的特别才能的话，那就是拟制生动明快新闻标题的能力，组织、招募、培养和推动人才的能力，也许还有设计不那么令人厌倦的社论与意见版面的想象力。（当然，缺点清单更长，让我们暂不涉及，好吗？）

招聘游戏需要灵敏的鼻子，一定程度的个人魅力，以及摆脱自高自大和不安全感的能力。你应当努力雇用至少和你同样聪明的同事。为感到自身安全与岗位牢靠,而雇用笨学生,他们会把你水平拉低,最终他们的平庸会对你的工作没有任何帮助,所谓"武大郎开店,一个比一个矮"。但是,雇用高素质的(如果可能,最好也是最有趣的)人,你将会拥有一个良好的办公环境,这个环境会让你每天想要工作,生产出人们喜爱读的社论版。

《洛杉矶先驱考察者报》是很久以前已经黯然失色的大开张日报,吉姆和唐给我相对的自由去雇用一个小小的工作团队。作为社论版主编上任后,我很快意识到,目前社论版真是太糟糕了,我不可能弄得更糟。因此,新团队共同努力,很快使之焕然一新。这再次证明,老板赋予我的空间越大,我越有可能把工作做好。

仅仅几个月下来,每个人都认为我们这个小团队的工作好极了。那些一流报纸往往拥有十倍于我的人手,他们确实是非常好的人,但我们还是成功拿下自己的工作。

尽管团队很小,但我们有大人物。一个特别伟大的人就是已故的萨莱·理比科夫(Sarai Ribicoff),她是耶鲁毕业生,也是已故康涅狄克州参议员的侄女。她非常聪明,曾多次获得主要国家奖学金,是理想的工作伙伴。如果得享天年,我相信她会最终达到那一代梅格·格林菲尔德(Meg Greenfield)的水准,梅格是《华盛顿邮报》社论版已故主编,或者莫琳·多德的水准,莫琳是我后来到《时代》周刊的同事,她主持周刊的意见版。

约翰·肯尼迪过去常说生活是不公平的,他自己就是被枪杀的。十五年之后,萨莱遭遇同样命运。她加入《洛杉矶先驱考察者报》一年间，写了不少深刻有洞见的社论，然后在加州威尼斯（Venice, California）一家咖啡馆外面被一抢劫犯枪杀。虽然出身于康涅狄克名门，她仍然全心全意热情投入支持少数族裔的事业。她身上戴着个仅对她个人有价值的人造珠宝，在歹徒试图抢夺该廉价饰物时，她甚至没有反抗，就这样离开了这个世界。

当我大约在午夜赶到犯罪现场去辨认尸体时，她已毫无生命迹象，她不再是大家所认识的萨莱，因为曾经的萨莱是那么生机勃勃、青春飞扬。我要求警察让我单独看她一会儿，因为作为她的上司（也许至少在我心里，作为她第一个职业导师，是我直接从耶鲁雇用了她），我慢慢变得如此在意她，因此我想永远记住看她的最后一眼。警察很配合，但是几分钟之后，媒体开始到达现场（上帝啊，当我在火线另一边时，是多么痛恨这群嗜血的媒体啊）。然后，我们的执行主编玛丽·安·多兰（Mary Anne Dolan）出现了，看到我摇摇晃晃，站立不稳，她建议我回去，由她来应付媒体。我当然愿意这么做。我默默无语，离开犯罪现场，对一切充满恐惧。我内心破碎，一片狼藉。

只有在许多个月过去之后，我才意识到一个具有如此才能的年轻人会给你带来多大改变。这与一个故事有关，我过去常对加州大学洛杉矶分校的学生们讲这个故事，弄得他们直到今天还难过。我称之为"普契尼生活理论"（Puccini Theory of Life）。

故事大致如此。一个人或者是真正的天才，或者不是。我知道我不是，你呢？也许你是，也许你拥有绝顶才能去谱写咏叹调,让数十年甚至是多个世纪之后的听众感动得泪流满面;或者去写一部权威的长篇小说,永远萦绕在读者灵魂里;或者在某个特定时刻,具备科学洞察力,可以改变物理学或遗传学发展轨迹。这些将会把你摆到普契尼的水准上。

我不在那个水准上,所以我告诉学生们:也许你在那个水准,也许你不在那个水准。因此,慢慢来,缓缓气儿,努力学习,同时享受生活,尊重你的家人,花时间和你心爱的人在一起。只有在你是普契尼的前提下,你才需要把醒着的每一分钟都贡献给艺术。所以,让我们停止自我加压,成为一个好人,从容应对人生的坎坷曲折,别再扮演普契尼的角色。

唉!对萨莱来说,这个世界也许拥有某种正在成长中的"普契尼"。我们永远不会知道。杀害她的名叫弗里德里克·托马斯(Frederick Thomas)的二十二岁年轻人对此负责。他在1980年杀人,一年之后被判终身监禁。具有讽刺意味的是,这个男人属于少数族裔,谋杀了一个美国最年轻的记者,该记者从其职业生涯一开始,就下定决心帮助少数族裔在美国资本主义社会获得公平待遇。然而,由于这次谋杀,代表少数族裔利益,像普契尼那样发声的,现在在又少了一个。

关于普契尼的譬喻,我是否走得太远?也许是,也许不是。萨莱去世后几个月,我置身华盛顿的一个颁奖仪式上,但我不是获奖者,逝去的萨莱是。我在那里代她领取美国最佳经济新闻勒伯奖(Loeb Award)。这个年度荣誉,一般总是属于《华尔街日报》(*The Wall Street Journal*)、《福布斯》(*Forbes*)、《商业周刊》(*Business Week*)或者《纽约时报》等老牌媒体的那些资深记者,从来没有颁给过赫斯特集团的报纸,更不用说《洛杉矶先驱考察者报》了。但是，萨莱赢得了这个荣誉，在她二十二岁年纪，刚从耶鲁毕业一年多点，就在她被杀害之后。

最近，我在耶鲁的出版物以及《国会议事录》（*Congressional Record*）上重读了颁奖典礼对她的颂词。这些内容对我而言是熟悉的，但我已忘记了我在她申请罗兹奖学金（Rhodes scholarship）推荐信上所写的热情洋溢的话语。我不想絮絮叨叨，而只想简要回顾，我知道，萨莱是年轻好记者的典型，不仅因为她非常关注各种问题，而且因为她在研究这些问题。萨莱真的是个原创性的"具有截稿时限意识的学者"，她生动地证明了在美国从事新闻职业所必须具备的精良教育的根本价值。

对不起，各位，我不能撒谎。除非你自甘平庸，否则，某些三流学校的学士学位是不能满足需要的。当然，如果你的新闻职业生涯就是想去追逐与救护车有关的突发事故的话，那就追逐好了。但是，如果你想追赶历史的脚步，或者真正理解美国基本利率或主要社会趋势的起伏波动，你必须接受良好教育，你必须刻苦学习（刻苦些，再刻苦些）。

美国新闻业对记者和编辑需要高等教育的问题，常常一笔带过。托克维尔认为，报纸是民主的根本，意即新闻媒体能够对政治辩论与公众信息灵通作出贡献，发挥补偏救弊之价值。如果问题变得越来越难，而总体上记者却没有变得更聪明，那这个可敬的目标则变得越来越难于实现。美国新闻业需要更多的萨莱·理比科夫，而不是更少。

继续来谈聪明的年轻人话题。《洛杉矶先驱考察者报》雇用的另一个优秀年轻人，是会说多国语言的特丽莎·渡边（Teresa Watanabe），最终她职业生涯的巅峰是做到《洛杉矶时报》的高层。她关于亚裔美国人刻板成见的系列社论赢得不少主流奖项，她极好的人品也赢得大量朋友。

那时，我们还拥有极能干的康妮·斯图尔特（Connie Stewart）（我们把她从《得梅因纪事报》[*The Des Moines Register*]挖过来，她后来调到《洛杉矶时报》），以及干得好的本地男孩约翰·霍伦（John Hollon），他后来变成《科伦传播》（*Crain Communications*）的主编。

由于上述这些优秀青年人才，我们连续三年获得大洛杉矶地区新闻俱乐部（The Greater Los Angeles Press Club）"最佳社论奖"（the Best Editorial Award）。弗兰克·戴尔（Frank Dale），《洛杉矶先驱考察者报》的好心发行人，下令在自家报纸上刊登了一则广告，沾沾自喜地指出"连续赢得三个一等奖，在该俱乐部二十三年历史上，是前所未有的"。

吉娜·赫斯特（Gina Hearst）是个极有意思的员工。她是出版大亨威廉姆·兰道夫·赫斯特（William Randolph Hearst）的孙女，和佩蒂·赫斯特（Patty Hearst）共同成为老赫斯特的姐妹继承人。1974年，佩蒂被一个年轻革命者团体绑架，因此变得很出名。在被绑期间，她加入绑架团伙，去抢银行。于是被判入狱，但全国范围的"解救佩蒂"运动导致她获得总统特赦。

妹妹吉娜低调得多，更加安静，更加美丽。但我不得不马上说，我不想雇用她。首先，她由纽约赫斯特总部强加给吉姆·贝洛斯，然后，贝洛斯又把她强加于我。我坚持社论部员工素质必须胜人一筹，而我对富家子弟抱有巨大偏见。在常春藤名校受过教育的我（而且，我是得过奖学金的学生），深知这些富家子弟，总的来说，瞧不起那些不知"口袋"二字怎么写或还不能数到二十五时却口袋里装有很多钱的人。

结果事实证明，我对于吉娜的判断是错误的，但我很高兴。吉娜为人处事或多或少改变了我的偏见。她工作勤奋，为人诚实，且富团队精神，始终奉献多于索取。结果，在以后岁月里，我总是努力对富人采取更加细致入微的区别化观点，往往把每个人都看作是独特的。

顺便说一下，赫斯特报团对社论版编辑方针的影响是多么微小，你也许会感到吃惊。纽约总部会发出一些比较糟糕的"赫斯特"社论，我们过去常称之为"老板言论"，其中有些社论，吉姆被迫将其登在头版上。我第一次接到这样一篇社论时，问吉姆应当怎么处理。他回答，随你所愿，你要想扔掉就扔掉。我通常也是这么做的。

但是，有一次，关于假释佩蒂·赫斯特的问题出现了。我必须得说，在纽约总部方面竭力劝说吉姆和我发表一篇"释放佩蒂"社论时，作为佩蒂妹妹的吉娜，一句话都没说。通常情况下，吉姆和我会驳回报团总部的"要求"，只是为好玩而已。我们俩不愁找不到工作，究竟有什么好怕的？但是，因为吉娜，仅仅因为她，对这个问题，我有了不同看法，并告诉吉姆我的想法。我想，事实上，吉姆是松了一口气，我之所以这样想，是因为纽约方面要求发社论的压力，可想而知是很强烈的。

对于社论版，来自纽约报团方面的压力，比我原先预料要少得多。在位于曼哈顿的赫斯特报团总部里，罗伯特·但泽（Robert Danzig，昵称为鲍勃）是集团报纸部的首长。没错，他有时会直接打电话给我。这样做，有两个原因。其一，他和吉姆像一对不停争吵的夫妇，一年左右以后，鲍勃放弃了与贝洛斯进行文明谈话的努利，关于挑战《洛杉矶时报》、集团资金支持不足问题，贝洛斯经常处于火冒三丈状态。其二，鲍勃与我互相喜欢，部分原因是鲍勃真心喜欢我们的社论版，而且他从不羞于打电话告诉我这点。因此，我没有感受到集团的压力，相反感受到了集团的支持。

当然，我并不愚蠢。当佩蒂·赫斯特假释问题浮出水面，我认识到，如果《洛杉矶先驱考察者报》采取坦诚的支持立场，该问题压力能够得到全面缓解。对于这个立场，我没有什么良心不安、道德有亏之处。对社区而言，严格来说佩蒂不是威胁，或者说她不太可能再次持枪抢银行。当然，佩蒂的财富及其各种名人显要关系，让她获得了大部分人所不可能有的法律关注。但是，这又有什么呢？我决定带吉娜出去吃午餐，吃饭时告诉她我们行动计划，要求她提供有关背景材料。对于这个问题，预料吉娜比任何人（也许除佩蒂本人）知道更多情况。只有了解这些情况，《洛杉矶先驱考察者报》才能发表一篇全面准确、深思熟虑的"释放佩蒂"社论。

确实，有很多人打电话过来，说吉姆出卖了我。但是，我知道该决策出自何方，出自我们内部。我也知道，纽约赫斯特总部方面受到很大家族压力，他们只是把部分压力转嫁给我们。说报团直接干预社论版，以我的经验看来，明显是夸大其词，但其影响一直存在。对此，最好的应对之策就是，我经常变换电话号码以及门上的锁！

我喜欢和吉娜以及团队其他成员一起工作。结果，社论版变得生动活泼，丰富多彩。同时，我过得很愉快，唐和吉姆也是如此，而且我还有幸与特丽莎、约翰、萨莱一起共事，只是由于不同原因，和他们每一位共事时间都不太长。上述这些，意义何在？我该怎么说呢？当你有幸与这些有才华、有事业心、既魅力四射又傻里傻气的年轻人在同一屋檐下工作，生活绝对是有意义的，我极适合过这样的生活。

哦，对了，我确实碰到过佩蒂·赫斯特，但只有一次。她看起来很友善，实际上，不像她妹妹那样害羞或友善，但对社会肯定没有威胁。我想，把她从监狱里放出来，同时不断向假释裁决委员会报告，这是美国所做的正确决策。当然，监狱里，还有很多很多不是赫斯特家族的人，也应当被释放出来。但是，生活并非对所有人都公平，唉！

只要问一问我们当中热爱萨莱的人，就知道了。

和你一起工作的人，至少与你的工作单位同等重要。你周围如果没有一些优秀和富有挑战性的人，你将会像"泰坦尼克号"那样沉沦，包括在感情上和事业上。如果你有机会亲自去雇用和你一起工作的人，一定要弄清楚他们是怎样的人，之后你才能真正献身于这个周一至周五所待的单位。能有一些有趣且能干的办公室同事，其价值至少相当于你十分之一的薪水。

尽管我跟差不多所有同事都相处甚欢，但我跟唐和吉姆特别合得来,因为他们雇佣我,就是要为社论版带来新的冲击力,他们什么都怕,就是不怕引起争论。在《时代》周刊以及后来《洛杉矶时报》之类地方,我的经验差不多总是这样:对于争论的反应,人们典型动作是一下躲到桌子底,说:"哦,上帝!我们做错了什么?"每当我们刊发哪怕有一点点争议的东西,这种态度就会出现。试想一下,为什么一张好报纸或一本好杂志就必须是呆板无趣的呢?

值得极大称赞的是,唐和吉姆具有根深蒂固、完全相反的思想。他们理解并接受,从本质上说,在新闻媒体里,一定比例的决策不可避免有争议,因为新闻报道总是处于匆匆忙忙的状态。在新闻记者急急忙忙赶去采访报道快速发展的各类事件,条理清楚地呈现各种有时是极其复杂并且几乎不可能简化的问题时,和历史相比较,新闻更被认为是非常粗陋的草稿。随着截稿时限逐渐迫近,误解、歪曲,甚至完全错误都有可能会出现。

即便如此,能把报纸办得不输任何人的吉姆,以及居高临下冷静看待剧烈争议的唐,总是欢迎有人尝试处理有争议的话题。当引发一场风暴,他们会挺身而出,而不是避乱事外,明哲保身。这就和我后来在《时代》周刊以及《洛杉矶时报》的经验形成鲜明对照。一般来说,一个人冒险采写有争议的新闻,然后不得不独自忍受打击后果,同时没有机构支持可言,这是一个非常孤独的时刻。正如在声名狼藉的猪湾惨败之后,约翰·F·肯尼迪那句俏皮话所言:"失败是个孤儿,而成功有很多父亲。"(好吧,该警句不是肯尼迪原创,但正合我意。)

一张好报纸不仅不必是枯燥乏味的，而且也不必非得竭力表现其好。《洛杉矶先驱考察者报》在社区中注意采取某种有争议的立场，努力使其产品与排名第一的报纸有所区别，通过在许多问题上区别于《洛杉矶时报》的观点，为社区提供服务。《洛杉矶时报》可能是一家令人敬畏的全国和国际大报，但其核心并不总是在洛杉矶，而当最有前途的都市新闻记者被提升到全国或国际新闻部时，他们会觉得在职业发展上得到了奖励。换言之，在大部分情况下，那些待在洛杉矶报道本地新闻的记者，并不被高层管理者当作未来之星，除非他们非常年轻，或者有特殊情况；相反，逃离本地新闻的记者才是赢家。合乎逻辑的结论就是，《洛杉矶时报》重视国际新闻和全国新闻的报道，超过本地报道，这是真的。但是，这也暗示着该报往往不太重视本社区读者，这些本地读者与其说对国际趋势或全国问题感兴趣，不如说他们更关注街头犯罪、警察腐败、种族主义（警察或其他方面的）以及城市公共服务不足等话题。

此外，由于《洛杉矶时报》员工薪资丰厚，很少有人居住在问题成堆的洛杉矶社区中，许多人在全国和国际旅行，他们都渴望生活在别的地方，正如《洛杉矶时报》的报道所反映的那样。

我在《洛杉矶时报》当主编后期，发现该报职业记者中很少有人不符合这种模型。以珍妮特·克莱顿（Janet Clayton）为例，她就把其宝贝女儿放到洛杉矶市中心的一所学校里接受教育。她理解真正的洛杉矶，就如同理解《洛杉矶时报》，她一从南加州大学毕业就加入该报。当我1995年离开《洛杉矶时报》社论版主编位置时,她是我的接班人,对此我为该报感到高兴。

但是,在20世纪70年代末期,一位非裔美国妇女变成《洛杉矶时报》高级编辑的机会,差不多和一个巴解组织(PLO)领导人变成"犹太防卫联盟"(Jewish Defense League)首领的概率相同。《洛杉矶时报》虽然有其局限性,不失为一家伟大的报纸,但它是一张白人报纸,这就给本报机灵的总编辑吉姆·贝洛斯提供了一个他正在寻找的机会。

一天早上,吉姆正在浏览电讯新闻,这个机会就降临在他的大腿上了。他从城市新闻社(City News Service,当地一家联合通讯社)的电讯中发现一条小新闻,走过来,拿给我看。这条小东西,你必须看两遍,才能读懂它。简而言之,其内容是这样的:应某公用事业公司的请求,警察造访洛杉矶一个低收入社区,试图收取一张迟交的账单;一个黑人妇女打开门,手里拿着切肉刀;两名白人武装警察,拔出枪,命令她扔掉刀;她拒绝,警察开枪射杀了她。尤利娅·洛弗(Eulia Love)死了,新闻结束。

你怎么看?吉姆看着我问。

我回答,年度新闻,尤其是如果《洛杉矶时报》忽略或轻描淡写这条新闻的话。

他们会的,吉姆说。他走进新闻编辑部,开始布置该年度新闻的深入报道工作:一对白人警察如何全副武装,如何射杀一位贫穷的黑人妇女,她只是没能支付一张公用事业公司的账单,而她赤手空拳,手里只有一把切肉刀。

贝洛斯逐渐加强该新闻的采编力度,把编辑部能派出去的年轻记者（不是很多）全部派到洛杉矶街头去采访这个大新闻。唐·佛斯特过去常把《洛杉矶先驱考察者报》编辑部这种采编力量的部署，比喻成阿富汗游击队与苏联军队的战斗，这里所谓"苏联军队"即指《洛杉矶时报》。他常开玩笑说，大新闻发生时，必须拿出重型武器："砰砰，啪啪，咔咔！"

在社论版方面，我们几个人每隔一天发篇社论，慢慢调大音量，提高调门。终于，《洛杉矶时报》注意到了，也开始报道这则新闻，这就意味着洛杉矶警察局最终也开始关注此事，并开始真正的调查。换言之，小报推动大报做工作。好样的，吉姆！

好人出好活。千万不要低估愉悦而迷人个性的重要性（特别是像你自己一样神经质且富创造性的人才），他能够激发调动周围的人。那段时间，我正忙于重新设计《洛杉矶先驱考察者报》那衰弱的社论版，非常累。这时，吉姆要求我带领一小团队去采访报道1980年在纽约市召开的民主党全国代表大会和在底特律召开的共和党全国代表大会。此时，唐已离开去了位于波士顿的另一家赫斯特报纸《波士顿先驱报》(*The Boston Herald*)。我没有丝毫犹豫就答应了。尽管是从一件工作当中半途被拔出来，那又怎么样？这是个极好机会，同时因为吉姆创造的团队环境，大家都是被抽调出来，共同奔向一个快乐目标，让《洛杉矶时报》难堪，每时每刻！为什么要扫兴呢？此外，吉姆也知道如何操控我的自我价值感：他要我当这个团队的头儿。

于是，我去了底特律，报道共和党代表大会，写了些文章，坦率地说，其中有几篇还真不错。但是，如果与我同事的作品相比，我的文章什么都算不上。比如，获奖记者瑞克·杜·布劳（Rick Du Brow）关于电视的专栏文章在洛杉矶被广泛阅读，政治记者林达·布瑞克斯通（Linda Breakstone）和巨星绯闻专栏作家旺达·迈克尔丹尼尔（Wanda McDaniel）等也有不错作品奉上。编辑玛丽·安·多兰（Mary Anne Dolan）做了很好的后勤保障工作，在大本营办公室把一切事情都打理得井井有条。

我们作为一个团队共同工作，成果好于一般情况。你知道，所有关于报纸团队合作的传说几乎都是真实的，但关于杂志团队合作的传言，其真实性略逊一筹。

一天，我接到一个完全意想不到的来电。这个电话是汤姆·约翰逊（Tom Johnson）打来的，他是《洛杉矶时报》特别可爱的发行人（后来转到CNN新闻当头儿），《洛杉矶时报》可以说到目前为止比我们报纸要好些，无可争辩地也是唯一盈利的报纸。自从我到《洛杉矶先驱考察者报》任职以来，他只和我说过两三次话，完全出乎意料，他竟打来电话说，他认为我们的小团队比《洛杉矶时报》派出的庞大报道团队要干得出色。这是我的荣耀时刻！对于这位作为我们竞争者的真诚发行人，我使用了从泰德·索伦森（Ted Sorensen）那儿听来的一句话作为回答："您无疑是谬奖了，但恭敬不如从命！"泰德是约翰·F.肯尼迪传奇性的讲稿撰写人，他曾经在普林斯顿大学教过对外政策课程。

从汤姆·约翰逊这样水准的人那里，得到如此褒奖之词，对人生来说绝对是非同寻常。有人可能会说，口惠不如实至，

"不如多发点钱好"。我理解这种心态,人们要养家糊口,有抵押贷款要还,有运动跑车要供,甚至也许还有重要的慈善事业要做。但是,并非所有事情都可以用金钱和股权来衡量,真正的生活不只是些盈亏算计,而是对特殊时刻、特定人物以及生命律动的向往与憧憬。此外,如果金钱是你全部生活所需,那么做新闻工作是找错了地方。

现在,我将向你们介绍我遇到过的最难忘的新闻界人物。他名字叫戴维·英格利希。极其不幸,他现在已经过世了。但是,当他在世时,他差不多把生活定义为当一名新闻人。实际上,他定义了报纸生涯的意义,那是一种特殊的(从内在看也是有局限性的)生活方式。

他是伦敦《每日邮报》的总编,该报属于发行量巨大(大约两百万,而今日的《洛杉矶时报》发行量不到一百万),面向中端市场的高级小报。对我而言,戴维也是高强度有氧运动的"教练"。

这里要解释一下,所谓"高级小报"是和那种充斥性和暴力内容的垃圾小报相区别的一种报纸形态。当然,垃圾小报多得很,但高级小报也能茁壮成长。从国际上看,也许最明显的例子就是巴黎的《世界报》(*Le Monde*),该报在外形上是家小报,但在内容上至少和最好的大报一样出色。在美国,高级小报最好的例子也许是长岛的《新闻日报》,该报几十年来一直是严肃端庄、内容充实的报纸。(在一系列新东家管理下,该报是否能保持新闻事业的兴旺发达还有待观察。)

在伦敦,《每日邮报》(其业主称之为"小型报",而不是

"小报")目标瞄准中端读者市场，发行量巨大，它在英国的直接竞争者是《每日快报》(The Daily Express)。在戴维领导下，《每日邮报》就要超过《每日快报》，变成英国主导中端市场的小型报。

尽管拥有杰出才能，戴维爵士也不是没有批评者。《财经时报》(Finance Times)总编约翰·罗伊德(John Lloyd)说得好："在戴维·英格利希……以及凯尔文·麦肯奇(Kelvin MacKenzie)这类人的领导下，像《每日邮报》和《太阳报》这类小报创造了一种文化，在这种文化里，编辑和作家们故意创造某种希望投射给读者的精神世界，然后告诉记者们去寻找相应的事实。有些记者很少或从未遇到他们写过的政治家和其他公众人物，好像害怕冲淡其厌恶的纯粹性似的。"

这里，摆出这个批评以供思考，但我确实认为这话有点夸张。舰队街就是舰队街，一条充满恶性竞争和破灭梦想的大街。在二十多年以来的大部分时间里，在激烈竞争的紧张环境下，戴维只不过比别人好一点而已。而且，戴维是能量巨大的的幕后记者，经常给议员或内阁成员打电话追寻各种新闻或者确认某些推定的独家新闻。至于转移那些注重塑造公共形象的政客的视线，我不了解《太阳报》总编怎么样，但戴维是个不知疲倦的社交家、聚会常客、高级情报刺探者以及政客藏身之处造访者。确实，作为《每日邮报》总编，他经常到唐宁街十号(10 Downing Street)首相官邸拜访玛格丽特·撒切尔(Margaret Thatcher)首相，以至于人们把他当作一个内阁成员。但是，戴维首先是个新闻记者，这意味着他要与现实保持相当密切的关系。

戴维过去常常把他和吉姆的友谊追溯到那个夜晚，当时吉姆嘴里叼着伊恩·弗莱明（Ian Fleming）式烟斗，漫步走到《纽约先驱论坛报》的夜班文字编辑部，戴维在那里短暂工作。吉姆直截了当问道，是谁撰写了前一天关于布鲁克林新闻的标题，其时布鲁克林再一次想要退出纽约市。

大部分夜班文字编辑吓得不敢出声，但他们没有料到吉姆喜欢这个标题。编辑们有时会忘记伟大的标题是何等至关重要。一个记者在一则新闻上可能花费数天甚至数周时间，而编辑们（有时是律师们）则可能花不知多少个小时来修改完善最终产品（并使之避免诽谤嫌疑和遭到攻击）。但是，在所有这些工作之后，常常在疯狂的截稿时限下运作的文字编辑部，会随便拟个不能吸引读者即刻注意力的标题，因而没有充分发挥该新闻产品的价值。

上述新闻讲的是布鲁克林区为了最大化本地控制权，威胁要脱离曼哈顿，而且这一次是真的非常严肃且严重。该新闻的标题是这样拟制的："布鲁克林：不只是吹奏'迪克西'"（"Brooklyn: Not Just Whistling 'Dixie'"）[1]。太完美了，妙极了！

当吉姆（几不能掩饰其热情）询问谁写了这个标题时，有人举起手说"是我"，明显带着英国口音。吉姆完全被吓了一跳。"你是谁？"他一脸迷惘地问。"我名叫戴维·英格利希，"那人回答。

---

[1] 这是个涉及美国南北战争历史的巧妙双关语，《迪克西》是从美国内战起在南部各州流传至今的一首战歌名，同时 Dixie 也指称内战期间组成南部邦联的美国南部诸州。换言之，通过使用这个双关语，把布鲁克林要求脱离纽约市这一新闻时事与历史上南北对立的历史事实联系起来。

吉姆很惊奇，一个英国人能加入进来，而且在数周时间内，竟能把美国社会生活、历史、文化当中那种细微的荒唐之处，用如此绝妙、俏皮的一笔轻轻勾勒出来。可以这么说，他们立即变成了铁哥们。吉姆把戴维当作美国之外他所遇见过的最伟大的编辑，在戴维看来，他把吉姆比作美国内战中的南军元帅，尽管其军队在数量上远不如北军，但仍然敢于发动疯狂的进攻，有时尽管存在极大困难，还是能够胜利占领某个山头。

因此，当吉姆听说戴维也在底特律率领其《每日邮报》报道团队时，他建议我找到戴维。但是，我不知道找他要干点什么，也不了解他会如此令人惊奇。

共和党全国委员会组织者规定，外国新闻报道团体与美国新闻报道团队是远远分开的。因此，为了找到英格利希先生，我得绕来绕去跑老远才能到达他们拥挤狭窄的驻地，又花了些时间才找到戴维本人，向他做了自我介绍。

戴维不是特别高，也许和我差不多高，五英尺十一英寸。他穿着一身保守的职业套装，蓝领带，白衬衫，很优雅，确实也很英国风。他的眼睛总是闪烁着热情洋溢的光芒，似乎预示着那些出人意表的新闻思想，一点点躁狂，无尽的魅力，突现的灵光，也许还有一丝半缕邪恶的阴谋！

"你知道，戴维，"我说，"我有个提议，不知你怎么看，在那边美国记者营地，我的驻地在赫斯特报团，我们有很多空间，有很多用不上的桌子。相反，你们外国记者营地这里看起来很拥挤。我知道，如果我在英国采访报道工党代表大会，我不会愿意跟美国记者混在一起，他们真的不比我知道得更多。

但是，另一方面，你们英国人将会帮助我理解正在发生事情的政治背景和微妙之处，这是我只和美国佬待在一起所不能彻底理解的。所以，我不知道这一点是否能够吸引你，但如果你想带着你的人搬到我们那边去，我们可以混在一起，你可以阅读我们的稿子，因为我们双方并非直接竞争对手。也许有些引语或句子，你们愿意引用。这样的话，欢迎你们到我们那里去作客，我们将视之为一种荣幸。"

令我吃惊的是，戴维哈哈一笑，想了一会儿，然后对其团队说："喂，伙计们，让我们去和粗俗的美国佬混在一起吧！"

可以这么说，这就是《每日邮报》如何跳过池塘，临时搬过来和我们一起报道美国共和党全国代表大会的经过。

我立即被戴维的魅力和活力所吸引，差不多就像每个遇到他的人一样。我们一起报道罗纳德·里根（Ronald Reagan）的总统提名，度过了一段非常愉快的时光。

现在，提名大会也许不像过去那样了，如今总是没有什么戏剧性，入场券早在初选季时差不多就定下来了，记者们不得不像出水之鱼翻出浪花似的制造些戏剧性新闻。看起来，每隔四年就要如此来一次，太枯燥乏味了。

即便如此，代表大会（尤其是民主党代表大会，由于其代表往往比较年轻，所以该党更有趣点，甚至有点狂野）实际上变成新闻人团聚大会。在这些聚会上，我基本没有招来什么社交或性交麻烦，绝对令人惊奇，我一定是什么地方出了严重错误！这种找乐型的麻烦总是易于发现，尤其在这些据说严肃的政治会议上。

1980年的里根大会，实际上是相当有趣的，发生了一场争夺党的核心思想控制权的斗争。里根是前共和党州长，其自我定位为杂志封面死硬的保守主义分子。尽管他是总统候选人的不二选择，但围绕副总统竞选伙伴问题竟升起阴谋疑云。至少是媒体让它变成了一种阴谋，要不然还有什么别的新闻吗？

最初受青睐者是前中情局局长、职业外交官和政治家乔治·H.布什（George H Bush）。但是，一些党的右翼分子认为他有点软弱和优柔寡断，差不多好像一个"温和派"。另外一些人觉得他缺少点名望。这样，有人发起提名四年前惜败于吉米·卡特（Jimmy Carter）的吉拉德·福特（Gerald Ford）作为本党总统候选人。外国出生的前国务卿亨利·基辛格做了些斡旋协调工作，提出福特和里根作为"共同总统候选人"的方案。

戴维立即喜欢这个想法，认为有说服力，管用。也难怪，在欧洲，政府首脑和国家首脑分离很普通，但那不是美国，因为在美国这二者是合二为一的。"这不会管用，"我对戴维说，"这是个非美国式想法，太欧洲化了。记住，美国诞生的全部理由，就是不要像欧洲。"

围绕谁将成为里根的竞选搭档，旋起谜团。我依然认为应当是布什。他是绝好合理的选择，聪明、安全以及能干，可能少点让人兴奋的东西。但是，说到兴奋点，共和党人已有"吉佩尔"（Gipper）[1]。这种本来完全理性的代表大会将对二号竞选人物作出完全理性的选择，此乃原因也。

在选择提名人前一天，我决定给这个事情一点震动，于

---

[1] "吉佩尔"是里根做演员时曾饰演的一个人物的名字，后来成为其昵称。

是写了一篇"权威性的"主导言论,谈为什么提名人应当是乔治·布什。

然后,我不得不忍受一些紧张时刻,包括来自戴维竞争的压力。因为,随着决定性时刻一个小时一个小时逼近,布什的机会似乎越来越渺茫。那个下午我走到记者席,戴维正坐在那儿阅读刊于洛杉矶报纸头条,我写的那篇主导言论,摇着头,嘲笑我的观点,即在里根入场券上布什将是二号人物,好像我是村里出来的二号傻瓜。

"上帝啊,汤姆!当吉姆意识到你所做的正在败坏他的好名声,他会炒你鱿鱼的!但你不用担心,"他邪恶地笑道,"无论如何,我会雇用你,但是用低得多的成本雇用你,因为你的价值将会大大缩水!"

在绝对宣称布什将不可避免成为副总统提名人这个问题上,我真的是处于孤立无援的境地。然而,幸好我的预言被事实证明完全正确。最后,在十一点钟,经过几次反复,布什成为里根副手的消息出来之时,我努力不让自己表现出过分令人讨厌的骄傲之色。(但这对我来说很难,自我本色如此,奈何!)

戴维走过来表示祝贺,我努力做出和蔼可亲及谦恭状。但是,坏点子特别多的本报社会记者旺达·迈克尔丹尼尔后来说,我当时看起来像刚吞了一千只金丝雀的猫。我们的电视评论员瑞克·杜·布劳简直笑疯了,我想他可能最终要被送进医院。

在我生命历程中,这绝对是个"让侏儒转页"的重要时刻。

不过,戴维一直整天在用那篇"鲁莽的"乔治·布什专栏文章嘲弄我。1991年，戴维在伦敦请我吃午餐，问我布什和克林顿哪个会赢得1992年总统大选。当我说是克林顿时，戴维再次提醒说他担心我的神智是否清楚。但是，我的政治预言再次被证明正确无误后，他学会更加认真一点聆听我这个美国佬的意见！毕竟，我并非总是想入非非，不是吗？三年之后，在伦敦，戴维实际上又问我另一个预言，托尼·布莱尔是否能当选首相。我说，肯定能。如他们所说，其余的就是历史。

在遇到戴维并相处甚欢之后，我骄傲满满地回到洛杉矶。同时，我带回一个来自《每日邮报》总编的个人邀请，邀请我去伦敦当特约记者。他计划让我作为美国访问编辑进行工作，写写文章，组织些项目。我会利用很多未使用的假期，待上一两个月，当然这要有赖于吉姆·贝洛斯的宽容体恤，我想他会正面反应，并准我的假。

对于这个想法，吉姆热烈欢迎，让我大吃一惊。如果不是我对他了解甚深，我可能会认为他是不是正想摆脱我！他非常支持这个计划，并恭维说戴维正垂涎于他的高级编辑，提出让本报支付我的旅行费用，以及提供一些费用补贴。我不可能拥有一个更慷慨、更善解人意的领导了。

后来，我才认识到这里有个不可告人的动机，再后来，我才意识到，当公司对你特别好时，差不多总有不可告人的目的。

吉姆·贝洛斯过去常常这样对我说，世上没有圣诞老人。我从未真正理解他的真意所在，直到后悔莫及之时。但是，你们应当及时醒悟。他的话是对的：世上确无圣诞老人，至少在媒体公司世界里是如此。

我就要在英国学到很多东西。比如，英国的编辑比其美国同行更加重视趣味性。举个例子，在伦敦，一家报纸公开欺骗另一家报纸，这种事并非史无前例。当一朝大白于天下，此事却常常成为梦寐以求、引以为傲的事。

据我了解，这个把戏的最好范例是有关某编者及其对手报纸的某位爱摆架子的专栏作家。我曾经和某英国总编交朋友，对他甚为敬慕，他后来成为舰队街的顶级总编。作为舰队街的传奇，我下面讲述的故事肯定会有点超过真实的东西。这个故事是朋友告诉我的，"信源可靠"，他是伦敦一位出色的总编。

故事是这样的。我的朋友正在编辑一份主要的英国报纸，一切运行顺利，但他正在寻找特别的角度去办报。

一天，大好机会来了。那是个典型的下雨的伦敦早晨，兴奋的特稿编辑，让我们称她为莎曼萨·蒂灵海姆（Samantha Tillingham），一路小跑着过来请示总编辑。"先生，我知道我们很少跟自由撰稿人打交道，但现在有位明显很杰出的年轻女子来到我办公室。她有个特别不同寻常的特稿想法，我想你若错过会感到遗憾。"

如果你身处报纸这一行，你会知道，没有哪位总编辑会任命判断力有问题的特稿编辑。因此，他说："当然，带她过来。"

几分钟过后，一位活泼、明显很聪明的年轻女子走进总编办公室。除了立即被米歇尔（Michelle）时髦的亮相所征服，作为经验丰富的报人，这位总编更感兴趣的是看看她能提供什么别的东西。他们在椅子上落座之后，莎曼萨面向米歇尔说："琼斯小姐（Ms. Jones），把你的特稿想法跟斯图尔特（Stewart）分享一下吧。这个想法很有原创性，你可以充分展开。"

米歇尔甜美地微笑，说："谢谢你的夸奖，莎曼萨。我很高兴这么做。我首先从如下事实开始吧，我是哈佛大学拉德克利夫（Radcliffe）女子学院社会学专业的大学生。今年暑假过后，我就开始读大四了，最近我一直在花很多时间反复思考毕业论文可能的选题，我现已选定对巴黎毕嘉乐（Pigalle）红灯区的就业情况进行社会学研究。我计划采用民族志的研究方法，这意味着我要生活在研究对象当中。因此，我在一家俱乐部找到一份当脱衣舞女的工作。我会做严肃的研究工作，包括对那个地区的脱衣舞女、业主以及庇护人等进行访谈。在设计该项目过程中，我突然想到，这种经历可能产出一篇相当有趣的新闻作品。你知道，"当时，她在前面空气中潦草地书写一个看不见的大标题："'美国生意人在巴黎经常光顾性俱乐部，购买劣质廉价香槟，为此支付一千美元，酩酊大醉，倒卧街头，并把费用统统非法纳入他们的报销账户。'你会对这类新闻感兴趣吗？"

斯图尔特将身子更挪近桌子，说："你是说这样的新闻'我是巴黎妙龄脱衣舞女，我的热辣劲舞由美国贸易精英的公司账户买单'？"

米歇尔再次笑得更加灿烂，说："正是。"

这下轮到总编开心一笑了。"我想要这样的新闻。"

斯图尔特的想法是这样的,一般来说,所有欧洲人都绝对喜欢看美国人摔得灰头土脸的糗样。这就是杰瑞·刘易斯(Jerry Lewis)[1]在欧洲总比其在美国更加出名的原因。他大部分表演都是以一个笨手笨脚的美国傻瓜为中心。欧洲人把这种长期表演策略看作为对美国人性格的忠实描绘,这样,就比美国人更热情地作出反应。

于是,斯图尔特说:"米歇尔,我对你的故事很感兴趣,但我不能正式授权你去执行这个任务,因为你先前没有当过新闻记者的历史记录。同时,也不方便给你预付款或者……"

"没问题,总编先生。我只是想知道这个故事是否让你感兴趣。"

"年轻女士,让我这样说吧,如果你写出这个新闻,我会亲自阅读。"

作为聪明女孩,米歇尔明白此时她已远超游戏预定进程。她已经抓住了舰队街最出色总编的注意力。"这就是所有人梦寐以求的东西。"

在各种社交礼仪和告别之后,米歇尔离开了两位新闻人,而这两位彼此对视,咯咯地笑。这难道不是太好了吗?如果……但是,他们思忖可能再也不会见到米歇尔了。她的故事太好了,好得不像真的。

暑期尾声来到了,令人预想不到的是,米歇尔的文章也到了。如其承诺,斯图尔特亲自阅读了这篇文章,第二天把莎曼

---

[1] 杰瑞·刘易斯(Jerry Lewis)是美国著名喜剧演员、歌手、电影制片人和导演、剧作家以及人道主义者,以影视、舞台及电台中的滑稽剧幽默出名。

萨叫到他的办公室。

"莎曼萨,这篇文章是我读过的最有意思的东西之一!上帝,那些美国人是多么令人讨厌,就是一帮酒鬼和色鬼!多么好的文章!派我们驻巴黎的摄影记者去拍几张毕嘉乐的照片,我们要制造一个大轰动,头版头条,通栏标题,整篇文章横跨两版。这简直太棒了!再做个电视宣传。"

下周该新闻刊发时,整个伦敦都喜欢看,人人都在谈论它。

过了几天,斯图尔特把莎曼萨叫到他办公室,问道:"小米歇尔现在哪里?"

"她就要离开巴黎,回到波士顿去。"

"让她在伦敦停留一下,当然,费用记我们账上。我要让她采写另外一个新闻。我们会支付另外的飞机票,提供在克莱里奇酒店(Claridge's)的住宿。告诉她,我们对那篇文章非常满意。别忘了付她双倍稿酬。"

因此,米歇尔回到伦敦,不久,在报纸办公室,再次会见了斯图尔特和莎曼萨。米歇尔感谢报纸对她巴黎脱衣舞女独家新闻的突出展示和推广,更不用说还有给这篇文章的慷慨报酬,但她说还没有新的想法,必须很快返回哈佛。然而,特稿编辑莎曼萨有个想法,她确实有!她说:"斯图尔特,好好看看米歇尔。她是否让你想起某个名人,或许是某位获得高度评价的美国女演员?"

斯图尔特端详米歇尔好长时间。"如果弄个不同发型,用对合适化妆品……"他大声笑了出来。"再栖息于高档酒店的套房,布置好灯光,增加些面部线条,确实会完全大变形,再保持合适距离,米歇尔就是相当合格的……(此处法律原因省去好莱坞明星的名字）！"

莎曼萨咯咯地笑，看着米歇尔。"姑娘，你就要变成舰队街曾经上演过的最成功、也是最臭名昭著的一个恶作剧当中最有吸引力的部分。"

三天以后，一家英国报纸的某著名（华而不实，尽人皆知）专栏作家接到一个电话，是莎曼萨冒充美国著名公关机构的某代表打来的。"皮特·阿尔斯通·哈林顿（Peter Alston Harrington Ⅲ）三世先生（不是该专栏作家的真名），"莎曼萨说，"我有个极好的机会给你，但只能在最严格保密条件下才能告诉你。"

这位专栏作家，像任何新闻记者一样，总是急于获得独家新闻。于是，他立即说："我保证，以英国绅士的人格。"

莎曼萨开始编造她那邪恶的欺骗故事。"这个周末，有位著名的美国女演员要来伦敦。她极其讨厌媒体，差不多从不接受媒体采访，但她来过伦敦好几次了，一直以来，她都把你当作世界上最伟大的记者。她总是想要会见你，今天早上还对我说，如果你能在周日上午悄悄来看她，她会给你一个独家采访，当然是在严格保密条件下。如果这话流传出去，说该女明星现在伦敦，她的周末显然将会被狗仔队毁掉，可以想见，这个结果是她竭力避免的。"

这位专栏作家，极其浮华虚荣和自高自大，想都不想，丝毫没有怀疑莎曼萨，因为他也是如此高看自己的！"我非常荣幸能够会见此人，我敢肯定，我是她作品的狂热粉，正如她也是我的粉丝一样。夫人，我问一下这位女明星的名字，没有不礼貌吧？"

"我会告诉你她的名字,"莎曼萨相当严肃地说,"但你不得向任何人透露一个字。你不能告诉你的总编,你的妻子,甚至你最好、最亲密的朋友。作为英国报业令人尊敬的资深人士,你知道在这里新闻传播得多么快,我们只是不能冒新闻泄露出去的风险。"

"我以英国绅士的荣誉担保,不会泄露一个字给任何人。"

莎曼萨强忍爆笑冲动,努力保持严肃,说:"很好。她名叫某某,她想要跟你谈谈好莱坞的共产主义问题。显而易见,真正的赤色分子控制了这个地方,建立起一个以马里布为基地(Malibu-based)的殖民地。谁都不会想到是这样。实际上,大部分制片厂里都有共党分子。"

"简直难以置信!"

"是的。这位明星要我告诉你,你可以引用她的名字,但你必须在她离开这个城市以后,再发表这个新闻,或告诉别人她来过这儿。"

"完全理解。这位伟大女士讲出这个,是冒着巨大但高贵的风险。多么勇敢啊!"

"是的,她是伟大而高贵的女士。她对你的仰慕非语言所能描述。周日上午九点,她希望见到你,所以请你准点来,我们会接你去她的套房。"

"好,到时见。"

"为你保守秘密,我要提前谢谢你。哦,还有一事,请不要迟到。我们明星想要确保她有完整的一个小时时间和你待在一起。"

"我会准点到达那儿。女士,你说你的名字叫什么来着?"

专栏作家问。

"莎——莎拉·福克斯沃思（Sarah Foxworth）。"

"好极了，莎拉。周日上午九点，我会在酒店大堂等你。那么，再见。"

"再见，哈林顿先生。"

果如其所言，热切期待的专栏作家上午九点准时到达。看起来，整个伦敦没有别人知道这个恶作剧。整个阴谋差点暴露的唯一时刻，是专栏作家出人意料地问起这位著名好莱坞女演员当下正在拍摄什么电影。斯图尔特雇用莎曼萨的室友来扮演莎拉，因为莎曼萨有被认出的风险，但他们没有做到事事考虑周全，因此"莎拉"必须自个儿想办法说点这位明星的老电影，以便打发时间，填充耐人寻味的回答空间。终于，走过旋转楼梯的顶端，他们来到豪华套间的前门。

"莎拉"和专栏作家一起，静静走进房间，远处角落里有个人，看起来极像那个著名好莱坞明星。那位"明星"挥挥手，用纸巾捂着嘴咳嗽。然后，她做出深深吞咽状，艰难吐出嘶哑的声音，"请不要靠得太近。我得了重感冒，不想传染你。门那边有个非常舒服的沙发。"

于是，独白开始了，是非常能干的米歇尔精心设计的。该女星详尽诉说了她惊人的见闻，说在肮脏的好莱坞制片厂里，隐藏、潜伏着大量秘密共党分子，他们真实而大胆的计划是，通过用极左思想毒害大众心灵，来推翻美利坚合众国。

第二天上午，该"明星"安全离开伦敦，返回拉德克利夫女子学院。那位专栏作家所属的不幸报纸头版头条刊登大标题："著名女演员说：好莱坞制片厂的共党分子正在削弱美国价值观!"接下来就是被广泛阅读的揭露性报道,详细描述了良心不安的女明星如何不再保持沉默,揭露谁在真正支配和摧毁好莱坞及美国。这位著名女演员,在享誉世界的专栏作家的独家采访中,把电影制片机构描绘成列宁主义者基层组织的虚拟网络,目的在于用极端自由主义价值观削弱美国传统家庭价值观和资本主义信仰。

与此同时,同一报系另一家报纸刊登一则同样令人震惊的新闻(想想,在同一天!):"伦敦警察厅说:正在侦查一起由好莱坞冒名顶替者和垂头丧气专栏作家构成的令人惊骇的骗局。"当然,这种揭露使得著名专栏作家及其报纸处于极大难堪之中。

欧洲其他报纸的反应,并非那么温和。事实上,是众声喧哗,嬉笑怒骂。当这场恶作剧的策划者,走进专为政治家和媒体专家所设的高档餐馆和爵士俱乐部,在常规性周一晚餐保留座位上现身时,在场所有新闻记者和政治家都为之起立,持续喝彩。

换言之,在某些新闻体制里,在竞争者身上玩弄恶作剧,是完全可以接受的。如果你能逃脱惩罚,那就更没问题了!

在新闻工作中寻找乐趣,是个基本要求,这个行业并未支付足够多薪水来补偿其令人厌烦之处。请铭记伟大的奥斯卡·王尔德(Oscar Wilde)的格言:生活如此重要,不必太过较真。

这是一种嬉戏的感觉，其中注入很多西方新闻文化，尽管在美国大多不是如此。在英国，即便是严肃大报，比如《电讯报》(The Telegraph)、《财经时报》(Financial Times)，对这种有害但有趣的恶作剧也持一种容忍态度。

不幸的是，这种精神不知怎么地在横跨大西洋时就石沉大海了。我说的是真的，想想看，如果我在《时代》杂志或《洛杉矶时报》，做了类似事情会怎么样。我会被上司召去训斥，会由于不道德的新闻职业行为而被专业期刊描写成争议性人物。

美国报业与英国报业之间一个显著差异，正是这种嬉戏感。总体来看，这是为什么我在早晨总是盼望读英国报纸，甚至是极其世界性的《财经时报》，而不太想看一般的美国报纸。我知道，我这是在为自己招致不爱国的背叛者骂名，但我乐意证明英国新闻业略优于美国新闻业这个论点。我迟早会对此作出解释。

如果你想经历报业的所有可能性，应当努力在一家外国报纸或杂志申请"戴维·英格利希"奖学金。你甚至不妨在那里工作几年。毕竟，戴维也是如此在一家纽约报纸工作过，而且这种经历对他的成功发挥了很好作用。

伟大的总编能够把作家身上最好的东西发挥出来，否则该作家不可能成就其伟大。戴维对我就是如此。找个像他这样的导师，该导师就会为你如此做。你会发现，你几乎不会犯什么错误。有时，伟大的总编们会冒险起用某些作家，而其他总编就不会。

此时的英国，正在经历着周期性的政党动荡。工党在托尼·布莱尔崛起之前，已经多年处于在野状态，并且此时面临分裂为二的危险。

身处英格兰北安普敦的某中年男子的困扰故事，就是这种政治动荡的典型代表。他的父亲是工党的热诚党员，一直支持工会，他的儿子也是。然而，某种东西一直在侵蚀着他的儿子，与此同时，他父亲升天时仍然持有工党总是对的、保守党总是错的观点。而正在侵蚀他的，是所有智力、情感中最具精神摧毁性的那种东西，即对其所选择的人生道路产生深刻怀疑。

普通情况下，这个新闻会被分派给舰队街经验丰富的记者去采写，而不会分派给像我这样外来的美国记者去做。但是，像戴维这样极富才华的总编总是精于提前谋划，有一种对承担风险进行计算评估的嗜好。

几周之内，英国有个新政党就要成立，可以说是第三势力。该党既不会非常左倾，也不会太过保守，确实有点中间派以及明智。该党被称为"社会民主党"（Social Democratic Party）。

那位困扰中的男人，叫汤姆·布拉德利。我被指派去采访此人，写一篇报纸人物素描，回答为什么一个终身工党党员，且有着强烈蓝领工党忠诚度的家庭传统，突然会背弃该党这个问题。

要写好一篇深度人物素描，关键是要花费尽可能多的时间与主人公相处,只要主人公以及截稿时限允许。布拉德利家和爱荷华州(Iowa)任何美国家庭一样,属于中产阶级,且处于中途奋斗状态。也许因为我是个相对无害的美国记者(和肉食的英国记者相对。相信我,那些舰队街记者绝不是素食者!),布拉德利允许我与妻子安德烈娅跟他们全家度过整个周末。

人物素描的核心在于细节描写,也就是说,细节就能展现新闻,而不需要一本正经说教。在这个新闻当中,我幸运地拥有一个内部信源,可以说是我的"深喉"。对于这则关于背叛工党议员的新闻来说,关键信源就是布拉德利近青春期的儿子。他变成我的秘密分享者。

一般来说,我总是和年轻人相处甚欢(和年纪大的人相处往往会遇到困难),而布拉德利的儿子十一岁,是个特别敏感的孩子。在我和他搭讪时,有一种强烈感觉,那就是他了解如何走进他爸爸的内心世界,这一点没有别人可以做到。

因此,我和他一起闲逛,尽管在二月严冬,我们在后院玩接球游戏,让他带我到处看他家那些户外的宝贝,其中包括典型的英国后院温室。

在温暖的起居室里,某个安静时刻,他父母不在场,我把他叫到一边,直截了当问他(绝不要哄骗年轻人,要诚实正直如箭,孩子们能看到许多大人经常看不到的精神层面):"什么时候第一次感到爸爸非常不安?"他的回答令人难忘:"冬天结束的时候,爸爸没有在温室里移栽剑兰。"开始我没有听懂,后来,鼓声响起,我明白了。

在英国,园艺不只是一种消遣,还是像板球运动似的全国激情所系。每一年,只要这孩子活着,就会观察到(并且也许是悄悄地羡慕）他父亲那春日园艺仪式。他爸爸仿佛季节性钟表，会走进温室，手里拿着小铲子，栽上新的球茎，再适当施点肥。

今年没有。孩子告诉我，在北安普敦布拉德利家里，今年没有任何温室行动。

"我知道，一定有什么东西真的打扰到爸爸了，因为他没有去做园艺。春季就要来了，他以往总是在春季前移栽剑兰的。"

就是以这个小故事，我开始了对人物的素描。这是一个父亲心里另有所属的报道，这是一个男人面临人生转折点的报道，这是一个深受困扰的政治家不得不改变终生习惯的报道。

当作者抛开其"自我"而进入别人的"自我"时，其新闻报道一般来说最有说服力。没错，对于政治评论专栏作家而言，这个观察也许不是那么真实有效，然而对于他们，利用细节描写，比起只是一味强调"我"如何，能够让一个论点更加富有说服力。

"太棒了，"戴维说，"你是怎么发现那个园艺趣事是如此完美地适合作报道开头的？"

我不知道，那只是本能。我的本能总是告诉我：要用就用最好的材料。未移植剑兰这件事就是最好的材料，不妨把它放到文章的前头。

几天过后，戴维召集我们几个到他办公室。"我们的美国嘉宾写了篇好文章，是关于工党背叛者汤姆·布拉德利的。我们需要拟制一个合适的标题,以配这篇顶尖佳作。"戴维解释道,这篇文章拟在新的"第三条道路党"正式宣布成立之日以特稿形式刊发。

一个高级编辑提议:"一位工党忠诚者的背叛。"

戴维没有吱声,意思是还不够好。

另一位编辑说:"一个背叛者的素描。"

那些标题,没有一个是让戴维满意的。戴维再次一言不发。

我明白问题所在。对于标题,戴维总是希望凸显报道的情感因素。

既然近来比较真切体验过布拉德利先生的情感风暴,我就反躬自省自己的情感状态。最后,我突然想到一个标题:"汤姆·布拉德利再也不能忍受的夜晚。"我刚一说出口,戴维就说道:"这个标题正是我们所要的。收工回家。"

另一个晚上,我又和他一起加班。我们都在盯着一张戴安娜王妃的照片看。照片上的她正关切凝视着远处的一匹马以及着装得体的骑者,这位骑者就要从马鞍上摔下来,该新闻就是要曝光此事。当然,戴维想把这张照片放到头版,因为骑者不是别人,正是查尔斯王子(Prince Charles)本人,这条新闻就是讲述英国王位继承人如何难堪地从马背上摔下来的。我们翻来覆去、绞尽脑汁地去为这张照片寻找合适的标题。最终,我想到一个:"小心,我的王子。"此时,直到此时,戴维才露出笑颜。"晚安,先生们。我们要的正是此题。"

标题写作,是我不太多的真正才能之一。数年之后,我转到《时代》杂志工作,当时为一条令人惊奇的新闻苦思冥想其封面语,我们大家都卡住了。这则新闻是关于一个名叫约翰·德洛雷安（John DeLorean）的男人的故事，他设计并营销一款著名豪车，娶了一位有名的美人，碰到了财务困难，然后，难以置信的是，他因为贩运可卡因被缉毒警察逮捕。在午餐喝了几杯酒之后，我开动脑筋，想出一个题目。我把这个想法呈送给总编雷·凯夫（Ray Cave），他来到我的办公室，给予罕见的表扬："这栋大楼里，没有别人能够想出这个题目。没有一人。"

可卡因问题如何导致德洛雷安灾难性破产的封面故事，封面语就位于其本人照片之下："破裂的底线"。

我不太确定，标题写作真的是何种才能。确实，它不是那么重要，不能治疗癌症，不能缓和阅读或学习障碍，也不能清洁污染的河流与海洋。嗯，它只是新闻报道，意味着不是那么重要。它是对特定瞬间不可言喻的捕捉，或者及时抓取流动变化中的事件，或者用文字，或者用照片，或者用声音。我自己感觉，标题写作可以视为老电视剧《超人历险记》（*The Adventures of Superman*）的开场画面。你看，超人如此强大，他能捡起一块煤，用手将其揉碎，进而转化成宝石。在《时代》杂志，他们都管我叫"标题先生"（Mr. Head）。退一步说，我当然不是超人，正如你将看到，在《时代》杂志我不是非常好的编辑，但奇怪的是，我的标题是例外。

在《每日邮报》与戴维共处两个月，感觉像一年，只是因为我尽情享受其间的每一分钟。这是我相对年轻时的工作经验。此行，安德烈娅和我一起去了伦敦，在优雅的伦敦梅菲尔（Mayfair）社区，我们扎营在一个装饰良好的小公寓里。可是，和妻子相比，我过得更愉快点，因为当我在舰队街龙腾虎跃之时，安德烈娅在完成我们《秘密警察》(Secret Police)这本书的最后修饰工作，她把书稿寄回纽约的道布尔迪（Doubleday）出版社之后，在英国阴冷的冬天里，基本无事可做。

也许，她在伦敦过得最美好、没有和我搅和在一起的时刻，发生在威斯敏斯特（Westminster）戴维联排别墅里的节日晚宴上。不像位于华盛顿的乔治城（Georgetown），威斯敏斯特是伦敦的一部分，在地理和社会经济方面更接近议会而不是舰队街。

戴维喜欢的晚宴聚会，绝不是安安静静、彬彬有礼的那种。我以前从未参加过这种聚会，直到我在纽约《新闻日报》工作时，参加了一次由当时纽约市长、活力四射的艾德·科克（Ed Koch）举办的充满了唇枪舌剑的晚宴聚会。

对于戴维及其夫人、前英国女演员艾琳（Irene）来说，任何可以举办此类聚会的理由都好极了，于是，当我在《每日邮报》工作期限即将结束之时，戴维想，为什么不为汤姆和安德烈娅举办一个聚会呢？

然而，戴维得到的，超过他为这个特殊夜晚所计划的，因为他以往从未遇见像我妻子这样的人。安德烈娅不是条件反射式的女权主义者，因为那将会给戴维提供一个简单的靶子，她更像左派的玛格丽特·撒切尔，如果当时英国首相由热情洋溢的女演员萨尔玛·哈耶克（Salma Hayek）来扮演拍一部电影的话，安德烈娅看起来非常像她。

你瞧，普雷特夫人像撒切尔，不是个易于屈服的主儿。

酒过三巡，菜过五味，聚会上的噪音分贝上升到歇斯底里的高度，尤其当戴维对美国女权主义者发起猛烈攻击，称之为根深蒂固的男性仇恨者。正如我前面所说,安德烈娅不是教条主义者,她没有戴维那种保守党宣传煽动的本事,她只是挺起五英尺一英寸的身板,牢牢固守自己的阵地。在唇枪舌剑几个来回之后,安德烈娅准确而有力地回击了戴维的每一次进攻,让客厅里的大致八对夫妇分成了敌对的两性营垒。

屋子里的争吵是如此喧闹,但幸亏如此,没有一个人能够听到电话铃响。几分钟之后,我们才知道,这个紧急电话铃声已经响了一段时间了。后来事实证明,当时在华盛顿,罗纳德·里根(Ronald Reagan)总统遭枪击并被送往医院。

打来电话的,是《每日邮报》副总编皮特·格罗佛(Peter Grover),他是个资深新闻人和典型的可爱英国绅士。我很快就喜欢上他,视之如父,正如我把戴维视之为兄。因为老板要为我主持晚餐聚会,皮特只好回到《每日邮报》办公室值夜班。

电话一直没人接,皮特急得抓狂,没办法只好给戴维草草写了一张便条,叫了一辆车,让司机把这张便条飞速送到威斯敏斯特。

客厅里的争论还在热烈进行,到处弥漫着雪茄、法国白兰地和昂贵的女人香水的混合气味。突然,有人喊道:"等一下,有人在敲门,我想。"

仿佛突然爆发地震,寂静笼罩全屋,一切仿佛冰封。没有一个人在动。现在,我们清楚听到砰砰的敲门声,疯狂的敲门声。

戴维一跃而起,疾走到门边,打开门,一个声音传了过来:"英格利希先生,这是皮特·格罗佛先生给您的便条。他指示我让你看,并立等回话。"

戴维打开信封，展开便条，上面写道："戴维，里根总统遇刺。伤情如何尚不可知，但已被送往医院，据说非常危急，外科医生就要做手术。如果你和普雷特先生能够返回办公室，将非常有帮助。但如果你们两个不能返回，那么我真正能够用的就是美国人了。皮特。"

几周过后，我对那个便条颇为感慨。只有和戴维工作关系甚为紧密的人，只有看起来最具自我安全感的人，才会了解他是多么没有安全感。我认识的差不多所有富于创造性且成功的人都是如此。

我曾经为我的好朋友、CBS《六十分钟》的莱丝莉·斯塔尔（Lesley Stahl）分析某个问题。我谈到自己特别信仰的一个人生准则。莱丝莉第一次听说这个准则，对我说："这个忠告真是太好了，如果早一点知道，我可能会避免不少困难。"这个忠告是：永远、永远不要低估你上级的不安全感。

在图谋刺杀美国总统这么具有强烈戏剧性的时刻，编辑部难道不需要戴维的高超技巧？确实，皮特对其"上级"的不安全心态洞若观火，心知肚明。

戴维一把抓过他的外套，极富个人特征地夸张挥动，快速但优雅地向其宾客解释此刻的紧急性，然后抓住我的胳膊，说："我们走。"

坐在汽车里，我们有几分钟没有说话，大雨击打着伦敦路面和奔驰车顶棚。我竭力在想，戴维会怎么使用我。我能感到，戴维的思想在高速运转，我们到达《每日邮报》办公室，只剩九十分钟时间给我们重新安排版面，他在努力思考在这短短的时间内，我们能做些什么。

我猜，他不会让我去做文字润饰工作，那是截稿时限前的棘手活儿。他可能会要求我，或者为中心跨版，或者为第五版写一篇重头分析文章。很不谦虚也许是本人性格特点，两周前我告诉戴维，我去年写的关于民主党和共和党全国代表大会的分析性重头文章，获得美国报纸编辑协会（The American Society of Newspaper Editors）的奖励，彼时彼地我们初次相遇。

突然，字谜拼填完成，此时滂沱大雨更加凶猛，戴维转头对我既是挑战也是威胁地说："好了，截稿时限作家先生，现在，我们要看看你到底有多大能耐！"我忍不住想笑。这个家伙是不是个天才什么的？

说实话，我认为那篇四十分钟内写就的东西不怎么好。事实上，当戴维第一次提出那个论题，即美国明星特别容易遭致谋杀（如约翰·列侬等），因为在美国崇尚虚名的文化里，谋杀会给那些默默无闻、无足轻重的作恶者带来大名，为此我和戴维还争论过。

我反对该论题主要有两个理由。第一，我认为政治谋杀和娱乐目标完全是两回事，不能混为一谈；第二，在我离开洛杉矶之前，吉姆·贝洛斯曾说过："关于戴维，唯一我要警告你的事情是，在伦敦你可能会碰到这样一种时刻，那就是他会要求你做或写你不愿意做或写的东西。"

该时刻果真到来了，我预期可能会出现最坏情况，因为我看过戴维脾气爆发的情景。但是，戴维让我吃了一惊，因为他用芭蕾舞者的敏捷，在针尖大空间里转弯。"好吧，"他说，把可能的恼怒藏得好好的，"让我们看看你的写法。"

于是，我从美国枪支文化的观点来处理这个问题。

甚至到今天，我都不能肯定当时谁对谁错。那篇文章不太好。也许，照戴维的办法来写，效果会好点。但是，你必须坚持你的直觉，尤其在面对危机、截稿时限逼近时。

第二天，我对斯图尔特·斯蒂文（Stewart Steven）提及此事，表达不高兴情绪。斯图尔特是《每日邮报》的助理总编，他慷慨同意我在伦敦两个月时间里分享其办公室。

斯图尔特摇摇头。"汤姆，这是在报纸，"他说，"这才是真正重要的事。"

这是一种看待问题的有趣方式，"这是在报纸。"或者，正如克莱·费尔克所说，这只是家报纸或杂志……（因此不必过分当真？！）

对于所有那些紧张、古板的倾向，美国人往往乐于归因到"池塘"[1]对面我们的前殖民者那里去，其实，我们这些美国佬常常应该将之调低一两个档次——特别是在新闻编辑室里。

不是什么基因缺陷让美国的编辑和发行人不愿意在此职业中寻找乐趣，而是在美国，新闻是个生意，而且只是个生意，是非常严肃的活动。

美国的发行人越来越被要求去追逐高利润水平，特别是现在，这么多媒介公司在股票市场上公开交易。

可以肯定，英国报纸也处于类似压力之下，但不知怎么的，英国丰富的报纸励爵传统，惨烈的竞争，以及疯狂的舰队街环境，使其新闻业在更高能量的水平上震荡。

我想（在我最悲观时），美国和英国报纸的主要区别在于，

---

1. 这里的"池塘"指大西洋。

美国报纸像银行，收集、存储珍贵资源（信息），严肃且公平地传播给需要者（读者），并以此为骄傲。英国报纸像闹腾的聚会，到处都是人，大杯喝酒，大口抽烟，喋喋不休，七荤八素，他们把读者想象成聚会上的宾客。

我必须说，在我以前的观点看来，美国模式毫无疑问处于优越地位。但，如你现在所知，我在伦敦《每日邮报》做了嘉宾编辑，这家报纸以其保守立场、尖锐的政治报道以及对中产阶级，尤其是妇女的广泛吸引力著称，在该报工作期间，我感受到一种快乐，这才转变了看法。从在安静的银行工作，转变到实质上在拉斯维加斯工作，我没有觉得多么困难。但是，这确实需要范式转换。

有幸能在英国生动活泼、狂欢作乐的报业传统里浸淫一段时间的人们，是绝不可能再盲目接受其美国同行的庄严思路的。英国报业的操作方法尽管有其不容低估的疯狂性，但这种方法常常有很多乐趣。

《洛杉矶先驱考察者报》也可能是有趣的。举个我在该报当副主编时发生的例子。一位著名作家，这里姑隐其名，主持该报"闲言碎语"专栏笔政相当长一段时间。现在，"闲言碎语"专栏从其本质来讲，与"严肃的美国报业"气质不合，因为其内容不一定都是现实的，相反，是每个人在说其他人的家长里短、茶余谈资。

有一天，美国报界那些脾气很坏的老家伙们终于意识到，别人是喜欢被娱乐的（尽管他们自己不喜欢），于是他们不情愿地开始允许闲言碎语出现在报纸上，只要标注清楚其性质即可。顺便说一下，这种行为很快传遍全美报纸，最常见的是出现在"意见版或社论版对页",在这里,允许公开发表各种意见,就是因为其主观意见的性质已被清楚标示出来。

另一方面,英国报纸毫不害臊地编织其主观性,认为没有必要去标明那些显而易见之事。美国报纸则不遗余力否认其新闻报道里存在主观意见,当然,完全客观是个错觉与幻想。在伦敦这样的大都市里,有八九家主要日报,党派性是这些出版物身份识别的基础,几无例外。

好,现在回到前述"闲言碎语"栏目和那个著名作家的故事。作为《洛杉矶先驱考察者报》副总编,我有时被要求在刊印前看一下"闲言碎语"栏目的稿件。这是件很明智的事情,特别是对于这位著名作家来说,因为他不仅是个想象狂野的家伙,而且他是在英国传统中训练出来的,在英国传统中,几乎任何事情都可以发表,也就是说,如果一篇新闻稿不能被确凿证明为假,那就可能是真的,这样也就等同于可以发表。于是,当审读那天他要刊发的稿件时,我发现有一篇特别生动有趣的稿件,就问:"嗨,你是不是应当再打个电话证实一下这个事情?"我不是对极端场景感到局促不安的人,但他这种八卦言论也太狂野不羁了。

那位作家看了我一会儿,仿佛他正在同情怜悯一个无知的灵魂,然后用完美无瑕的英国口音反驳道:"亲爱的普雷特先生,再打个电话可能毁掉很多好稿件的。"

这个例子表明,在美国,八卦作家和严肃作家在方法与标准上存在显著差异。简言之,对于伍德沃德和伯恩斯坦[1]们

---

[1]. 这两位是追踪报道"水门事件"、最终迫使尼克松总统辞职的著名记者。

来说,重大揭露报道通常需要多个信源相互印证,而对于八卦作家来说,标准要宽松得多。在一定程度上,美国和英国报纸的理念差别也是如此。在美国,八卦作家能侥幸逃脱惩罚的机会,明显少于英国报社所能允许甚至鼓励的范围。为了进一步说明两国办报方法的差异,请允许把我分别作为美国和英国报纸编辑的两种经历进行并列对比。

一天早晨,我心情愉快地早早来到办公室,那时我供职于挣扎奋斗中的赫斯特报纸,该报一直处于强大的《洛杉矶时报》阴影之下。这时,我听到报纸总编吉姆·贝洛斯大声喊我的声音:"汤姆!天哪!看看二版!"这就是我所谓的"闲言碎语"版。

我立刻想到,问题肯定出在"闲言碎语"专栏,因为我敢说,那是二版上唯一有趣的东西,在某些黑暗的日子,那是整个报纸上唯一的亮点。当我回想起前一天三个高层总编都在休病假,这意味着没有一个真正编辑权威在该专栏付印前签字把关,我对问题来源更加确定无疑了。因此,我不情愿地走进自己办公室,有点小小不安,抓起桌上的报纸。

报纸二版,一条极怪异的大标题在大声疾呼:"打击宠物!"在其旁边,是一张非常可爱的小狗照片,接着是说明文字:"夜里你有睡不着觉的麻烦吗,就因为巷子里的狗认为其是守夜人?你深爱的紫色大床有被邻居家的猫咪变成其专用便盆吗?'打击宠物公司'能够帮你忙!无需再与自私自利的宠物主人进行劳神费力的交流。'打击宠物公司'负责处理让你恼火的问题。给我们打电话,很快你就能在夜里安然入眠。对使用我们服务感到惴惴不安?我们解决宠物问题,是悄悄进行,且在夜幕掩护之下。我们接受VISA卡、万事达卡以及旅行支票付款。联系电话是213 237 7000。"

吉姆在隔壁朝我大喊："汤姆，打那个号码，我实在不好意思打。"

我尽职地拨打了那个号码。电话铃响了两三声之后，一个职业化人声说：《洛杉矶时报》，请问有什么能帮到你？"

到那时，我们竞争对手《洛杉矶时报》绝对已经被来自宠物爱好者和动物权利组织的愤怒电话淹没了。两个小时之后，我们才有机会重新安排版面，才能致电《洛杉矶时报》同行，为我们"闲言碎语"专栏作家所制造的麻烦，正式致以真诚道歉。此外，作为美国讲究职业道德的严肃报纸，我们当然要发表一份正式道歉书，公开收回那篇东西，同时谴责那位作家。

当然，我没有谴责他（我想这种勾当确实令人捧腹，重申一遍，我在舰队街工作过！），但我想吉姆·贝洛斯也许会。或者，有可能他也没有。实际上，我没有参加那个会议，但我猜，那位以前在舰队街工作多年的作家，以及如你所知非常羡慕戴维的吉姆，私下也许会对此打击宠物的尴尬之事乐不可支。我敢肯定，吉姆会警告他下不为例，但他会努力克制自己不笑死。

说真的，这种"打击宠物"的噱头确实有趣。这种欢乐的荒诞性，在美国报纸上很少看得到，或者更准确地说，不被允许。在美国，哪怕你有干那种事的念头，你肯定会受到老板的严厉斥责。大部分美国新闻记者过的是一种多么平淡无趣的绝望生活啊！

与此同时,在伦敦,就在我要返回洛杉矶前的那个晚上,戴维邀请我和安德烈娅去到世界上最令人愉快的酒店之一康乐酒店(The Connaught),向我提供《每日邮报》的永久职位。他是多么可爱的人!

由于戴维是如此出色的领导人,是如此激发我灵感与想象的同事,因此他提供的工作机会更加具有诱惑力。确实,如果我没有和安德烈娅结婚,把我们的家安在洛杉矶,如果我没有对吉姆的极大忠诚,我会接受这个工作机会,因为它来自无可置疑的英文世界最好报纸的总编。

但是,我确实从内心感受到对吉姆的忠诚。不管他是不是这个世界上最伟大的总编,也不管他是否真的是伟大的报纸"救星",他不仅复活了我的报纸职业生涯,而且允许我来英国两个月做一次精彩的实地研究,所以我感到有义务回到他那里去。我是忠诚的,但是在一个极端错误的意义上。

于是,我心情大好地离开伦敦。我刚刚完成了某件有价值的事情,其中有我的贡献,我现在要回到家乡去分享这经验与快乐。

在我回到原工作岗位数周之后,吉姆辞职,几乎同时,玛丽·安妮(Mary Anne)升任总编。我一下子变得晕头转向。起初,我认为耳朵是受到一种罕见延长时差反应所影响,但很快事实变得非常明显。我立即去见发行人弗兰克·戴尔(Frank Dale)。

弗兰克曾经是尼克松竞选总统运动的得力干将,结果只得到小小的日内瓦大使职位,他还是辛辛那提红人棒球队(Cincinnati Reds)的主要东家。我喜欢弗兰克,他也一直对我很好。但是，他并不总是力量之塔和风暴屏障。唐曾说弗兰克的性格仿佛一块象牙皂漂浮在温暖的浴盆里，美好，但水流稍急，仅需半小时就会变软，进而土崩瓦解。

"弗兰克，"我说，"我有点困惑。我为你工作差不多四年了，主要奖项我都得过，这让我觉得社论版也许一直很不错，显然我享受这份工作。实话实说，我享受为你工作的荣誉和特权。你是个善良而温暖的人。

"我有一个问题。我去伦敦，回来，突然间，吉姆宣布辞职，两小时后你已选择好继任者。公司难道就不能为此抉择痛苦挣扎些日子，哪怕就为给我一个印象，即这个决定是经过慎重思考的，我已经被仔细考虑过了？如果这是个公平的竞技场，她得到那个职位，那么，很公平很好，只要她需要我，我就会对她忠诚。

"可是，就我现在所知，你总共花了两个小时，不仅从损失一位最好的报纸总编中恢复，而且任命了他的继承者……"这时，我停下来，想了一会儿，"弗兰克，吉姆辞职是个意外之事，对吗？"

"哦，是的，"他说。

我继续道："好，如果那是个意外，弗兰克，那么事情立马非常明显，对于总编职位，玛丽·安妮是个更合适人选，这一点毫无疑议，甚至不需要再停顿两个多小时，别让我看起来像个傻瓜？

"你知道，弗兰克，"从这里我真的开始讨厌我自己，因为我正在失去控制，变得刻薄。"《洛杉矶时报》的媒体记者戴维·肖（David Shaw）整天打我电话。他想要我为什么没有被选为下任总编的内幕。这里我努力保持忠诚,但这么快就选定吉姆继任者,我现在有点动摇了。

"我不是说玛丽·安妮不是合格人选,或这不是切实可行的选择。见鬼,她可能比我更胜任总编职位!但是,让我感到难过的是,我得到这么个印象,那就是我甚至都没有被认真考虑过。

"仅仅为这个原因,我现在对这里现实状况已感到足够不舒服,有了退出的欲望。看来要跟肖进行一次辞职访谈,加以充分披露。"

听到这话,弗兰克变得明显紧张起来。他情绪激动,支支吾吾,然后终于说:"好吧,汤姆,真相是这样的。你在伦敦的时候,吉姆和玛丽·安妮来找我,呈上一个既成事实,其实质是一种合同,这个合同保证万一吉姆辞职,玛丽·安妮将会成为下任总编。"

我难以置信。"你签了那个东西?"

他说:"我不得不签。"

"不得不签,你什么意思?"

"如果我不签,玛丽·安妮就要离开我们,到美国广播公司新闻部(ABC News)任职。我们承受不了同时失去两位高层编辑。"

"那么,你就向勒索屈服了,弗兰克?我本来也很容易从伦敦给你打电话,说:'弗兰克,我要留在《每日邮报》,除非你答应回去后怎么怎么提拔我。'你想要这种人来主持报纸工作吗?天哪,弗兰克,这太愚蠢了!"

"汤姆,大家都知道贝洛斯是怎么个人。"

"没错,我知道贝洛斯是怎样的人。但你是这家报纸的发行人和首席执行官,弗兰克,你应当立场坚定,说:'玛丽·安妮,如果有那个时候,你会作为总编职位强有力的候选人被认真考虑,但是,作为《洛杉矶先驱考察者报》发行人和赫斯特报团官员,我需要让我的选择保持开放。'我意思是说,设想一下,吉姆即将离职的消息传出去,然后来自《纽约时报》或《华尔街日报》某位非常合格的人选跑过来,表达他对该职位的兴趣。弗兰克,和这个聪明主意相比,把总编职位打包售卖给吉姆和玛丽·安妮,你觉得哪一个更好?"

弗兰克不可能给我一个能理性解释其行为的答案。我走回自己办公室,恰好就在吉姆办公室旁边。我路过时,盯着吉姆看了一会儿,但他没有迎向我的目光。我们俩过去是如此亲密,几乎每个早晨都合用一辆车上班。那天晚上从市中心到圣莫妮卡海边的车程,是我经历过最安静、最冰冷的旅程。我的心已碎了。

当我催逼吉姆回答,为什么他选择玛丽·安妮做继任者而没有告诉我的问题时,他含含糊糊说了一堆,什么他们在《华盛顿星报》一起工作多年,更不用提《洛杉矶先驱考察者报》了,什么和她一起工作是多么舒服,等等。但是,极大困扰我的问题还是没有得到回答:做出这个决定为何不告诉我,为何在我背后鼓捣?

确实,我离完美相距甚远,但我抱负甚大,不管这是好事还是坏事。在新闻业,那可能只是个错误。新闻这个职业总是对伤心之事做耸人听闻的处理,尤其如果你是个傻瓜,并且是个忠诚的傻瓜……这种傻瓜中的大傻瓜,就是我。我祈祷那不会是你。

"跨大西洋新闻业"的概念,也许与其说是事实性的,不如说是想象中的。几个有才华的编辑,从伦敦媒体世界,优雅地跳跃到纽约媒体界,取得好的效果,这倒是千真万确的,相反方向的例子明显少得多。此外,那些功成名就的美国新闻人在非常不同的媒体文化中做一段职业中期的临时工作实践,是值得鼓励之举。这样,一定会发现有某种方法能够破除新闻职业中日渐僵化的地方主义习气,不是吗?

第五章
《时代》的压力：质量控制的高效官僚体制
（1981—1983）

情感常常支配决策形成过程，就像《洛杉矶先驱考察者报》总编继承闹剧那样，情感也常常支配你对一个于你不利决策的反应。

一天，《时代》杂志的资深总编斯蒂夫·斯密斯（Steve Smith）打电话到我在洛杉矶的家，邀请我参加一个空缺编辑职位的面试。他提起《洛杉矶先驱考察者报》变化如此迅速的问题，问背后是否有故事，我含糊暗示有。他说："果如我所想。你为何不来我们这儿看看，也许有个工作给你。"

基本来说，大型媒体机构都是一样的，各有各的不快乐。我从不渴求在《纽约时报》工作，就因为那是个报纸巨无霸。在这个庞然大物里，我与其说是个必需品，不如说是个附属物。我自己的感觉是，媒体机构越大，人们预期的快乐越少。但是，《时代》杂志看起来可能是个例外。

我立即抓住这个机会，满足我的复仇需要，也满足真正为人所仰仗的需要！（你不会干类似的事情吗？）

多年之后，斯蒂夫当上《新闻周刊》总编，继而是《美国新闻和世界报道》（*US News and World Report*）的老总。他是个聪明、富有魅力且有趣的人。从个人外表来看，他总是穿着背带裤，发型修剪得很整齐，他说话前，你总会期待一口英国腔。我一直喜欢斯蒂夫，因为就算在《时代》杂志最紧张时期，他也能让你开怀大笑。

《时代》杂志的邀请是慷慨大方的，给我在上好酒店安排了住宿，以及精美的午餐，其间我将会见一位高层编辑，我们将决定下一步是继续进行还是全部取消。

前一晚，我登记入住那家酒店，预订了房间服务，努力想安顿下来，好好休息。为了这次面试，我想让自己看起来状态最佳，休息良好，充满自信，精力充沛，尤其看起来不像个怪人。我甚至担忧袜子的颜色，也许我应当穿黑色袜子，以显示我不是个瘾君子？（但是，我的行李箱里没有黑色袜子，实际上我从不穿黑袜子，那有点像宗教用品。）

期待一个重要的工作面试，是生命中最让人衰弱无力的经验之一。这次面试，当然也是这样。还记得，当年《纽约》杂志试探想要雇用我时，《新闻日报》（*Newsday*）仍然喜欢我，因此那次令人心烦的程度要相对低一点。但是，现在我迫不及待要逃离洛杉矶，在那里我感到（不管对或是错）不受尊重，要重返迷人刺激的"高谭市"（Gotham City）[1]。但是，我能在这首次面试中过关晋级吗？

虽然努力尝试，但我就是睡不着。一想到要返回故乡纽

---

1. 美国漫画书中的一个虚拟城市，被广泛认为是"蝙蝠侠"的家。这里指纽约市。

约,而且是在著名的《时代》杂志有一份好工作,太令人激动了。我简直无法入睡。

然后,我犯了一个错误。我离开酒店,出去散步。彼时大概是夜里十一点钟。我应当立即返回房间。因为即便时近午夜,你走上纽约街头,可不像在辛辛那提(Cincinnati)街头漫步。纽约如果不是蛾摩拉(Gomorrah),那也是索多玛(Sodom)[1]。任何一个夜晚,午夜后的纽约依然是生机勃勃。

结果,我在曼哈顿最豪华酒吧里待到打烊,或者说酒吧直接把我扫地出门,我真的想不起来任何细节了。我只记得,醒来时在酒店房间里(感谢上帝,有出租车和司机来运送严重醉酒的人),刚刚赶得及午餐的面试约会。

那位编辑名叫罗恩(Ron),餐厅侍者把他指引给我。带着宿醉的痛苦,我一步一步踱过去,走向一个看起来年轻但头发已白的男人,他正独自坐在角落的桌子旁。他的脸是苍白的,真的比他头发还白,灰色眼睛深陷于脑袋瓜里。他的脑袋看起来硕大,很沉重,像棵歪倒很多年的大橡树。

随着我走近他的桌子,他感到了我的到来,似乎费很大劲儿才抬起头来,一只眼半张着,像只不愿醒来的短吻鳄在检查地平线,看有没有午餐或伙伴。他看着我,大笑,然后说:"你看起来像个鬼。"

"我感觉到了,"我回答,然后只是为了好玩,又说,"眼下,你一点也不像《时代》的'年度人物'!"

---

1. 蛾摩拉和索多玛是《圣经》中靠近死海旁的两座古代城市,因其居民犯罪和堕落而被神毁灭。所以,这两座城市也被称为"罪恶之都"。

他很虚弱地笑笑，然后说："有意思，让我们边吃边谈，声音小一点，好吗？"

"因为《新闻周刊》的人可能就在邻桌偷听？"

"不是，是因为我们宿醉的滋味，不好受。"

在面试过程当中，我像个老妇人似的喋喋不休（或像汽车推销员千方百计要达成交易），罗恩看着我，突然说："小伙子，你是个吹牛高手嘛。"

我想，完了，吹大发了。"抱歉，"我防御性地回答。

"不，不……这很好。我们《时代》杂志总是能够使用那些高素质的吹牛者。"

我长长松了口气。

"活见鬼，"记得他又补充说，"现在我们做的新闻有百分之五十都是废话。"

就这样，那年初夏，我离开洛杉矶，回到纽约，就任《时代》杂志国内新闻部二把手的职位。最后事实证明，面试前晚的狂饮烂醉不仅没有构成障碍，相反，还帮助我看起来像"他们中一员"。

但是，正如后来事实所证明，归根到底，我不是。

"乐趣不是那样说的！"当我问《时代》杂志某同事，我们工作是否有乐趣时，他不时这样说。

作为20世纪80年代《时代》杂志内部的一个编辑，介绍其经验的最好办法，是告诉你关于"打败"雪茄的仪式。

请听我解释。在《时代》杂志当一个高级编辑，也许是我遇到的最困难、最难以忍受的工作，特别是被分配到国内新闻部。这是负责采编全国新闻的部门，国内新闻作为头等重要内容在杂志前面部分加以展示，这是一个梦魇。工作时间是个恶梦，通常要工作到周三午夜（早上十点上班），以及周五夜里两三点甚至四点（其实是周六凌晨），有时要等到太阳升起来才能下班回家。工作内容也是恶梦一般，每周要有十五至二十篇报道，这些报道付印得都很迟。许多报道来自杂志的华盛顿分社，这符合本机构的个性特点，就如同普通岩石结构要适应大峡谷一样。这是非常令人头疼的事，周而复始，永无尽头。

杂志高层想要有个人和斯蒂夫·斯密斯一起工作，幸好事实证明，斯蒂夫是个非常容易共事的人。他是国内新闻部最高主管，实际上，我是国内新闻部非正式副主编。

在我正式接受这份工作之前，斯蒂夫对我是非常诚实的。你知道我们夜里工作到多晚吗？我说，午夜？他说，不，要到凌晨两点、四点甚至到六点。

你知道，有时候人们非常擅长于拒绝听见。我想，我在《洛杉矶先驱考察者报》敬业忠诚地苦干了四年，最后却发生那么一档子事，当时可能太愤怒了，我没有听清斯蒂夫的话，因为我不想有任何东西阻挡我离开，阻挡我上升之路。亦所谓人们总是听到其想听到的，而对不想听到的则充耳不闻。

唉，一天超过十二小时以上工作，其实我的身体承受不了，即便坚持下来也谈不上效率。如果每周五上午十点到达办公室，在《时代》杂志我就是如此，到晚上十点，我就累成一只掏空殆尽的死狗。再继续工作四或六个小时，有时甚至到天亮，就完全超出我的能力范围。在《时代》杂志，有些晚上我是如此之累，我几乎不关心所负责的那些报道质量如何了。

有一次，我甚至鼓起勇气，向管理层建议，《时代》杂志应当建立十二小时换班制度。够简单吧？不，我被看作是疯了。一天晚上，我太累了，我问管理层是否可以回家休息一下，明天再完成工作。回答干脆利落，简单粗暴："你完成了才能走。"

每到周五，常常在八、九或十点左右，斯蒂夫就会请我到隔壁他大点的办公室，去抽我们每周一次的"失败雪茄"，这是他的原话。请记住，这幅图画和打败纳粹后温斯顿·丘吉尔胜利而愉快地大抽古巴雪茄截然不同。这里是斯蒂夫和我，无望地深吸细长雪茄，承认败于华盛顿分社，无聊而痛苦地推出一篇又一篇乏味的国内报道。

斯蒂夫的收件箱会挤得满满的，我的也是。他倾向于编辑主要的华盛顿报道，如果有封面报道，就编辑封面报道。除非在他度假时，一般来说，对华盛顿报道以及来自洛杉矶、芝加哥或休斯顿的其他国内报道，我编得要少些。

如果说我们各自收件箱是混乱的蚕茧，那么杂志社本身就是官僚体制的迷宫。对本社不少前辈，我常常把本机构描述为一个世俗版的梵蒂冈（Vatican），具有历史悠久的程序和仪式。当红衣主教团某新成员提出新的做事方法时，通常有位高层修女（在《时代》杂志，多数是供职多年的某女性人事研究员）会说："这是个好主意，普雷特主教，但是，在这座圣城里，我们不是那样做事。"

下面就是个完美范例。《时代》里有许多极富才华的现场记者，某周三晚，其中一个记者从休斯顿打电话来，问他是否应当去报道墨西哥城（Mexico City）或新奥尔良（New

Orleans）的某个新闻。但是，不论报道哪个新闻，我们必须快速作出决策，因为最后一班飞往墨西哥城的飞机半小时之内就要离开。

按照正常情况，如果一个记者有此类问题，他或她必须向采编部提交正式申请。但是，现在没有时间走正规程序。斯蒂夫出去吃晚餐了，周围没有别人，于是我问那个记者：你愿意去采写哪个？在你看来，哪个新闻更好？

我想，那个记者被纽约方面如此征求他的意见吓到了。通常情况是，纽约下达命令，而记者像士兵一样，只需赶往前线即可。我们那位在休斯顿的伙计选择了墨西哥城。于是我脱口而出："那么，赶快去买张票，登上那架飞机。"

他这么做了。但是，不到一小时后，采编部主管来到我办公室，抱怨我没有遵守程序，抱怨说采编部还没有撤销，责问我是谁，竟敢命令记者登上飞往墨西哥的飞机！我只是盯着这个家伙，要求他离开我的办公室，如果他愿意，可以将此事报告给我老板。

在那个漫长夜晚的下半夜，斯蒂夫把我召进他的办公室。"你准备好抽失败雪茄了吗？"是的，我回答，我确实感到被《时代》的官僚体制打败了。他说他了解我的感受，并说我做得对。他递给我一支多米尼加共和国上好细长的雪茄。我抽着它，品尝缓慢燃烧的失败滋味。

过了一会儿（或许已是第二天凌晨了），华盛顿分社的主管打来电话。原来，在他那篇本来不太好记的每周专栏文章上，我改动了五个字。显然，他的文章是不允许任何人改动一个字的。我说了些蹩脚的话，比如"大概每个人偶尔都会做点文字调整的"。但是，这不是该说的正确的话。你看，我是梵蒂冈里的新主教，任何人都明白，对这个新环境，我貌似没有显示出足够的崇拜。

有必要注意，我在《时代》的工作是从夏季开始的。在大型机构里，随着夏季到来，新人或低层员工突然变成高层职员了，而那些真正的负责人一般来说都在某个度假天堂享受假期，通常是在科德角的马萨葡萄园岛（Martha's Vineyard）或长岛的汉普顿斯（Hamptons）度假胜地。

正是因为这个假期因素，我在《时代》第一个暑期实际上是非常愉快的。顺便说一下，当几年后伊拉克前领导人萨达姆·侯赛因（Saddam Hussein）对科威特（Kuwait）发动突然袭击时，对于美国新闻媒介而言，他犯了一个战略性错误。他命令在八月开始攻击！这就意味着那些媒体大腕们不得不放下伏特加汤力，脱下浴袍、网球短裤或高尔夫服装，与其配偶或其他重要的人吻别，返回华盛顿或纽约。换言之，萨达姆已经犯下破坏西方媒体大腕们暑期度假的重罪。

无论如何，得亏这个暑期度假因素，刚入职一个月，我就成了这家世界领军新闻杂志国内新闻部的临时最高编辑。突然之间成了国内新闻执行编辑，但唯一问题是，我不知道究竟要做什么！现在，你得明白这一切意味着什么。

可以把《时代》杂志想象成一个巨大的倒V字形结构。其底部是宽阔的，吸入来自《时代》国外和国内各分社以及其他来源的各种信息。一旦新闻报道抵达纽约这个"漏斗"嘴边，《时代》的巨型编辑机器就开始工作。稿件由熟练的散文文体专家进行改写，然后由技能精湛的研究者复核事实准确性，呈送部主任审阅后，再呈送倒V字形结构顶端的高层总编批准。这就是《时代》杂志典型的编辑流程。

在每周正常编辑流程中，一般有两个高层总编掌舵，两个资深编辑负责国内新闻。可是，在八月份，因为广告版减少，杂志版面也缩减，相应地工作人员也随之减少，可能只有一个国内新闻资深编辑以及只有一位高层总编值班。

我在《时代》第一个八月，国内新闻部只有一个资深编辑在岗，那就是我。想象一下！从莱维敦和希克斯维尔走来，这是一条多么漫长的成长之路，对吗？

在20世纪80年代的历史关口，《时代》杂志依然反映着其创办人亨利·卢斯（Henry Luce，1898—1967），（典型的共和党人）当初所制定的出版准则。这是一本政治性杂志，其新闻报道带有鲜明的美国世界观和意识形态色彩，尽管已没有初创者视野原本的狭隘。从最好处说，《时代》充当的是美国既有体制的内部声音。也就是说，你阅读《时代》杂志，会感觉到美国体制内传统、华盛顿官场以及东海岸的那种智慧。

这就是卢斯的精明战略，旨在让《时代》在美国市场上显得重要，且生存久远。这种愿景被坚持下来，尽管随着继承人更替，被岁月和智慧进行了相当修改，一直坚持到亨利·阿纳托尔·格伦沃尔德（Henry Anatole Grunwald，1922—2005）的最后日子，毫无疑问，格伦沃尔德是我们时代最伟大、全面的杂志总编。

《时代》杂志组织架构的这种倒V字形特征，也带着创办者的痕迹，以至于每一篇报道都需要经过卢斯或其他高层编辑的批准。每篇稿件书面上都要有卢斯或其高管团队一名成员首字母签名,否则不能付印,当然读者因此也就不会看到这篇文章。

这里不要误解我的意思。所有这些,如果不是五角大楼制度的话,听起来像军国主义制度。但是,到我进入《时代》杂志之时,和《纽约时报》相比,该杂志已近乎一个狂野吵闹之地。不错,杂志社里面还有相当部分的因循守旧分子,尤其是在经营方面,但编辑部的男男女女已是一帮酗酒成瘾的家伙,喜欢参加聚会,特别享受他们之间的嬉戏欢闹。

《时代》杂志的新闻工作是高标准,也是高度风格化的。比如,至少在20世纪80年代,尽管内部存在特有才能的研究团队,《时代》并非总能让事实阻止其表达体制偏见。这些根深蒂固的机构观点,确实继承自创办者亨利·卢斯的基因,其结果既影响深远(比如在下面将要讨论的阿里尔·沙龙诽谤案中),但有时也是相对无害的。

在一个著名场合,亨利·阿纳托尔·格伦沃尔德那时还没当总编辑,作为一个资深编辑,正在力保每周一次的"商业"专栏。该领域某记者写了一篇令人捧腹的小报道,内容很琐碎,这里也没必要叙述。问题是,这篇报道太有趣了,太好了,不像是真实的。你知道,事后证明,它确实不是那么真实。但是,该报道极其有趣,当该作家在"商业"专栏每周报道会议上叙述这个故事时,每个人都开始质疑,包括格伦沃尔德,他的智商一般来说是极其令人生畏的。

这一次,格伦沃尔德也笑了。然后,是一阵沉默。再然后,他打破沉默,直接看着部门研究室主任的眼睛,说:"我建议，对这篇小报道就不要查得太细了。"该主任立刻领会其意图。为这篇像美味可口波多贝罗蘑菇（Portobello mushroom）似的小报道，杂志的事实控制机制瘫痪了。

《时代》有属于自己的世界。你在办公室花的时间比在家里多，就会有后果和事故。在《时代》杂志，只结过一次婚的人不太多，大部分人和在工作中遇到的人完成第二次、第三次婚姻，有时是和办公室里的同事。

对此，没有什么可隐讳的。当你把男孩、女孩关在像潜水艇似的环境里，每周派他们出去执行"寻找并摧毁"的任务（我们的敌人是《每周新闻》，其次是《纽约时报》），考虑到所有压力，所处空间的亲密性，以及所涉人物的品性，事情总是要发生的。这就是上帝的意图，不是吗？

在狂欢暴饮的条件下，情况更是如此。在《时代》，每到周末，酒车就会推过来，上面装满免费的酒，你可以在工作时间喝酒而不受指责，事实上，这是得到管理层支持的。很常见，美酒加咖啡，一杯接一杯，然后，一个接一个喝醉。再然后，你迷迷糊糊回家，带着《堪萨斯城星报》（*The Kansas City Star*）可爱的新种马作家，或者带着令人目眩神迷的前模特出身的复印美女，或者其他什么人。（男的和女的，女的和女的，男的和男的，对于我的思想开放度，怎么说都不为过！我真的不介意人们在私人性生活里做什么，你呢？）

这些乱七八糟的状况，真的没有什么错。你可以将其表述为绝对的道德规范：工作和娱乐要分开。但是，若要下禁酒令，你得现实点了。然而，八月某个晚上，这种酒精刺激的氛围差一点造成杂志不能付印的事故。也是幸运透顶，这种事就发生在我掌管国内新闻部的那个短暂实习期内。

我必须得说，作为主管，那时候我相当激动。由于没有意识到危险迫在眉睫，也不晓得将要发生什么，我一点都不害怕。我简直太愚蠢了！

作为国内新闻部司令官的第一晚，让杂志编辑工作大约在晚上十一点半结束，比正常结束时间提前了整整三至四个小时，这一事实强化了我作为新手的傲慢。本刊有个记者名叫艾德·马格努森（Ed Magnuson），我过去常叫他马格先生，对他非常尊重。那天晚上，马格出去路上顺便来看我，增强了我全知全能的感觉。他叽叽喳喳地说道："普雷特先生，我要给你点个赞。我在这个部工作好多年了，我不记得有哪一周是在午夜之前结束工作的。晚安。"

好，这激发我继续行进在世无难事的轨道上。我掌管的第二周，运行得同样顺利，到第三周，继续改进我的新标准，使得结束时间又提前了点。我逐渐获得快枪手的名声，不是最好，但是最快！这就是说，我可能不是最严谨精确的编者，确实，有时候我写东西、编东西，像患有严重多动症的疯子，或许像个逃犯，担心的是如何领先司法人员几步。但是，无论如何，我确实让工作运行起来。

有些作者和大部分研究者都很赞赏我这个来自西海岸新主教的工作节奏，把工作搞得有条不紊，按部就班。但回想起来，对于《时代》来说，我也许是太快了，正如运动员们所常说，我的错。

然后，在我主管工作的第四或第五周，真正不同寻常的事情发生了。这个事件就要以《时代》杂志差点不能正常出版的那一周"而广为人知。

大概是在一个工作特别忙碌的周五晚上十点钟,我总算有了短短的时间坐下来喘口气,玄想一下,比较起来在日报工作是多么轻松!

好,刚单独待了不到十秒钟,就响起了敲门声。对此,我并不惊奇。毕竟,现在是《时代》杂志的截稿时间。总是会出点岔子,但通常不会出太大的岔子。

"进来!"我也许是吼道。有时,我对被打扰的不耐烦过于明显,尤其对那些好人。

研究室主任快速走进来。她擅长发现细节,对杂志拥有全局性理解,周五晚上冲刺阶段的高效令人印象深刻。我有点喜欢她。

"汤姆,"她说,"有个有趣的事情。"

"什么?"我说。

"我们没有人收到返回的任何签批稿。"

这意味着代理总编没有批准任何稿件。而实际总编此时正在缅因州(Maine)度假。

"哦,也许是我的稿子不怎么好,"我说,"也许他觉得有问题,太善良,不好意思直接提出来,他自己在修改。"作为《时代》杂志成就斐然的编辑奇才堆中的新人,我对自己是否能够适应仍然不敢确定,所以有些疑虑和担心。

她摇头。"不,不是那样。我去到国外新闻部,他们也没有任何稿件返回。没有一个人收到。"

当时,国外新闻部的主编是个很聪明的新闻媒体人,是《时代》颇有成就的前驻外记者,相当优雅、可爱。

好了，我这个来自莱维敦/希克斯维尔的国内新闻部执行主编，真的不知道怎么办。但是，只有一件事可做，因此我对研究室主任说："好吧，让我们去看看问题出在哪里。"

在洛克菲勒中心时代-生活大厦的二十五层，那些大办公室总是为高层总编们保留。

"稿件把关"程序的运作，其实很简单。每天晚上，在当班总编的办公桌上，都有两个盒子，一个是来稿箱，所有通过部门主编审查的稿子都会被年轻职员送到这里等待批准，另一个是发稿箱，放的是最终通过批准、等待工作人员取走付印的稿件。当然，今天这种程序已经完全电脑化了，但在20世纪80年代中期，靠的还是纸张和铅笔。

我经由长长走廊，走向面对第六大道（Six Avenue）和无线电城音乐厅（Radio City Music Hall）的大办公室，心里一点预感都没有，因为检查后稿件没有返回这种事从未发生过。

那天晚上，当我走到执行总编办公室时，再一次深吸一口气，然后轻轻扭动办公室的门把手。门是锁着的。我敲门，没有回应。这一点都没有减轻我的忧虑。

我要求研究室主任找几个手下来，以防需要更多的人手，同时找来该办公室的备用钥匙。当然，研究室主任知道去哪里找人，实际上她对这座大楼里的每个人、每件事都了如指掌。

有她在场，门很快被打开。我一个人走进办公室，并在身后关上门。在胡桃木餐具柜上，电视屏幕怪异地闪烁着，没有声音。桌子上有一瓶伏特加，准确地说，是个完全空了的伏特加酒瓶。那边，来稿箱里，动都没动的稿件堆得老高。

但是，发稿箱里，空空如也。

然后，听到某种声音，我停下脚步。我支着脑袋听了一会儿，发现那轻微鼾声来自桌子附近。循着这个声音，我看到办公室地板上蜷曲着一个男人的身影。

他就是我们的高层总编。喝醉了俯卧在地，打着呼噜，不省人事，睡在了地板上。

我以前工作单位都有喝酒现象，在我的生活里，也时不时地多喝几杯，现在这种情况对我来说还是第一次碰到。然而，当下显而易见的局面是，时间紧迫，发稿截止时限是固定的。也就是说，如果没有人去做点什么，这一期杂志的出刊将会被延误。

由于我没有什么好主意来应对，只好本能性地作出反应。我抓过来稿箱里的所有稿件，有条不紊地在每篇稿件上签上了"TP"字样，然后放到发稿箱里。接着，我把发稿箱拿给文字编辑，说这些稿件都已被正式批准了，赶紧付印吧。然后，我让研究室主任叫来一辆出租车，派人把这位总编送往贝尔维尤医院（Bellevue Emergency），检查看看是不是酒精中毒。很明显，他处于崩溃状态，不是一般性的醉酒。

"留一个你们的人陪他，"我建议道，"如果医生说他可以回家，那么要确保把他送交到他老婆身边。但是，不管任何情况都不能把他一个人扔在医院。"

我不止一个晚上在床边陪护这位出名或半出名的同事，他差点把自己淹死在酒瓶里。当然，在缠绵病榻之时，他只是模糊意识到你在那儿，但是，当他慢慢清醒起来，潜意识里会有一点记忆，在其危难之时，有人真的关心过他。很多年以来，我自己也是饮酒太过，但不管怎样，我总能避免跌到阴沟里，或被送进急诊室。也许，再朝否定性方向多走一两步，我可能会以更大决心，更早一点减少生活中的饮酒量。

用了好几个人才把他成功拖拽进出租车，然后出租车疾驰而去。医院证实，我们那位总编确实是酒精中毒，必须住院两天，以缓解其自我放纵所引发的严重脱水症状。

不过，杂志至少是按时出版了。正如在《纽约》杂志克莱·费尔克曾经对弥尔顿·格莱塞所说："弥尔顿，归根结底，这只是本杂志。"

到周一返回办公室，我立即被召到《时代》杂志总编办公室，总编刚从缅因州度假回来。我预想，可能会因为那天晚上我那么草率批准所有稿件，而遭到老板的批评，因为我无权这么做。

但是，总编却说："谢谢你，汤姆。"我的眼睛不由得瞪大了，不再局促不安。"我晓得了周五晚上发生的事情。确实情况紧急，你处理得很好。无论如何，我们应当让杂志出来，拜你思维敏捷所赐，我们杂志准时出版了。"

接下来，是一阵沉默。这时，我应当谦虚地说，谢谢你，然后离开。但是，我在担心我们那位朋友。不管那天晚上他是醉还是不醉，我都喜欢他。《时代》杂志可能是个冷冰冰、硬邦邦的地方，而这位伙计却像暴风雪当中舒服至极的壁炉一样温暖。

我说："嗯，我们那位遭遇麻烦的朋友怎么办呢？他是个好人，一直对我很好。我真的同情他。"

总编说："现在，他要去一家戒酒机构，在那里住一个月或更长。然后，至少几个星期，他不能进入这座大楼，当他回来后，如果再喝一点酒，或者呼吸里带一点点酒精的味道，他就会被开除，永不叙用。"

"你这样对他说的？嗯，是不是有点太残酷？"我说。

那位醉倒的编辑真的是位好人，从第一周起就一直对我很热情。在《时代》杂志，不是每一个人都如此热情。

"更残酷的事情，是对此无所作为，"总编说，"在生活中，我们都有酗酒的朋友，因为我们爱他们，我们不想说三道四败坏他们的乐趣。但是，从道德上说，真正的友谊会驱使我们告诉他们，他们喝酒太多了，需要专业帮助。他们应当去寻求这种帮助。如果他们不能得到帮助，我们没有办法再成为他们的朋友。仅仅站在旁边，看着一个朋友自我毁灭，那不是真正友谊的行为。"

这是我以前不晓得，来到《时代》才获得的教训。多年以来，我对别人喝酒的习惯一直持宽容态度，更不用说对自己喝酒了。后来，我把《时代》总编的这个经验法则应用到其他单位，并在我的大学教学中增加了这一课。然而，对滥用酒精采取强硬立场，可能非常困难，尤其在积极推广社会饮酒的堡垒中，因为该政策的不可接受性常被根深蒂固的"生活就是场欢乐聚会"的公司文化所遮蔽。

不开玩笑，如果一个朋友喝酒太多，一定要强迫他或她去接受帮助，否则你就不是真正的朋友。如果是你喝酒太多，那么实际上，要做你自己的朋友，做自己最好的朋友，去寻求专业帮助！

这种公司文化，在《时代》杂志当然是根深蒂固的。到处都是。

再举个例子，我只是希望这个故事不要太搞笑。那是周五接近午夜时分，突然，听到地动山摇"砰"的一声，我冲出房门，跑到走廊对面研究室主任的办公室。

"你听到那声音了吗？"我问。

"哦，听见了，"她波澜不惊地顺口说道，"那是某某摔倒了。"

"你什么意思？"

她叹了口气，向我这个新来者简要讲述了真正《时代》的工作方式。

"某某也许是我们的顶级写手，但他喜欢喝酒。每到周五，通常从上午十一点或中午开始喝啤酒，然后到下午五点左右，又慢品上好的威士忌。但是，汤姆，你不必担心，他精准地知道自己酒量几何。他总是等到研究人员检查完其所写报道的最后细节，喝掉最后半杯酒，然后轰然倒地。"

她看着我笑，像快乐修女在向见习修士传经布道，喜不自禁地补充道："通过这'砰'的一声，我们就知道国内新闻部的工作结束了！"

我感到可乐又震惊。"你们就让他躺在地板上？"

"不，不。保安人员对此已训练有素，会把他抬起来，搬到电梯里，塞进出租车，然后打电话给他老婆，说他已在回家的路上。他老婆经历此事一千次了。见怪不怪了。"

其实，这件事对我而言影响颇大。我过去在喝酒上花费太多时间。尽管从读研究生时才开始，喝酒变成了我的快乐时光，此后就一直延续下来。但是，我从未想到《时代》杂志这样拥有纯朴形象的单位，会变成电影《满城风雨》(*The Front Page*) 中的场景。

加入《时代》杂志的时候，我第一个本能反应就是随大流。但是，我感觉到这恐怕不行，尤其被调到国内新闻部以后（表面看是提升）。那位曾经在午餐时面试我的好编辑罗恩，一天把我叫到他的办公室。他说："你这个新工作，嗯，我曾经也干过。太糟糕了。因此，你面临一个选择。一年之内，你要么变成一个十足的酒鬼，要么还能完全保持清醒。我可以告诉你，在这个岗位上，没有中间道路可走。至少对我来说，没有折中之道。"

另一位被分配来国内新闻部的高级编辑非常聪明，在那个岗位工作多年，至今优秀于我，赞同罗恩的忠告。他盯着我的眼睛说："我再也不喝酒了。"

我颇感震惊。"只喝巴黎水（Perrier），"他又说。

接下来一年左右，他和我变成了著名的"巴黎水孪生兄弟"。

我们也许感到厌烦无聊，但我们总能保持清醒。

一天上午，准确说是周五打烊日的凌晨，我筋疲力尽，步履蹒跚地走向长沙发，收拾公文包，开始迷迷糊糊地向电梯口走去。我身上、心里或者灵魂中，一点力气都没有了，几乎每一篇报道都得动深夜大手术。上午十一点左右，我把稿件放到编辑流程箱里，一位老编辑同情地看着我，询问怎么了。我说："这么多问题……太多问题了。"他说："嗯，国内新闻部到处都是问题。你现在真的身陷问题当中。"

我肯定那天夜里确是如此。天哪，我真的需要喝一杯！

走向电梯口时，在我前面同样拖着蹒跚步履的，是时代公司的一位著名编辑。他也刚做完那天晚上的日常工作，他的值班窗口是从中午到次日凌晨四点。他手里拿着一瓶苏格兰威士忌，是他离开时从公司拿的。

好，这就是聪明的媒体精英们的生活，一年至少赚一百万的薪水和奖金，每个周五夜里从编辑部的送酒小车上来一次豪饮。他会在回家的豪华轿车上细品慢酌吗？他担心家里的酒柜缺酒吗？他的妻子禁止在家里饮酒吗？这样的场景意味着什么呢？

从美国顶级媒体机构精英们滥用酒精的故事中，可以吸取很多教训，因为类似行为差不多在别的单位也普遍存在。当然，这不是对今天《时代》杂志的工作惯例说三道四。事实上，现在类似的事情少多了。这是因为新一代媒体人比我们那一代更注意健康问题。他们吃得少而精，喝酒少了或喝得更健康了，锻炼更多了。

然而，用酒精来麻醉苦痛，并非完全是非理性行为，在那些靠截止时限压力驱动血液循环的机构里，这种行为总是司空见惯。当你身处"截止时限"之中，你就会如临深渊，如履薄冰，必须做出决策，而出错概率随着决策快速性而成倍增长。

更令人痛苦的是，最好的新闻人往往都是理想主义者，似乎都带着愤世嫉俗的眼光。他们要所有人类都上天堂，即便他们怀疑很多政治领导人（包括某些记者，通常是编辑）肯定要下地狱。但是，他们从不放弃希望，他们从不停止为此做出努力和贡献。

公平缺失，可能会凝固在机构文化的深处，而表面看这种文化是支持公平的。

当我在《时代》杂志当国内新闻主编时，渐渐看清楚该杂志社弥漫着性别歧视。在新来者眼里，该单位的员工结构，绝大部分研究人员和事实核对人员都是女性，而绝大部分作家和编辑都是男性。因此，男性在作重要决策（以及赚大部分的钱），而女性在做后勤事务。

因为我是从外面招来的，因而被认为更易于变革和创新，所以管理层把新近雇用的两个年轻女性作家放到我的部门，认为我不会对此有什么问题。他们是对的，但只在一定程度上。

每一周，我闷闷不乐地看着，这些女性作家被排在采写任务分配名单末端，而好的报道总是被分配给既有的高级男性作家。更糟糕的是，到了周末，这些底层报道常常由于某种原因被挤出杂志，所以，女性作者变得越来越沮丧，这是可以理解的。

我也感到沮丧，因为我认为她们是好作家，其中一个名叫莫琳的，就特别优秀。因此，我不断尝试促进她们的事业，这是很困难的，因为在《时代》杂志，哪怕试图去做任何微小的变革，其难度无异于重写美国宪法。然而，我努力寻找机会，抓住一切有利时机为她们抗争。也许，这是因为我来自洛杉矶，或者也许是因为我内心深处对女性抱有极大尊重。这可能与我和故去母亲的关系有关。但是谁关心这个？

某次封面报道会议（通常一个月开两次）提供了绝佳机会，让我把自己弄成一个理想主义的傻瓜。通常，封面报道来源于新闻事件。这意味着，杂志出版前那一周发生的某些不可避免的事件，将会走上封面，成为我们主打的报道。

但是，有时往往没有什么特别有新闻价值的事情可报，因此我们就会有计划地就某个时效性不强的话题设计策划封面报道，诸如关于最近好莱坞美女、现代艺术趋势或青少年迷恋等。在这种会议上，我们会反复琢磨就最近时尚策划封面报道的可能性。某聪明编辑会说："大家知道，我们封面报道一直没上过那种可以说不是荡妇的女性。"因为他是个彬彬有礼的人，所以准确地说他没有使用"荡妇"这个词汇。"我们应当尝试报道一些成功的专业女性。"

在《时代》杂志发展进程中，这个阶段的政治倾向仍然是保守取向，所以也没有非常宽广的视野来观察各种各样的可能性。因此，我们想起一个名字珍妮·科派崔克（Jeanne Kirkpatrick），她是当时美国派驻联合国的大使。珍妮由罗纳德·里根任命，确实非常享受给第三世界的马克思主义者上课，指出他们做了什么，并仍在做什么错事。当然，这是个富矿，大有可挖！想想彼时冷战的时代精神，她戏剧化的表现广受好评，特别受到保守的共和党人的好评。

在座每个人都同意珍妮是个靠谱的选题，尽管不是富有启示的选题。然后，问题来了，由谁来写这篇报道。通常那些高层作家的名字被一一抛出，这时正赶上我对我们国内新闻部的两个年轻作者从未获得采写主要报道的机会隐痛在心，因此我大声说:"把这个选题交给莫琳来写,怎么样?"

数秒钟的漫长沉默。好像在《时代》杂志"年度人物"问题上,我提出了让一个连环杀手上封面。

最后,一位在《时代》所有高层编辑岗位上都干过的老记者开了腔。有一会儿,我以为他可能是在开玩笑,因为他是个非常聪明、温文尔雅的人,自从大学毕业之后就一直待在《时代》,真的从未离开这个蚕茧半步。但是,当他自鸣得意地窃笑说:"哦,汤姆,那些女娃子还不够格去写一篇封面报道!"我感到,他是认真的。

房间里的许多人,或大笑,或窃笑。但是,我觉得一点也不好笑,也笑不起来。我绝不是个圣人,这一点,诸位到现在已经心知肚明。但是,这种场景还是让我觉得太过分了。散会后,在回办公室的道上,我简直抬不起头来,因为我知道,我本来应该有勇气说,莫琳好过本杂志当下八成的男性作家,她所需要的只是个证明其优秀的机会。

对莫琳来说,珍妮·科派崔克的报道本可以是个极佳的试验,因为该报道不必在下一周发表,这样我们就可以对其进行必要的编辑控制,尽管我认为无需多少控制,因为莫琳很聪明,而且确实比我们大多数人都敬业。另外,女性写女性,对她们俩来说肯定也真正有相当吸引力。所以,当他们把这个任务派给别人时,我不仅对《时代》失望,对我自己也感到失望。我觉得,我让那两位年轻的女性作者失望了,因为我没有为真正正确的事情进行足够力度的抗争。

还记得"让侏儒转页"的故事吗?我想要对各位说的是,

在一天结束之时,如果你没有"让侏儒转页",将会比那样做,对自己更加后悔。真诚不是焦虑不安的理由,但是,为什么再次畏缩不前?

几周以后,星期六我值班,在国内新闻部,这意味着你做主,要妥善解决所有可能的纰漏,分派作家去做一个大报道,而且要一举成功。

那个周六,一位有才华的男作家当班。同时,年轻的莫琳也处在候补队员区。

大概到上午中段时间,美联储利率发生变化,我们得做篇报道,这个任务通常要派给那位男性作家,他当然比莫琳资深,也是非常友善和富有才华的人。但那是星期六,我有绝对支配权,我把他们俩叫到办公室。"我们要做一个整版报道,要尽快获得后续进展情况",我说。

然后,我对那位优秀的男性作家说:"通常情况下,我会把这个任务交给你,莫琳也会理解。但是,你是否介意这一次我们把这个机会让给莫琳?自从她来到这里,就一直在做无关紧要的报道,我想这次任务对她会是很好的锻炼机会。当然,你可以看她作品,确保达到标准。"我知道,会达标的。

当时,我非常喜欢的那位作家欣然同意。但是,我后来发现,在其他高层作家那里,接受这样的事情并不容易。但相反,我的顶头上司斯蒂夫·斯密斯对我给予莫琳机会悄悄表达了赞许之意。

然而,年轻女性的事业并未如我所愿发生什么不同变化,此后几周，走在《时代》大厅里，我感到自己有点像是害群之马。

这件令人沮丧的事情过后不久，我接到阿瑟·盖尔布（Arthur Gelb）打来的电话，他是《纽约时报》执行副总编，是个强大、聪明且富传奇色彩的人。我拿起电话，说："你好，阿瑟！有何指教？你要把你的位子让给我吗？嘿，我们可以互换位子几年！你来我这里，把事情震动一下，我到你那里，也震动一下。"

盖尔布是那种纽约人所谓的"正人君子"（a mensch）。这个纽约意第绪语词汇到底是什么意思？我真的不知道。也许是指介于天才爱因斯坦和鲁莽滑稽人物之间的一种人。多年以来，我变得越来越喜欢阿瑟了，尽管我从不想到《纽约时报》工作，真是奇怪。

"哈哈！"他回道，"听着，汤姆，有件事我想问你，有点私密哦。你看行吗？"

我喜欢阿瑟，他有很棒的幽默感，他喜欢我的工作，尽管他认为我有一点古怪。也是醉了，因为他甚至比我更古怪！我俩关系好的一个原因是，他把我描述为"一个真正的人物"，我把这句话理解为，就像喜剧大师格劳乔·马克斯（Groucho Marx）对人说："你是个多么棒的喜剧女演员啊！"

"行啊，可以问我任何问题。你懂的，阿瑟。"

他直扑主题。"我们对雇用一个为你工作的人感兴趣。"

"喔噢，"我说，"谁啊？"说真的，我本来猜这个人可能是我们聪明的媒体和戏剧评论作家威廉姆·亨利（William A. Henry III）。

"是莫琳。你觉得她怎么样?"

"你想要她为你做什么?"

他说:"你知道,我们想培养打造她,指导她经历各种不同类型的任务。但最终想让她做政治新闻报道。"

我怎么办?《时代》杂志雇用了我,《时代》杂志给我发工资。我现在如何是好?这其中是不是有个严肃的职业道德问题?

也许,如果我和《时代》没有那一段不愉快的历史,我没有被告知"女娃儿"不太适合写封面报道,我对这本刊物可能会有更多的忠诚,可能会想方设法搞砸这个交易。但是,鉴于我真的非常喜欢莫琳,感到她没有受到公平对待,于是我说:"阿瑟,也许我应当告诉你,莫琳存在吸毒问题,总是迟到,她写的所有东西我们不得不重写。但是,本着诚信善意原则,我不能这样做。我认为,莫琳特别有才华,潜力非凡。雇用她,会是你做过的最明智的事情之一。你将会因此而青史留名。"

我想,他是被我举贤的力度有点惊到了。

"真的吗?"他说。

"阿瑟,在她身上,我找不到一点或大或小的人品问题。有一次,我修改她的稿件,她不喜欢我那种修改方法。但是,她来到我办公室,与我有理有据地讨论。到她离开时,实际上我认为她有一半以上是对的,也许远超一半是正确的。她非常容易合作共事,而且工作非常努力。阿瑟,她能够成长为一名超级明星。我不是开玩笑。"

他说:"好吧,汤姆,我想有这可能。我们就是要雇用莫琳·多德，并将她打造成一个明星。"

他们确实做到了。写这本书时，莫琳已经变成一位明星，现在仍然是。

美国媒体有一种特殊的道德义务，就是要言行一致。若做不到，则不配享受神圣的第一修正案的宪法保护。但是，必须得说，现在传媒行业女性所受压迫，比起许多其他行业可能少一些了。

现实中，在《时代》杂志女性绝不是个累赘。其实，只有当她们被忽视，甚或边缘化时，杂志往往才会招致严重麻烦。

最好不过的例子，就是阿里尔·沙龙（Ariel Sharon）提起的针对《时代》杂志的著名诽谤诉讼案。在写这本书的时候，沙龙当过以色列总理后，已经罹患中风，陷入昏迷。我在《时代》工作期间，他是政府内阁部长之一。

在可怕的1982年黎巴嫩战争中，基督教民兵武装进入阿拉伯难民营，屠杀很多居民。这次袭击，是为了报复先前对基督教民兵的攻击。这是一个恐怖的悲剧。

更糟糕的是，有指控说沙龙部长事前知道这次有计划的屠杀，实际上，或者是他同意的，或者是他故意忽视的。这个指控导致以色列政府的官方质询，焦点就是阿里尔·沙龙。该国防部长现在处于疑云笼罩之下。

《时代》杂志报道沙龙涉嫌卷入，与其说报道了指控，不如说更多报道了事实。作为回应，沙龙以所谓"血淋淋的诽谤"为由起诉杂志。该案在纽约法院进行审判,结果陪审团裁决说,《时代》杂志的报道如果不是不负责的,实际上也是马虎草率的。

当时我比较感兴趣的是,《时代》杂志的自大傲慢,不仅表现在审判期间,其行为就好像沙龙发起诉讼的事实只能证明他肯定就是一名战犯,而且表现在陪审团作出判决之后,判决指出,在杂志提出如此十恶不赦的指控的情况下,在追求绝对真相过程中,《时代》杂志表现得不够谨慎。在我看来,在这起著名的国际事件中,《时代》展现了两个值得注意的特征。

其一,杂志遭遇麻烦,主要是其刊登的指控,检查人员没有能够弄清并确定为确凿无误的事实。这是第一个问题。在此案例中,杂志高层编辑只是简单制定一个"无视策略",打了一个他们认为很重要并与杂志总体政治策略相一致的电话,于是此事就发生了。

其二,在过去,尤其是在亨利·卢斯初创杂志年代,反犹主义的做法已经损害了杂志的形象。这种双螺旋性质的遗产,《时代》从未完全摆脱。因此,对犹太人或以色列读者而言,对沙龙的指责,与其因强硬的反阿拉伯政策导致在美国许多界别都不受欢迎一样,似乎正好符合该杂志根深蒂固的偏见。

我自己的感觉是,如果说在20世纪80年代杂志确实还保留些反犹主义的话,那也是更多深深植根于《时代》管理者们的潜意识层面,而不是当下编辑们的思想中。当然,也没有一个高层编辑老枪曾经公开赞成反犹主义(更可能是种性别歧视话语,当时员工几乎全部是白人)。

无论如何,实际上,只有当杂志负责事实核查的研究人员被要求去喝一杯，哪儿凉快哪儿歇着，换一种角度观察，或者冷静、放松时，无视策略才能奏效。这种情况只会偶尔发生，但确实发生过。大部分情况下，无视策略是无害的。杂志可能有个真正有趣的故事要讲，该故事有点异想天开、无足轻重但轻松愉快、美味可口。因此，某编辑可能就这个故事对研究人员或事实核查人员说些诸如此类的话："嘿，这是个好玩的故事。让我们别把它检查死了！"每个人都会明白即将发生什么，然后照样学样，坦率地说，世界末日会降临吗？

然而，沙龙诽谤案是个更高等级的新闻重罪。实际上，《时代》已经在其坚如磐石的事实核查以及平衡报道系统上放水，目的在于符合与其先入之见一致的事实模式。

确实，当我十年后开始写国际事务专栏时，为了维持《时代》杂志水准的质量控制，我自己也付出了代价。我的专栏文章可能设想错误，抑或完全错误，但他们会努力在事实、日期或者事件顺序等方面绝不搞错。事实上，即便在今天，我的专栏文章付印前都要经过有关研究人员核查，使用的就是杂志历史悠久的红线检查系统，即在专栏文章所陈述事实下划上红线，以便和客观、可证实的信源进行比对确认。

在我看来，《时代》放水在职业道德上是错误的。更糟糕的是，在沙龙诉《时代》诽谤案审理期间，杂志高层管理当局缺乏悔悟，只能恶化我对这本杂志的感觉，尽管该杂志在许多方面还是颇令人尊敬的。

我没有直接控制权，更不用说这篇报道了。我可能还是在《新闻周刊》（Newsweek）工作比较好。但是，当我就要离开《时代》杂志时，在我离职聚会上发生的有些事，至少让我想起最高管理层由于诽谤案所经受的压力。然而,此后的压力更大。

我还得再说说另外一个非常个人化的观察。20世纪80年代初期,《时代》杂志的研究人员差不多都是女性,几乎在每个方面,聪明、忠诚、敬业的都是女人。那时,《时代》的所有高层编辑都是男人。我相信,也仅仅只是相信,如果高层编辑团队以及研究者团队的性别构成不是如此明显地存在性别歧视,并因此存在权力差异的话,沙龙的报道也许绝不会以诽谤的方式出现。当然,这种直觉和我的现实感知是相互矛盾的,现实中"女娃儿们"被不公平对待,即便她们是大有前途的作家。当然,自我在《时代》工作以后,该杂志在这方面已大有改进,正如我们大家所希望的那样。但是,很长一段时间,《时代》在对此问题的理解上,表现得迟缓愚钝,足以蒙羞。

如果你们要猜测,我唯一的孩子就是女孩。

优哉游哉过了几个月,似乎一切尚好。好任务分给我,有时我甚至表现卓越。

干新闻这一行,写标题是项特别且困难的艺术。几乎没有人掌握这项艺术,大部分人都渴求这项艺术。我自己综合编辑技能整体上不太平衡,似乎我没有平和的性情以及能力去让注意力集中于新闻报道的文字编辑等工作,就像持续不断、精确运行的机器那样。常常是这样,我开始阅读稿件,渐渐厌烦,迷迷糊糊睡着了,然后忘记了刚才读过的东西。今天,这种症状可能会被诊断为"注意力不足过动症"。也许,这就是我得的病。或者,也许是我在《时代》待了一年之后,开始感到厌倦。不是因为《时代》本质上就令人厌倦，而是因为汤姆太过容易变得厌倦，即使在《时代》如此棒的杂志。

有好几次高层编辑给我打电话，基本上是问我对某篇新闻到底做了什么。我不能告诉他我已经对此没有兴趣，注意力不能集中，或者正在看电视。这不是正确答案。通常，我只是结结巴巴地作出愚蠢回应。真相是，我可能一直在看电视。《时代》杂志的国内新闻部和国际新闻部往往下班很晚，我是说周六凌晨两三点钟！有时，我会待在那里等一篇晚来的稿件，眼睛盯着某物或电视上的什么东西。

如前所述，我的问题是，我自认为是十至十二小时奇才。也就是说，在半天时间内，我也许是个理智、有才的美国媒体人，但是十到十二个小时过后，我开始快速衰退。唉，周末每天工作十四到十八小时是常有的事，午夜之后某些主要决策才下来，是典型模式。换言之，杂志需要最大化之时，正是我工作能力最小化之时。在这种编辑部斯大林主义背后，有其疯狂的方法论和理论支撑，即认为应让杂志控制在尽可能少的人手里，太多厨子可能会做砸一锅肉汤。但是，我们这些"资深编辑"的荣誉和特权，当然是以呕心沥血、筋疲力尽为代价！

听说，我的前任有个不同的解决办法。他就是前克林顿政府副国务卿斯特罗布·塔尔博特（Strobe Talbott），在写作此书时任职华盛顿布鲁金斯学会（Brookings Institution）主任，马上就要出名。他的办法是，离开办公室一两个小时，到时代广场某电影院观看一部功夫电影。我太没有安全感，不能那样做，取而代之，我会在办公室里看电视，把自己锁扣在椅子上。

纽约有线电视在凌晨时分有档电视节目,叫《午夜深蓝》(*Midnight Blue*)。基本来说,该节目很烂,但比较先锋,是一档以性为主题的有线电视节目。节目里几乎每个人都不好看,都染有常见的皮肤病,节目本身也是差劲。然而,这个节目要比《今夜脱口秀》(*Tonight Show*)或一些重播节目要好得多,因为这个节目是新的、不同的、怪异的,以及低级趣味的。

也许,这个节目对我而言是更好些,但不是对每个人都如此。一天夜里,某个颇有才华的女作者怒气冲冲地走进来告诉我,观看这种电视节目是多么低级趣味,对部门里女性而言是多么无礼。我没想到会有人注意到这个事,或者没想到我的办公室收视习惯竟会成为一个公共问题。然而,我对冒犯任何人都感到尴尬和震惊。我关掉电视,再也没看那个节目,不论是在家里,还是在办公室。

由此对作为工作地点的办公室,我产生了一些思考。在职业生涯的某个点上,你可能会被提供一间私人办公室,并被告知该办公室属于你。真实情况是,这办公室不是你的(你只是暂时占用而已),也不私密(工作日数十同事进进出出,到处查看)。工作场所没有隐私,没有什么私人办公室。(只需问一下比尔·克林顿便知!)

还要指出,我以前在加州大学洛杉矶分校的办公室,看起来像为进口家具商店而打的广告。但是,当该办公室移交给我时,比原来模样好多了。

为了抗议努力工作的普通教授工资报酬过低,工作环境太差,办公室太破,补偿也一般,我把他们提供给我的所有单位家具统统运了出去,掏出刚刚邮寄过来的最新VISA卡,急匆匆去展开一场以改善办公环境为主题的购物狂欢。任务是创设一间赏心悦目的办公室,把工蜂似的艰苦而单调的生活转化成艺术家独特而有创意的生活。为了创造美,人们需要周遭环境美的挑战和启示。视办公室为美之洞穴,就是要远离视觉平庸。

在我职业生涯中,第一个很好的办公室可能要算在《纽约》杂志的时候。在那里,其实我没有私人办公室。每个人都被扔进牛栏风格的大房间里,就算总编辑有一间单独办公室,但只有普通办公室的三分之二大。四面墙十二英尺高度只砌到八英尺,也就是说进行私密谈话是困难的。但是,总编辑克莱要的就是这种效果。他想要让办公桌就在附近的最重要的高级编辑们,能听到他与作家、插图画家、摄影师,甚至后勤人员的谈话细节。

在《纽约》杂志社欢乐嘈杂的办公室里,我最喜欢的一张办公桌是迈克尔·克莱默(Michael Kramer)的。他是能量满满的市政厅记者,常春藤名校教育出身,他算得上B级电影中某个人物,说话快,思维更快。对那些旧报纸,他不扔掉,而是高高堆在办公桌上,直到他埋藏其中,旁人几乎看不见他。当被要求扔掉这些旧报纸时,他总会这样回答:"那我们的图书馆在哪里?"

我第一个真正意义上的办公室,是在《洛杉矶先驱考察者报》工作时拥有的。我当时坚持要一间私人办公室,但是,摇摇欲坠的报社大楼几乎没有什么办公室了,更没有带空调的办公室。吉姆·贝洛斯反应灵敏,慷慨同意将其比邻的会议室给我当办公室,我也毫不客气地当场接受了。

《时代》杂志社的办公室很优雅，像大公司那样的，但是没有个性，也不太私密。哥伦比亚广播公司（CBS）提供的大办公室非常华丽，面向公园，可以看到百老汇一个又一个剧院大门罩。随着时间流逝，位于纽约第三大道第四十八街的《新闻日报》大办公室，起码同样华丽，还带有作为商标收集者的前主人的一些小东西。下一站，我从前任安东尼·戴伊（Anthony Day）那里继承和装修了一间办公室，他是主持《洛杉矶时报》社论版多年的优雅而雄辩的思想家。

但是，直到我在加州大学洛杉矶分校工作时，我才真正取得对办公室的完全控制，并将其转变成属于我自己的办公书房。然而，有些管理者担心，这样的办公室是不是太温暖、太个人化了，甚至太诱惑人了。但我要在那里花太多时间，我可不管他们怎么想。我把这个办公书房变成了不是家的家，置身其间差不多有十五年。

总编辑雷·凯夫（Ray Cave）让我负责"出版者的话"板块，这是让每个编辑噩梦连连的活儿。后来者自然排位靠后，让我负责的这个杂志前面的半版内容，主要是鼓吹本杂志的"伟光正"。包括耶路撒冷分社如何搞定对阿拉法特的独家采访，或者华盛顿分社如何报道总统政治斗争的封面故事，或者如何任命一位新编辑等。

"出版者的话"有个问题，就是要描绘和评论《时代》杂志员工的集体人格。想想都好笑：这里是高尚的职业记者，他们围猎政治家和其他公共人物，不时加以中伤诽谤，其实都是为稻粱谋。然而，当鞋子穿在另一只脚上，那情况迥然不同，更何况他们甚至拥有鞋店！如果极轻微的编辑细节让人想起的不是英雄和圣徒，他们就会像婴儿般嚎哭不止。

一个工作单位的新人，总会分到一些别人不愿干的活儿，这是进入该群体必须付出的代价。然后，当下一个新战士来报到，你就可以向上升一级，摆脱那些低端琐事。

此外，雷·凯夫努力对我这个"局外人"好。这让我兴高采烈，因为我寻求完全融入这个新家庭。首先，他要求我创设一个名为"电脑"的新栏目。

在准备搞新东西的时候，通常我会特别卖力，接受一套简单指示，独自出发，脑袋里翻腾着各种选项，让创造性思想慢慢成熟，然后产生一个方案。当创新是主要目标，但保护后方又是压倒一切的隐蔽议程时，不得不与一个委员会共事，只会增加创造的负担。当追求独特性成为目的时，因为怕低劣平庸观点污染空气，就耐心地允许其长久发酵，这会把事情引到错误方向，走上南辕北辙的歧途。

嗯，这是不是相当令人讨厌？我知道，但这就是我的真实想法，只有如此我方能工作得最好。

啊，如果《时代》杂志不是大型委员会，则什么都不是，但那时它有个巨大的例外，那就是雷·凯夫的存在。凯夫是个独裁主义者，管理着一个高效率的单位。他的父亲是个军人，当然有其父必有其子。他通常需要我们回答的是"好的"，语调近似于军队语言"是，长官"。

当独裁得非常厉害时，如这位总编似的，你有可能与他或她一起工作得很好。你只要快速、精准和正确即可。你不能松劲，你得干活，如果你满足独裁者的标准，你就能够生存下来,甚至能够发达起来。我喜欢和他一起工作,因为他决策快(通常也是正确的),对每个人都是直来直去的(有时这样也让人痛苦),并且没有厚此薄彼。他没有像我以前某老板那样,邀请某几个偏爱的编辑去他东汉普顿(East Hamptons)的乡间别墅度周末,而让另外一些人受冷落(对未被邀请者来说是非常令人泄气的)。他让私生活只属于自己,这样对每个人同等公平,有时接近于吝啬,但绝无恶意。

他的两个主要特点,对杂志和员工具有很大价值。一是他极其果断,对一家周刊或日报来讲,助益巨大。而对比较从容的月刊编辑或书籍编辑来讲,就不太必要。

另外一点就是他具有真正摄影师的眼光。在他成为《时代》杂志总编辑以前,他曾多年担任《体育画报》(*Sports Illustrated*)那位具有传奇色彩老总的二把手。每逢星期五,我们会聚集在总编的会议室,仔细审看精选出来的作品。这些展览出来的照片,由高层编辑亲自挑选,然后才能在杂志上登出。

对于亨利·A.格伦沃尔德来说,照片通常是个问题和障碍,因为它减少了可用来讲故事的文字数量。但是,对凯夫而言,照片是打开读者想象的关键钥匙。格伦沃尔德要确保的是,《时代》应保持较高的文学和智力水准,但凯夫把这本新闻周刊打造成20世纪极富视觉吸引力的杂志。还是马歇尔·麦克卢汉(Marshall McLuhan)说得好:"只有栩栩如生的电视媒介才能变成大众媒体之王,而不是印刷文字。"

甚至今天,我都没有完全弄明白其中缘由,但可以说,随着《时代》继续出版，我的编辑技能似乎变得越来越差。我变得越来越厌倦，注意力涣散，热情无处投放，开始变得漫不经心。这个过程持续了大约二十个月。很多周，我每天工作时间都在二十个小时。

毫无疑问，我的编辑能力在弱化，但我就是不明白为什么。至少可以说，这令人困惑，也让我非常困扰。在前几个月，好几次我真想走进总编办公室去坦白这种挫败感。但我没有，我还是坚持相信只是时间问题，过去那种全盛状态会回来。然而，由于多种原因，那种状态再也没回来，尽管我拼命作出各种各样的努力！

我以谨慎的方式跟我妻子安德烈娅说了这个问题。她一直在《人物》（People）杂志做研究员，该杂志就位于我所工作的《时代》总部上面几层。她很聪明，但也不喜欢那份工作。跟我情况类似，她说上司是第一流的，差不多所有同事也是如此。

安德烈娅毕业于伯克利和南加州大学安能伯格学院，六至十三岁住在好莱坞，是个颇受青睐的小明星。那段时间，她遇到过很多传奇性的明星大腕和历史人物，然而，除个别例外，如芭芭拉·斯坦威克（Barbara Stanwyck）、罗德·瑟林（Rod Serling）、阿尔弗雷德·希区柯克（Alfred Hitchcock）、比尔·考斯比（Bill Cosby）等，对她影响最大的还是环境。她看过太多银幕下的所谓"明星"，所以对名利场的物质主义文化并不感冒。然而，《人物》杂志实际上是兜售这些人的每周新闻稿，最终，这愚蠢的一切让她难以忍受。另外一个问题是，这种每周出版的名人杂志，其非人的编辑流程非常磨人。

最后，《人物》截稿于每周中间，那时她才能回家，精疲力竭，身心掏空，外加对愚蠢的明星崇拜的愤怒。与之相比，《时代》截稿于周末，到那时我已变成筋疲力尽的水母。因此，我们作息时间重合甚少。

婚姻困难似乎越来越凸显。不久，安德烈娅辞去工作，当起自由作家，写了一本深受好评的《可爱宝贝》(Pretty Babies)，是关于美国童星的纪实类书籍。《综艺》(Variety) 杂志表扬该书为当时所写的最好的一本，现在仍然是最好的。

安德烈娅对我的情况表示同情。她明白，我再也不能在组织严密的结构里保持放松，以展示自己最好的东西。她明白，我已经高估自己的多才多艺，让膨胀的自我战胜恰当的谦逊。

然而，我绝没有想到，《时代》杂志会逐渐得出结论，我没有什么用处了。与此同时，我也慢慢认识到，我不是他们需要的那种人。

一天，我在洛克菲勒中心时代-生活大厦第二十五层办公室的电话响了。

"你能到我这里来一趟吗？"

是那位声称"女娃"不适合写封面报道的总编的声音。两年前我工作面试时，也是这个声音提出："你认为你能挽救一个封面报道？"

当时，我理性回答说："我不确定，但总能找到解决办法，不是吗？"

他办公室的门开着，他打手势让我进来。我走过他面前时，他朝秘书锐利地看了一眼，好像在暗示他不希望被打扰。

他邀请我坐下，但我还是站着。

那位总编端坐在办公桌后面，眼睛盯着令人惊奇但往往又冰冷的曼哈顿天际线。然后，他发出一声深深的、加长的叹息。"汤姆，我很抱歉，现在不行了。"

我的心在往下沉。我的自尊掉落到二十四层洛克菲勒中心大厦下面，摔得粉碎。

"我们努力过，"他说，"我们真的想能行。真的想。相信我，我们真的想能行……但是……还是行不通。"

他好像很痛苦的样子，尖锐地叹气。我努力使自己保持镇定。

"你待在这里，肯定也感到很沮丧，"他说，"你很精明，有一百万个主意，可能我们一个都不能实现。在这里做个编辑，对你是英雄无用武之地。"

"你们要我什么时候离开？"

"随你。什么时候都行。嗨，如果你愿意，不妨调到作家那边试试，也许能行。"

然而，这个邀请看起来，嗯，没有什么热情。如果杂志社对我的前途基本上、也许相当悲观的话，那么每天工作二十个小时，当作家还是当编辑，似乎都没有意义。

我回到自己办公室，关上门，拧上锁，坐在办公桌后，目光投向窗外的天际线。看起来，天际线比平常更加寒冷。

我哭了，尽可能小声。我不想让任何人听到。毕竟，没有真正的私人办公室这种东西。

当你决定离开，或他们决定你应当离开，你应该尽快在两便之时离开。拖延毫无意义。

事实上,我也许知道这样的事情会来。确实,甚至在我杀回纽约之前,我就得到警告,这个工作对我而言可能是不太理想的。就在我和安德烈娅即将去往纽约前,《普拉达》(Parade)杂志的老编辑、已故的斯基普·希勒(Skip Shearer),曾殷勤地为我们举办了一场告别晚餐聚会。

斯基普俩儿子科迪和德莱克·希勒(Cody and Derek Shearer)也来了,德莱克的妻子露丝(Ruth)和其好朋友斯特罗布·塔尔博特也来到现场。我不知道斯特罗布当时在《时代》的华盛顿分社工作,他曾经在我要去填充的岗位上工作过,即国内新闻部的高级编辑。

我一直喜欢斯特罗布,既喜欢他的直率,也喜欢他婉转细腻的技巧。他在《时代》曾被寄予厚望,前途光明,但他还是选择比《时代》更大的事业。

"汤姆,你绝对会讨厌那个工作的。我很了解你,"斯特罗布说,"你是个非常棒的编辑,但是,从心理层面看,你干不了那个活儿,只是坐在那儿,一个小时又一个小时地坐在那儿。我了解你,那会让你发疯。时间会显得特别漫长,又非常官僚化,不适合你。"

然而,遗传自祖父的狂妄自大,使我在基因层面就缺乏自知之明。不管怎么样,我还是接受了那个工作,听从命运的安排,前往纽约。

但是,我应当听取斯特罗布的意见。他是非常聪明的人,实际上也是个富有爱心的人。

在我心里，斯特罗布在《时代》及此后的成功故事，来源于其令人目眩的过人智力，这种智力证明了一个规则，即太多占据媒体决策层高位的新闻人，文化程度都不高。他们聪明，努力，大都很诚实，但他们没有获得必备的、满足工作需要的职业教育水平。

我还记得与《时代》高层编辑们所开的那些封面报道会议，比如，讨论要不要做关于美联储货币政策的封面报道。当时美联储的主席是保罗·沃尔克（Paul Volcker）。

在前两次会上，我相当安静，编辑们脱口而出的术语，诸如"最惠利率"（prime rate）、"美联储贴现率"（Fed discount rate），让我对他们的聪明和口才顿生敬畏。但是，到第三次会议，我开始怀疑这里是不是缺少点深度知识，而不是说起来好听。因此，在讨论间歇，我讲了一个"收益曲线"（yield curve）的笑话，但没有一个人听得懂。我提出一个问题，即美联储洛杉矶分行利用"边际分析"（marginal analysis）作出的令人震惊的政策点，与美联储华盛顿分行所做的是否有矛盾冲突，几乎没有人明白我在说什么。原因是，我在伍德罗·威尔逊学院上过研究生水平的经济学课程（巨人沃尔克乃恶性通货膨胀的奇才驯服手，就是该学院的本科毕业生），尽管经济学教授没有给A评分（该课程是我最弱的科目，太讨厌了），但我确实修了这门课，而且确实通过，至少掌握了些基本知识。这让我成了经济学的半文盲，但至少还能起点作用。

按不才愚见，正经的新闻人，诸如高级新闻杂志编辑、社论版编辑、晚间新闻主持人、公共广播新闻记者等新闻媒体人,不管他们是否上过新闻学院,至少应该从好的公共政策学院、国际关系学院或某些经济学课程取得像点样的硕士学位。现在,全球问题变得越来越复杂,已不允许我们新闻记者的教育程度仍然那么差。

在《时代》的工作经历,变化多么快!刚开始几个月,一切看起来毫不费力,但到第二年,我就开始要溺亡了。

甚至在我被告知"不行"之前,我已经开始悄悄寻找一份新工作。一定程度上,在纽约这个印刷媒体泛滥的城市,这样做不是太难。秘密地(我错误以为),我在和哥伦比亚广播公司(CBS)谈,当时他们在夸示一个羽毛渐丰的杂志分部;和《纽约时报》在谈;和曼哈顿公司(Manhattan Inc.)的创建人在谈,他们计划在一年之内发行一本月刊。

在曼哈顿联系紧密的印刷媒体小圈子里,流传着各种能获得良好补偿的职业方面的小道传闻,想要保密是难以达到的。我现在回过头来想,《时代》高层总编也许早就听到这些人事变更传闻。也许,他们不喜欢这些闲言碎语。也许,哪怕是对职业前景并不看好的雇员,他们也期待完全的忠诚。反正,我现在所能告诉诸君的是,一旦你在目前置身的组织之外商谈新工作,被发现那只是个时间问题。现实生活几乎没有秘密。

当然,每个组织都坚持拥有雇员的忠诚,每个组织都有独特的自我。该组织想要征服你,若你一旦被征服,它可能就失去在你身上投入的兴趣。在当下公司购并和"劳动力流动"(这两个词的意思是,全面收购和解雇下岗)的时代,对于组织忠诚度的要求,正如谚语所云,要抱持半信半疑、有所保留的态度，这样看起来才是明智的。

《纽约时报》真的想雇用我，但按照其习惯性方式，进展很慢。哥伦比亚广播公司即刻就需要一个总编辑，因为原来总编已经接受《智族》（GQ）杂志的最高职位，那是一本男性月刊，由一家著名的美国媒体公司拥有。曼哈顿公司向我提供的是创始总编的职位，在当时纽约年薪不菲（十万美元），但是由于一些原因，业主让我感到有点紧张。我开始担心（也许是不公平地），他是真想自己来运作这本杂志。当然，因为他投钱到杂志，那是他的权利。但是，我知道，我是那种给我越大操作空间、我工作得越好的人，而不是相反。也许，说到底，我不是那本杂志最好的总编。事实上，尽管那个职位正式提供给我，但最后是一个颇受好评的年轻新闻人简·阿默斯特丹（Jane Amsterdam）就任那个职位。天哪，她真引人赞叹！

换工作时，你必须非常小心，要比我小心。也许，我应当耐心等待《纽约时报》通过，因为当时其二号人物阿瑟·盖尔布说会通过。我尊重《纽约时报》，喜欢盖尔布，他是有点神经质但却富有成效的总编，他知道如何把事情做完，同时又让你感到快乐。

在找新工作的谈判中，有耐心总是一种美德，但是，在与客观计算的较量中，感情常常占据上风。一个工作岗位的价值，不仅在于金钱补偿，而且在于其所给予的自由及上级的人品。当哥伦比亚广播公司第一次打电话过来问我是否能过去，我对其印象是和《时代》差不多的，成功、强势，但也许更像个工厂，而不是家庭。碰巧，其高层空缺岗位是《家庭周刊》

(*Family Weekly*)的总编辑,该刊是一种周日增刊,后来改名为《美国周末》(*USA Weekend*)。这不是《时代》,但所提供的工作是最高职位。

每个雄心勃勃的记者,在其人生某个阶段,那种权衡取舍的决策不可避免会突然出现:是在二流的单位当头儿,还是待在原来一流的组织里。正如我在写给同事谢尔比·科菲信中所说:"《家庭周刊》可能更像是一艘漏水的波士顿捕鲸船,而不是超现代豪华游轮,但是至少我就要在自己船上当船长了。"谢尔比当时在《华盛顿邮报》,后变成《洛杉矶时报》总编辑,这样,有一天就成了我的顶头上司。

谢尔比后来告诉我,我的信在他心里引起共鸣。他大部分成年生活都是在为《华盛顿邮报》工作中度过,希望能够接替本杰明·布拉德利当总编辑,然后他突然开始怀疑这件事是否会发生。因此,当时代-镜报集团抛来绣球,提供先是在达拉斯、后是在洛杉矶的报纸高层职位时,他就开始思考:那么,你想不想当一名船长?如果你决定等待《纽约时报》为你的抱负打开天国之门,那你得准备好打一场持久战。

对于我们这些缺乏上述耐心的人,也可以说我们是些功能性注意力不足过动症患者(大部分记者都是如此),我们寻找的只是不错的当高层编辑的机会,然后我们会尽可能客观地加以比较权衡,再然后……让侏儒转页!

《时代》没有急吼吼地把我赶到街上。事实上,凯夫本人不好意思亲口对我说出那个坏消息。当度假归来,他向我保证,只要我能找到好的下家,过渡时间需要多长就多长。

对于一个你并非生于斯且也不完美适合的组织来讲，你不能再要求更多了。只说我被错放在貌似好听的文字编辑岗位，在某种意义上，他们是在帮我忙。好吧，也许那个岗位不只是如此，但总体上也差不多。

假如我对外适销性比较差的话，人家组织可能还会为我找点别的事做。他们知道，从洛杉矶横跨美国大陆而来，对于一个家庭来讲是个不容易的决定。正如执行总编雷·凯夫在我被另一位高层总编告知"不行"以后所说，他们"没有把我扔到街上"。雷这么说可能有点生硬，但说到底，他是个极富爱心、敏感体贴之人。即便在我离开《时代》去了哥伦比亚广播公司以后，我们还好几次快乐地共进午餐。他是个好人。

同样，当我能够告诉《时代》，我已经接受《家庭周刊》的职位，在他们允许的前提下尽快离开时，我收到了一张善意、体贴的便笺，来自当时《时代》集团公司总编辑亨利·A.格伦沃尔德：

亲爱的汤姆：
我们很幸运和你一起共事。祝你在新的岗位好运。关于你自己，请记住这句话：岗位越大，你会干得越好。
真诚的，HAG

"岗位越大，你会干得越好。"这是来自一个媒体智者的忠告。我们所有人的DNA都是不一样的。我已故的岳父是个聪明人，直到其生命终点都是个马克思主义者，他只能在一个狭窄空间内，带着清晰如蓝图的责任，才能把工作做好。

这不是我的工作方式，或许也不是你的工作方式。当我们要求自己全知全能时，我们是让自己生活更加困难，因为没有一个人是全知全能、包打天下的。这种自加压力是自我摧毁。一个人没有必要为了成功而包打天下。我希望你们不要学习这种笨办法，让自己伤心。

我之所以能给自己在《新闻日报》的表现打个"A"的评分，是因为戴夫·拉文索尔懂得，组织给予怪人汤姆的空间越大，其表现水平越高。我接到社论版这个球，并被告知"拿去自己玩"。

在《纽约》杂志，我给自己评分为"B"，主要因为我神经质的情绪状态，让我与克莱不能友好相处，克莱本人也有点不成熟（当然极有才能）。

在《洛杉矶先驱考察者报》，我与吉姆·贝洛斯和唐·佛斯特共事，我的分数可能是个"A"。部分原因是他们非常了解我，给我巨大的发挥空间；另一部分原因是，我来之前的社论版太差了，我不可能弄得更糟糕。

我在《时代》的分数最多能评个"B-"，奔着"A"去努力，实际表现最多算个"C"。因为我从未成功地滑出机库，所以我不能加到足够速度以执行起飞这个动作。

同样，我被吸引到《家庭周刊》工作，不是因为其威望和声誉（尽管隶属于哥伦比亚广播公司，但它没有多少声誉），而是因为任何组织最大岗位就是其一把手的位置。

身处那个岗位，你就像独自一人高空走钢丝，表现好或坏，都由你（以及命运与环境）负责与承担。正如飞人瓦伦达兄弟（Walenda brothers）回顾在著名的巴纳姆-贝利马戏团（Barnum and Bailey）的高空走钢丝表演时所说："真正的人生从你走上高高的钢索开始，其余一切无非是在等待那个时刻。"

抛开我的许多缺点不说，在我看来，《时代》的问题是工作需要太多的等待，就像一个被动的"接受器"。如果每隔五秒钟就有球投过来，我并不介意在棒球队里做一个接球手。然而，在我人生这一刻，慢动作回放似的生活，需要的更多是自制、耐心以及内心宁静。

当然，这三种素质我都没有。

我还记得在《时代》的最后一个周五。大概是在凌晨一点或两点的样子（并非不寻常），我正忙着最后一篇稿件，就要结束手头的工作。通常，我会走出位于时代-生活大厦二十五层的办公室，在深夜这个时间，我更像是在梦游，把高层编辑已审阅批准的最后一篇稿子丢给下一环节处理。华盛顿分社的稿子通常先结束，部分原因是有些记者想要出去喝酒，当然另外的原因是该分社和曼哈顿总部处于同一时区。记者签字最晚的（所有稿件都要由发出该稿件的记者核对事实准确性和用词恰当性）是西海岸，他们生活时间要早三个小时，所以我们不得不多等他们三个小时。

作为国内新闻部的二号人物，我必须等候西海岸记者的"评论和更正"，他们称之为"C and C's"（即"comments and corrections"）。你们知道，我是多么喜欢等待！我开始形成对西部一切东西出于本能的憎恨！

尽管这是我在《时代》的最后一天，我所想要做的就是跑出这栋大楼，直奔哥伦比亚广播公司，在那里我将会有一个更大的办公室,更高的薪水,但没有需要报告的顶头上司,然而,不礼貌而随便唐突地离开,不是我的方式。如果我能够给《新闻日报》和戴夫·拉文索尔六周的过渡期,那么,我就能在周五之夜多给《时代》六个小时,如果这是漂亮地完成工作所需要的。

当我在接近午夜时丢下最后一篇稿件,我永远不会忘记那天夜里《时代》高层总编脸上的表情。我斜倚在稿件入口斜槽边的柜台上,给报道安了个新标题。我没有看见当时《时代》高层总编詹孙(Jason),实际上是他建议我离开,那时他正越过我的肩膀在看。他读了我新拟的标题,看着我微笑。"很好,"他说。

在我到CBS任职几天之后,《时代》为我在著名的"21"餐馆举行了一场很棒的告别聚会。编辑们租了个私人房间,带开放式酒吧的那种。最难忘的时刻,发生在接近尾声、互相敬酒的时候。

《时代》一位受人尊敬的作家努力站起来,费了好大劲儿,最终摇摇晃晃地成功站在了看不见的平衡木上。"我只想说,"他开始其简略的讲话,"我在《时代》这些年来,关于一篇报道的伦理意蕴会和我谈超过五秒钟的唯一高级编辑,就是汤姆·普雷特。他是唯一。"然后,当他努力举起手来敬酒时,他倒了下去。几个醉酒比较轻的编辑,在他刚要撞到地板之前,抓住了他。在喝酒聚会上,有一次我不是第一个倒地的,真好!

或许到现在,《时代》杂志仍然是美国最著名、最有影响力的周刊,在许多方面为美国新闻界树立了标准。在20世纪80

年代中期，当时三十多岁的我能在该刊就职资深编辑，算是较高职位的擢升。同时，在《时代》工作，是把自己放在极其不寻常和复杂的职业环境中。该杂志是我曾经工作过的最奇怪，也是最奇妙的一个单位。

请记住，让一个外来者到《时代》当资深编辑，这在当时是有点不寻常，因为该杂志过去是宁愿从自己人里逐步提拔干部也不会请外人来的。一些成功的大型机构经常自我欺骗地认为，通过引进外来新鲜血液，会使他们从中受益。这是不符合常理的。输血很少起作用，因为事实上，成功的机构特别擅长于抵制变革，部分原因是他们已经用自己的方式做事很长时间了，并取得极大成功。但是，让某些外人进来，看看会发生什么，也是很有趣的事。该机构不会损失什么。如果试验成功，表明该组织善于变革，如果试验不成功，证明该单位已经足够好，不需要变革。在我心里，我已尽我所能，正常发挥了。

也许，这就是他们为什么会在"21"告别聚会上不惜破费的原因吧。

与你进入的大型机构打交道，是不能掉以轻心的。他们会说希望从内部改革，但他们这样说的意思是，他们不会把改革控制权放弃给任何非内部人。如果你愿意，可以与这种机构"宗教"作斗争，但是，除非你本人是教皇，否则，该机构会在你取得太多胜利之前消灭你。忽略这个真理，一切后果自负！

第六章
在CBS的日子：我希望打屁股再度流行
（1983—1986）

我作为《家庭周刊》总编，上任第一天特别令人激动。先是礼节性拜访了发行人帕特里克·林斯基（Patrick Linskey），然后去CBS集团办公室礼节性拜访某位执行总裁。

在这位总裁宽大办公室套间的前面，是个等待区，我就在那里等候。但是，已经有人排在我前面，她可能也在等候。她说，她已经等了半个小时了，是来参加工作面试的，但没有人出来跟她打招呼，尽管她感觉办公室里面有人。

她应该二十多岁，看起来像《大都会》（*Cosmopolitan*）杂志的封面模特，从我眼光看来，她的外表没有任何缺陷。如果CBS大总裁想要的是一个带有阿拉巴马口音的华丽模特，我想说她会被雇用。

我建议她先敲下门，然后走进去。我了解那个伙计，他绝不是个一本正经的人。拘泥繁文缛节不是他的风格。相反，他是个逍遥自在的家伙，像船上的赌徒。我低声告诉她，他特别好玩，极其时髦，尤其在公司氛围下。

在我的鼓励和加油下，她敲门，推开门。"某某先生，"她有点大声地叫着，是那种类似于阿拉巴马之星耳语似的性感尖叫声。

那扇门很快地洞开，超出我们预料。我们俩只看见那位总裁的下半身以及后背，很明显，他没穿衣服，还看见两条女性的腿缠绕在他背上，以一种人人皆知的激情幽会的姿势。

他抬起头，透过肩膀，看到阿拉巴马小姐（幸运的是，他看不见我）。"哦，对不起，让你久等，"他说，"你能再等十或十五分钟吗？不会太久。"

天哪，过去我居然喜欢过这样子的人！

如同在CBS工作的许多女性那样。

好，到了。我们成功到达船长的甲板。我们终于是头号人物了。那么，当头儿的滋味如何呢？

首先让我给你们讲讲有利的一面，并且还挺多。

最搞笑的，当然是一个好莱坞经纪人想把黛米·摩尔（Demi Moore）弄上《家庭周刊》的封面。尽管不是《人物》杂志，但实际上《家庭周刊》的发行量要大得多。作为全国三百多家报纸的星期天增刊，其理论发行量超过三千万份，而《人物》发行量少于其三分之一。因此，对一位老明星拍新电影，或者一个新明星寻求更大曝光率，登陆《家庭周刊》或《普拉达》的封面，是个很重要的大买卖。

"我能安排你和她一起吃午饭。她是那么性感！"好莱坞经纪人热情地说，其说话风格非常狂热。

"再问一下，她叫什么名字？"我问。最近，我们让哈里森·福特（Harrison Ford）上了封面，他正在推广其新电影。我们手里还有黛安·琳恩（Diane Lane）很好的素材，我认为她是个真正的女演员。

"黛米·摩尔,"经纪人说,带着强调的重音。

"黛米,听起来好奇怪的名字,"我说。我忍不住想笑。上大学时,我好朋友的女友名叫"西格妮"。当她第一次报出这个名字,我大声笑了出来。"用这样古怪的名字,"我带着普林斯顿腔调喊道,"你绝不会有出息。"但是,这位来自莎拉·劳伦斯学院(Sarah Lawrence College)的姑娘,非常自信。"我会成为著名的好莱坞女星,"西格妮·韦弗(Sigourney Weaver)坚定地回答。

"别提那名字了。她在电影《里约的错》(*Blame it on Rio*)中的表演取得很大成功,"经纪人说。

"没错,就是那个没有奶子的。她用头发盖住了,对吧?"停顿。"她后来又露出来了。"

"那很好。"

"你可以看到奶子……晚饭之后。"

现在从午饭变成了晚饭。我决定还是用黛安·琳恩。我至今认为她是个比较好的女演员,不是吗?然而,在新闻记者和娱乐世界之间,需要一条坚实的分界线,这是我毫不怀疑的。太多时候,这条分界线差不多总会被性和金钱所败坏。

那么,这是什么新闻吗?

这就是在拥有巨大发行量的杂志当总编的滋味。该杂志不是《外交事务》(*Foreign Affairs*),不是《时代》周刊,也不是《新闻周刊》,却是实实在在的某种东西,我很高兴,也很幸运有这份工作。如果在某个时候,你确实要进入新闻业,你肯定想成为一艘船的船长,不管这艘船是小舢板还是豪华邮轮。

在市场上存活一段时间的每份出版物,都会给其总编提供某种杠杆,尽管这种杠杆因出版物而异。对于新闻杂志而言,该杠杆就是公信力。我记得,野心勃勃的著名参议员厄内斯特·豪林斯(Ernest Hollings)在《时代》周刊举办的午餐会上,被亨利·格伦沃尔德问到过,什么样的事能快速启动他的总统竞选运动。这位南方政治家用简洁而强调的语气,快速回答道:"登上《时代》封面。"

不错,《家庭周刊》不能向任何人提供这种公信力,但是巨大的发行量可以。在美国,《家庭周刊》的巨大发行量,不输于任何杂志,仅排在《读者文摘》(Readers' Digest)和《普拉达》(Parade)之后。有如此大发行量,我琢磨也许能够撬动某些事情。于是,我尝试上九天揽月。那是在1984年,罗纳德·里根正在谋求总统连任,与卡特的前副总统沃尔特·蒙代尔(Walter Mondale)展开竞选。我向两边阵营提出一单交易:一场独家采访,换取连续数周他们照片登上一家总体看没有争议的杂志的封面,这本杂志将会在每个周末放到一千三百万个家庭的咖啡桌上,预计读者总数达到三千万左右(每个家庭平均两个半读者)。有谁不喜欢吗?

好,我还在等待蒙代尔阵营(该阵营在里根连选团队的碾压下,几乎输掉了每一个州)的消息时,白宫方面回复了。两周之内,里根总统的操盘手们就接受了这单交易:一场封面报道的采访。两周过后,我来到椭圆形办公室,只有我自己,带着一台磁带录音机,独自面对美国总统,西方世界的领导者,前B级电影的演员,以及前加州州长。哦,还有两名白宫幕僚不显眼地站在一边,暗自祈祷这位"吉佩尔"不要说出什么太……乱七八糟的东西来。

事实上，白宫工作人员坚持采访时间不超过二十分钟，要问的问题应提前呈报。对这两个条件，我很不乐意，但无论如何还是接受了，因为提供给我的是在椭圆形办公室对美国总统一对一的采访，如此机会是极为罕见的。

我的好朋友莱丝莉·斯塔尔，就是嫁给艾伦·莱瑟姆的那位，曾多年担任CBS驻白宫记者，她一次都没有得到过跟任何总统进行一对一采访的机会。即便《时代》有这样白宫采访的机会，五六个高层编辑将会被塞进大型豪华轿车，组成一个团队实施采访，多么郑重其事。然而，某个周四下午四点钟，我的采访只有我、磁带录音机以及半打准备好的问题。

事先，我已告知白宫工作人员，我担心总统可能会跑题，比如说到第三个问题，二十分钟一晃就完了，我就不得不接受只有可怜的三个问题长度的"封面报道"，而这个"封面报道"是真的需要对总统照片上封面作出合理证明的。里根的工作人员马上承诺，他们会要求总统回答问题足够简洁，以便让所有六个话题全部得到报道，使最终作品看起来不会那么单薄。

他们只有一个要求：采访问题必须聚焦国内、社会和家庭等方面。我答复说，想一想我们杂志的名字，以及我们杂志进入的是超过一千三百万个家庭的事实，更不必说这些家庭往往集中在内陆心脏地带、阳光地带（美国南部地区）以及美国中部地区，而不是沿海地区。啊，对，我可以满足那样的要求，不需要出卖自己的灵魂。

当然，我也向前副总统沃尔特·蒙代尔提交了相同的问题单（我在等待其回复）。

走进椭圆形办公室采访美国总统，不同于走进机动车管理局去办理执照更新。白宫的历史、氛围等一切都是让人心生敬畏的。

学生们经常问我，采访重要人物时，我是否感到紧张。我回答说:"从不紧张，只有一次例外，就是那次在白宫采访里根。"不是因为里根是阿尔伯特·爱因斯坦式人物，我感到智力上难以胜任当下任务，或者里根具有冷漠孤傲、令人生畏的个性，而是当你走进椭圆形办公室，那里是约翰·肯尼迪和艾森豪威尔工作过的地方，是林登·约翰逊酿成大错的地方，是尼克松阴谋筹划之地，是卡特应对各种棘手麻烦而焦头烂额之地，你会感到那个地方的肃穆氛围，会有一点害怕，但置身其中更是一种莫大荣誉，令人为之万分激动。

那天下午发生了我意想不到的事情。第一件事，起先里根虽然有点跟不上趟儿，甚至有点冷漠，但几分钟之内就变得活跃起来。然后，他把那群乱哄哄的摄影师赶出房间，他们有四十二秒钟的拍照时间，并要求我的艺术总监再多拍几张照片之后离开，做好准备开始谈话。

我也感到惊奇，总统的谈话节奏掌控得如此之好，也许是材料掌握得充分，他能如此高效、轻松活泼地快速回答那六个问题。很快，二十分钟的提示就出现了。我怎么办？说非常感谢，总统先生，我现在得离开去上网球课？不，不，不……只要总统还在房间里，我就得待在那里，继续不断提出问题，直到有人拽着耳朵让你离开。

问题是，我准备的问题已经问完了，意味着这是另一个"让侏儒转页"的奇妙时刻！我抬头看天花板、墙壁、椭圆形办公室的家具，绞尽脑汁、搜肠刮肚地寻找异乎寻常的问题，感谢上帝，我找到了。我成功地提出了一些问题，诸如："总统先生，我读到过，你女儿帕蒂·戴维斯（Patti Davis）建议，一对男女朋友在实际结婚之前，应当先住在一起。我想知道，作为她的父亲，你对这种结婚方法怎么看？"

以惊人速度回来的，是纯正的"吉佩尔"："呃，我很难过，现在打屁股不再时兴了！"就这样，又过了十五分钟。我负责提供有料而肆无忌惮的各种社会类问题（比如学校里的祷告等），总统负责给每个问题做出精彩绝伦的回答。显然，他非常享受此时畅所欲言的状态，我们又到了四十分钟提示。斜倚在门口的助理走出来叫停采访："总统先生，我们搞得有点迟了。"里根得到暗示，站起来，握手，表达祝福。"我很享受这次采访，"他说。

我漫步走出椭圆形办公室，感觉像中了普利策大奖。毕竟，我刚刚与美国总统进行了一问一答的独家采访，所有东西都在磁带上，磁带录音机在我手里。真的吗？我低头看着磁带录音机，一定是我的脸瞬间变得煞白或者怎么样了，因为白宫助理问我是不是身体感觉不舒服。我这样回答："你有枪借我用一下吗？"他吃惊地看着我，建议我在曾经受过枪击的总统附近，不应当使用"枪"这个字眼。我说："不，是为我准备的，我想给自己一枪。"我给他看磁带录音机，暂停的按钮已经被摁下。磁带上什么东西都没有。

那位助理看到了问题，大笑。他说："不用担心，我们进行了全程录音。"什么？在椭圆形办公室秘密录音！现在我想，我得到了一个甚至更好的报道素材，然而事实是，如果你看采访的官方照片，就会看到一束电线公开缠绕在我们椅子周围，显然有不少电子仪器在工作。因此，我对自己说，闭嘴吧，人家在救你的难。

然后，他说："录音副本你何时需要？"我回答："我应当很快就会得到蒙代尔阵营的消息，因此……"那位助理插话问："你回纽约的航班是几点？""今天晚上八点，"我回答。"好，我们到时会把副本送给你。你需要几个副本？"

我不敢相信，一个四十分钟的采访能被完整无误地打印出来，包装好，并送到机场！但是，当我在机场快步走向纽约航班登机口时，总统的警卫来了，他们身着大衣，戴着墨镜，耳朵上挂着像小昆虫似的有趣装备及电线："是普雷特先生吗？"

我点头。"这是美国总统给你的。"我在飞机上打开包裹，里边是两份打印好的采访文字稿，一份磁带原件，还有一张签名的总统相片。现在回过头来看，我意识到，里根两届总统任期政治上的相对成功，其主要因素在于他工作班底的高效和能干。嘿，卡特任内可能不会有采访，克林顿任内可能会没有磁带！

一周之后，我接到白宫工作人员打来的电话，想知道我认为那些问题回答得如何。"很棒的采访，"我说。"封面照片出来效果怎么样？""说实话，"我回答，"不太理想。"摄影师是我的艺术总监，他央求我让他来拍这个封面照片。愚蠢的是（是否因为我是个好人，或者是个容易被说服的人，还是两者兼有），我同意了。但是，底片效果一般。然后，那个工作人员说："如果你想换个人再试一下，我们可以在下周三给你十分钟。"我说："那还用说！"

于是，我们询问颇有名望的摄影机构西格玛（Sigma）是否有摄影师想要工作。你想什么呢？即便只和美国总统单独待十分钟，也是一名摄影记者梦寐以求的事。我们所选的摄影师后来讲述了如下故事：拍摄时间定在上午十点至十点十分，前一天下午，他接到白宫电话。那位助理说，里根总统建议，拍摄应当在室外进行，在椭圆形办公室总统办公桌后面的小走廊上，而不是通常那样单调地拍摄在办公室里签署法案。你可以看到总统在室外，在可爱的后院樱花树下，因为春天已经来临。

当然，这个主意很不错。正如那位摄影记者所回忆，那天下午春光明媚，但第二天上午就黑云压城。天空如此灰暗不祥，好像上帝施怒于这个世界，尤其是对那天早晨摄影师计划中的户外拍摄。

当摄影记者被引导进入椭圆形办公室，里根抬起头来，指着窗外浓云密布的天空，悲哀地说："你看，我想我们只得老调重弹，拍点我在办公的照片了。"

无奈，西格玛顶级高手只好在室内架设装备，开始按下快门。但就在这时，如同美国东海岸以前时有发生的大暴雨似的，天空突然裂开一条缝，似乎上帝在指示某个信息。整个后院顿时如好莱坞片场般阳光灿烂，总统先生尽管已届古稀之年，但他一跃而起，和西格玛摄影师目光一碰，嗖的一下冲到后院走廊，怡然自得地斜靠在樱花树上。在全世界看来，酷酷的模样如同西方人所常见的牛仔。不到十秒钟后，天空低垂好似浊浪从天而降，但不管怎样，摄影师已经成功抢拍了十几张照片。

回到纽约办公室，如果我不知道整个故事，我可能会想象这是一次悠闲从容的拍摄，没有匆促忙乱。但有一个事实泄露天机，那就是十二张抢拍的照片中，有十张是焦点模糊，一张尚可，但最后一张棒极了：笑容灿烂的里根，身后是美丽的一树樱花，在《家庭周刊》封面，在一千三百多万个家庭的厨房餐桌和咖啡桌上，微笑面对世界。在此视觉时代，形象的胜利，就是懂得形象重要性的政治家连选连任的胜利，也是了解观众所需并决心满足其所需的舞蹈艺人的胜利，尤其是他想要售卖门票的话。

哦，我还在等待蒙代尔那一方的消息。

在从事政治新闻报道时，可以说，我认为自己既不是共和党，也不是民主党的正式党员。我不会必然信任任何一党党员，让其和我女儿共度一个周末。但是，因为个别人能够超越党派成见，让其变得如此可爱，所以你会暂时遗忘他们所属的金钱利益或意识形态群体。这就是美国政治界的样态，任何人都无法做任何改变，除了享受其好的方面和接受人类任何体系都不可避免的不完美。众所周知，对乌托邦的最好定义，就是一种不存在的政治国度。

比如，在1984年，乔治·布什（George Bush Sr.）和其当时老板里根总统相比，就是个迥然不同的人。同样在1984年那场竞选运动期间，一天，我和妻子安德烈娅从波士顿开车去和这位副总统共度几个小时，他那种耶鲁的孤傲令我气馁。

在缅因州的布什庄园（the Bush compound in Maine），迎接我们的是可爱的芭芭拉·布什（Barbara Bush）。我妻子以前是伯克利（Berkeley）的激进分子，其父曾是信奉马克思主义的纽约城市学院（City College of New York）讲师。但是，她和这位将来的美国第一夫人相处甚欢，我想说，有点像水和鱼的关系，只是安德烈娅并非钓鱼人。在芭芭拉家里，安德烈娅喜欢她那干净、整洁的厨房以及好吃、昂贵的寿司。

我采访完副总统之后，老布什及助理邀请我和安德烈娅登上他那"香烟"状的钓鱼船，到肯尼邦克波河（Kennebunkport River）上转一圈。当我们沿着码头走时，个子较矮的安德烈娅看着芭芭拉，芭芭拉把她拉到一边。"你不必和他一起去，"芭芭拉说。

安德烈娅看着我。"如果你想去，你就去。"

我看着布什。"副总统先生，我看安德烈娅不太想去。"

布什看着安德烈娅。"非常安全，也许会有一点小风。"事实上，几乎是大风咆哮。而我知道，安德烈娅正在想象着，船内活蹦乱跳的鱼挣扎求生，但其嘴上鲜血淋漓的鱼钩正在要它们的命。

芭芭拉目光坚定地看着安德烈娅，好像在说：站稳立场，别被这个家伙忽悠了。实际上，布什夫人已经说了那个意思。

安德烈娅看着我。"你想去就去，我和芭芭拉待在这里。"

肯尼邦克波河的钓鱼之行，至少要花一个小时。我在家做案头准备时就知道，与副总统泛舟钓鱼的安排，是其魅力攻势的核心元素之一，不管是对来访的重要人物，还是对怀疑口衔金汤匙的副总统是否平易近人的新闻记者，都是如此。我意识到，正如同在一个小时采访中，布什先生展现其温和、智慧的一面，这次钓鱼之行也只是其笼络人心过程的一部分。

我礼貌婉拒了这个邀请，解释说我和安德烈娅总是出双入对，又说我总是和带去跳舞的女孩寸步不离。

布什先生笑了一下，转身离去，和他的助理走向那条"香烟"船。

布什夫人转向安德烈娅，一只胳膊搂住她，颇为骄傲地说："年轻女士，你是让他失望的第一人。我为你喝彩。"

某人非常喜欢布什先生，但是其生活伴侣是另外一回事。

我不得不说，《家庭周刊》是个有趣的工作，也许不重要，但是有趣，有干头，有创造性。而且，我有个非常棒的发行人一起共事。

我的意思是这样。在《时代》，并非每个人都是古板保守或是行动缓慢，至少很多人不是如此。但是，跟《家庭周刊》发行人和CEO，也即把我从《时代》雇用过来的帕特里克·林斯基相比，他们看起来几乎是苍白的。非常明显，帕特是个大嗓门的大块头爱尔兰人，心胸如天空一样宽广，饮酒胃口像海洋一样深（与其民族传统高度吻合），对编辑们的态度既恭敬如仪，又无一点怯懦。他知道，自己懂的是经营方面的东西，希望编辑们在编辑业务方面比他懂得更多。他会问很多问题，但几乎总能接受否定的回答，从不固执己见。这就是你想要从"权威"那里得到的东西，所谓"权威"即你向其报告工作、对其负责的那个人。

《家庭周刊》有点像与赫兹出租汽车公司（Hertz）相对的阿维斯出租汽车公司（Avis），而这里所谓"赫兹"公司就是指《普拉达》。《家庭周刊》赚了很多钱。帕特通过小道消息，也许是从当时即将离职、现已去世的总编辑阿瑟·库珀（Arthur

Cooper）那里听说，我在《时代》工作得不太满意。于是，他忖度通过一把手职位的荣誉以及诉诸于人贪婪本性的更好金钱报酬，也许能把我引诱到一个不太有名望的杂志。

上述两方面的考虑，他是对的。我总是想当船长，一方面《家庭周刊》准确地讲并非"伊丽莎白女王二号"（Queen Elizabeth II）豪华游轮再生，另一方面它比一条漏水的小船好得多（实际上，它确实在漏水，此事且容后表）。

而且，总编职位即将空缺，因为现任的阿瑟·库珀就要接受《智族》的总编职位，这是他几十年来梦寐以求的工作。实际上，当康德·纳斯特（Conde Naste）把这个工作提供给他时，阿瑟马上接受了，然后向CBS和帕特极力推荐我。帕特是阿瑟非常尊敬的人，基于同样理由，我也会尊敬他。

我还在《时代》工作时，阿瑟·库珀曾打电话给我，邀请我出去喝一杯，并告诉我怎么回事。他说，帕特是个理想的共事者。这是个关键点。

毕竟没有什么东西能和运营自己的杂志相比。当总编辑不像其他任何职位。我一直是个二把手、四把手、八把手以及二百一十二把手！一把手工作在智力和体力要求上，比二把手工作要高出一倍，其快乐也高出一倍。是的，这是一种"走钢丝的生活"，我想，在某种意义上，此前每种工作都只是"等待"。

在《华盛顿邮报》当过几十年总编的本杰明·布拉德利曾认为，总编干得成功的关键在于，能够在一个伟大且谅解宽容的发行人老板领导下，与之合作共事。

帕特·林斯基当然不是《华盛顿邮报》发行人凯瑟琳·格

雷厄姆（Katherine Graham），他自己首先会同意这一点。他并非富人出身，也绝不是贵族，没有什么社会关系。但在某种意义上，帕特又像格雷厄姆，那就是在格雷厄姆对布拉德利的关系上（格雷厄姆对《新闻周刊》总编的关系不是如此，她一时兴起，像扔掉用了两年的旧汽车一样，无情抛弃了该刊总编）。帕特尊重其《家庭周刊》总编，给我以尽可能大的独立运作空间。你可能会想起，当我离开《时代》时，格伦沃尔德所写的那张甜蜜的便条。当诸如格伦沃尔德或者戴维·英格利希这样的高层人物，百忙之中抽出五分钟时间来关注你，对你的优缺点作出犀利的观察和评价，那么，把这些观点在你脑子里好好消化吸收，也许是个好主意，而不要像带着袖标似的到处招摇。

大约在我接受《家庭周刊》总编这一工作十八个月之后，灾难就要袭击这家杂志。我是个幸运的家伙，对吧？生活中机遇就是一切，而有时我的机遇太糟糕了。这时提及帕特，部分原因是我要把他与灾难中即将遇到的人进行对比。

在现实生活中，灾难可能就是集团并购的同义词。他们可能称之为"友好"并购，或者其他什么说辞，但那总是令人不愉快，或者总是危险莫测的。因此，下面要讲的故事，不是为了要算总账。我没有什么账要算，对于所过的生活和所遇到的机会，都高兴不过，无怨无悔。我讲述这个真实故事，只是为给可能面对类似危机的人们一个指导而已。

如果你正在某公司工作，而这家公司即将被另一家公司收购，不管该收购势力表面看起来多么友好，虽然不是必然，但很有可能你将失去工作，而且可能以某种丑陋的方式。因此，应立即开始寻找一份新的工作。最好在接受新工作之前问问你自己，这个公司稳定吗？如果我要去的话，能否提供两至三年的合同？总之，务必要提前试试水深水浅，正如我前面所说，要记住，此时你正处于杠杆上最有力的支点。

因为帕特·林斯基是如此有趣，而且给我充分的腾挪空间，我下定决心不让他失望。在他来当发行人之前，也是他从《时代》雇用我很久之前，《家庭周刊》的盈利能力开始下降。我们一起努力，兴许会拯救这本刊物，使其免于灭亡。或者，我们本来是这样想的。

在我们相遇的那一刻，帕特知道，他想要我来当他的总编。因为我当时在《时代》，我猜，他害怕我可能有普林斯顿人或阿默斯特人的拘谨呆板。事实是，我的出身和他一样，通过拼命工作，还有些运气，以及天才老师的指导，从中低阶层逃离，努力向上攀登。这样，我们慢慢出人头地，有了点名气，工作忙得屁股朝天。结果，差不多在两年时间里，《家庭周刊》在编辑业务上和《普拉达》有得一拼。

不管名字如何，《家庭周刊》其实是面向普通大众的一种月刊。也就是说，它既不是新闻驱动的杂志，如同报纸或新闻杂志那样，也不是由某种清楚定位所驱动（如《汽车趋势》或《大都会》杂志），而是单纯靠总编及其员工的意志力驱动。因此，《家庭周刊》要求的不是悟性，而是对持续变化的新闻事件闪电般快速反应，本杂志需要的是想象力、才华、机智以及超一流的写作和摄影，外加许多超前计划。我们的员工力量比报纸小得多，因此，团队精神必须更加具有凝聚力。

1985年，美国报业连锁巨头甘尼特集团（Gannett）要收购CBS《家庭周刊》的消息宣布，麦迪逊大道（Madison Avenue）主流专业（也是八卦）杂志《广告时代》（Advertising Age）紧接着就刊发一篇评论。这篇评论出现在詹姆斯·布莱迪（James Brady）专栏上，布莱迪以在许多顶级出版物担任过高管而著名。我这里谈到这篇评论，不仅因为其完全出于自利目的，而且因为其另有真实的美德。

他写道："在媒体兼并比如甘尼特收购CBS《家庭周刊》的余波中，读者想知道该兼并对人发生何种影响。《家庭周刊》总编汤姆·普雷特是个足智多谋、精力旺盛的家伙，在《纽约》杂志、《洛杉矶先驱考察者报》、《时代》杂志等媒体干过。他在每个星期天刊发《家庭周刊》的报纸总编那里得到很高评价。普雷特为星期天杂志创造了编辑奇迹。"

实际上，布莱迪说的是这个问题：为什么不予人以尊严对待，而是视之如用完即弃的零件？

也许，事实上我可算作相当好的杂志总编。我在那儿待了二十个月，我们杂志的文章被通讯社、电视节目以及其他出版物经常选用，至少和竞争者一样多。我手下还有一些了不起的员工，古灵精怪的凯特·怀特（Kate White），后来成为《大都会》杂志的高层首席编辑，喜怒无常但非常聪明的约翰·达尔科夫（John Tarkov），还有安静却深刻的戴维·格兰各（David Granger），后来变成《时尚先生》杂志的总编辑。

事实上，我想起一件事，多年之后在致敬克莱·费尔克的聚会上，布莱迪穿着半正式的晚礼服，一如既往地衣冠楚楚，把我介绍给和蔼可亲、长期执掌《普拉达》的总编沃尔特·安德森（Walter Anderson），好像我们从未见过似的。那时，我在《洛杉矶时报》当社论版主编。

沃尔特是拥有巨大发行量的《普拉达》杂志的精明管家，也是最高等级的绅士总编。布莱迪对他说："你见过汤姆·普雷特吗？"

沃尔特答道："见过他？他在《家庭周刊》时，几乎每周都逼得我绞尽脑汁。"

这种称赞，与其说是准确，不如说是礼貌，但我接受它，尤其是代表《家庭周刊》那些已故但还没有得到充分哀悼的员工，他们被并购的暴力压碎。

然而，一方面，汤姆·普雷特及其员工因对杂志的改进而得到表扬，另一方面，应强调是发行人让这些改进得以发生。也就是说，是帕特·林斯基有意创造的宽松环境，才使得狂野而神经质的总编有可能做好事情。我们这些人，有幸执掌拥有巨大发行量或影响力的出版物笔政，应当谦卑地反思，除非监管我们的发行人是优质标准的，否则我们只是些烤面包片。

作为世界最大媒体公司之一的甘尼特，赚的钱比黑手党还多，但其报纸几无例外绝不会进入新闻荣誉圣殿（Journalism Hall of Fame），假如有这个荣誉圣殿的话。无论如何，那不是该公司的目标，其目标是通过发行报纸来赚钱。这种组织作为生意是成功的，因为公司资金经理像鹰隼般盯住每个铜板开支（这给编辑们很大压力），因为他们往往是冷酷无情的（当然这是华尔街所欣赏的），因为在此特定文化里（和现在许多其他媒体公司文化一样），编辑们总体上属于二等公民。

正如生活中许多变迁一样，并购的发生也是因为钱。确实，如果不是全部，至少大部分并购或媒体售卖与钱有关。并购基本与"改进产品"无关，尽管新闻通稿不可避免美其名曰，或者再加上"消费者价值最大化的合并效果"等溢美之词。道理简单得很：当你生活变成一片废墟，如果你想了解自己身上到底发生了什么，只要沿着金钱逻辑去思考即可。

在本案例中，关键的金钱问题就是CBS的股票价格。此时，该股票价格是如此之低，使得美国有线电视新闻网（CNN）创始人泰德·特纳（Ted Turner）认为，他有足够多现金买足够多股票，以便把CBS拿过来，将其转变成某种商业网络和有线网络。随着特纳逼近CBS大门，卫兵高喊"野蛮人入侵"，CBS开始回购他们自己的股票，这就使得该股票价值上升。但不久，CBS现金逐渐枯竭，于是组织一系列非核心资产（CBS是不会把其著名的《六十分钟》电视栏目卖掉的）大甩卖以回笼现金，然后这些现金被用来回购更多股票，直到野蛮的特纳被掏空耗尽，退回到其亚特兰大丛林，那里是亚特兰大勇士队（the Braves）和CNN总部所在地。

所谓"非核心资产"，包括CBS的玩具公司、斯坦威钢琴公司以及《家庭周刊》。我们杂志在市场上的挂牌价约为五千万美元，最终甘尼特支付该价80%，买断其完全产权。

当这笔交易于1983年获得通过，我还处在CBS合同期内，但我知道，我的员工有了大麻烦。这时，甘尼特某高层官员打电话给我，邀请我参加欢迎甘尼特一把手埃尔·纽哈斯（Al

Neuharth)的招待会。招待会后,这个雄心勃勃的小个子男人,穿着他那身标志性的鲨鱼皮西服套装,来到我面前说:"汤姆,欢迎你加入甘尼特。你能加入,我们很高兴。我敢肯定,你会和我们一起干得很好。"

听到这话,我知道我已经没有希望了。当你是被并购团队的成员,买家貌似很平等地欢迎你加入,这就势头不妙。正如吉姆·贝洛斯曾经所说:"艾尔的问题,是你从不知道哪里是鲨鱼皮西装结束之处,哪里是鲨鱼开始咬人的地方。"而且,真正的朋友戴维·拉文索尔在其曼哈顿东区的一次聚会上,曾经预先警告过我。"当心那些甘尼特人!"这是他原话,典型的简洁风格。

读者诸君应当明白,每当一桩媒体资产被售卖,新主人一般都想要作出改变,通常还是主要的改变。新主人想要他们自己的编辑,想要把他们自己的印记烙印在产品上。你可能是个罗德学者(我不是),和普利策奖金获得者(我也不是),但他们仍然想要自己人来负责。

我真的不是为此而责备甘尼特。他们支付好大一笔钱购买这本杂志(四千万美元在1985年是笔不小的交易),他们愿意怎么做就怎么做。艾尔·纽哈斯是个了不起的创新者,其创刊《今日美国》(*USA Today*)值得大加表彰,在此过程中发展出一套新的图表和包装技术,差不多一夜之间美国到处都在克隆这套技术,使得原来呆头呆脑的报纸变得富有生气。而且,像"大鲨鱼艾尔"这种比真人更加高大的形象,成功吸引并留住一批颇受尊敬的记者,比如来自普罗维登斯的约翰·奎恩(John Quinn)等。嘿,我有这么伟大,能够把艾尔只看作一条鲨鱼，而事实上他是一头报纸巨鲸，改变了美国报业的海洋潮流（不管是好事还是坏事，改变是肯定的）？

我只是为我的员工及其不得不经历的事情而感到难过，他们差不多所有人年纪都比我小得多。虽然不是全部，但大部分员工将会被解雇。我也许会安然脱险，我不是什么最好总编，但我有令人尊敬的履历，还有来自CBS的两年承诺书。然而，对于那些孩子们来说，《家庭周刊》是他们第一或第二份工作，此外他们一无所有。我真的为他们感到难受。

我的个人习惯清单很长，而接近此清单首位的，是如下事实：我常常会和我的员工相处得很亲近，太关心他们，当他们与其男朋友或女朋友分手，或者遭遇金钱问题，我都会非常担心。作为编辑人才的管理者，我从未汲取的教训是，需要保持距离，不要如此卷入。但是，我不能自已。也许因为自己出身于关系不太和睦的小家庭，我把工作单位当作一种家庭替代。我真正相信，去关心和你一起工作的人，是非常重要的。这种家庭氛围的最终结果，是否能够生产出超棒产品，只有我的前任老板们以及广大读者能够告诉你。但是，用别的方式，我不能够做到现在这样，甚至直到今天还是如此。

一位甘尼特的高官邀请我到华盛顿吃晚饭时聊聊，我不想提及其名字，因为写这本书不是为了报复。他带来漂亮的妻子，她在我看来似乎很擅长判断人的性格，这也许是她为何到这里来的原因吧！我很喜欢她，但对她丈夫不太喜欢。

其间，她要求我详细讲讲我和发行人帕特·林斯基的工作关系。我说："很理想，他很少干预。"她说："那么，我想你也许不会喜欢跟我丈夫一起工作！"我直视她的眼睛，对她而不是她丈夫说："我不明白到时如何工作。当我被催逼太紧的时候，我往往不能正常发挥。"回到纽约市，我悲哀地意识到，《家庭周刊》和汤姆·普雷特已成历史。这本杂志将再生为别的东西，我也将去往别处。

一方面，购并后我依然处于CBS合约保护之下（我不会那么蠢，没有从CBS得到书面保证就离开《时代》），另一方面，我的员工们没有这样的救生索。林斯基和我反复讨论此事，他是聪明又坦率的人，他彬彬有礼地通知甘尼特的人，员工们正在酝酿造反，没有遣散费编辑们将会罢工。这意味着下面两三周杂志将会断档，意味着三百多家报纸将会因为其星期天版面空白而指责甘尼特。

帕特·林斯基谙熟街头智慧。也许因此，他没有上普林斯顿大学。有一次，我带他去普林斯顿俱乐部吃中饭。当账单送过来签字时，女招待直接送给我。我永远不会忘记帕特的话，多么切中要害，因为基本来说我们拥有相似的社会经济出身。他说："汤姆，你认为她为什么如此确定我不是这里的成员？"然而，在和坏人斗争中，我宁愿他是同一战壕的战友，而不是许多我能想到的常春藤名校学生。最后，帕特基本上迫使甘尼特同意为年轻员工支付八周的遣散费，听到这个消息，那些年轻人大为释然。八周工资对甘尼特而言不值一提，但对年轻的好记者来说则意味着一切。举个例子，这些钱能帮他们支付好几个月纽约市狭窄公寓的租金呢。

这是压力特别大的时期，在压力之下，我往往会喝酒，因为那会让我感觉好受点（必须达到某个数量点）。但是，这是我第二次经历并购，第一次是在《长岛新闻日报》（*Long Island Newsday*），当时时报-镜报集团（Times-Mirror，《洛杉矶时报》的母公司）买下古根海姆和奥蒂斯·钱德勒（the Guggenheims and Otis Chandler）的全部产权。集团老总从洛杉矶飞过来，就为亲自搞定移交过渡事宜，确保人员处理适当。他们做到了。事实上，戴夫及其团队不仅幸存下来，而且取得了胜利，生产了创纪录的利润，赢得许多普利策奖和其他主要奖项。

但这次并购，做法像个流氓，我在办公室开始服用大剂量的盐酸氟胺安定（Dalmane，一种治疗严重生理痛的处方药），来缓解精神和心理痛苦。我不太确定，员工们是否意识到我这种深层苦痛。但是，帕特也许了解，并对此折磨过程感到难受。

其间，我给在甘尼特的联系人打电话，告诉他我是多么痛苦。

他说："喝杯酒，放轻松。你跟我们在一起很安全。我们想让你来总部，和我们一起做杂志。"

我说："约翰，本人非常尊重你，因为你是个受人敬慕的总编。但是，我不会去。"我知道，那是他们的一个问题，因为他们那里没有人知道如何去办这种杂志。

他那头沉默。

于是，我继续说："我还在CBS合同期，我会待在纽约。"我没有说，尽管我想说，只有帕特·林斯基通过给我尽可能多的心理空间，才能使我在《家庭周刊》的工作变成享受，只有他能激发我想出那些伟大的封面报道。对我来说，和谁一起工作，比为哪个组织工作更为重要。我很少信任什么组织，但经常（是否太经常？），我确实信任那些个人。

最后，约翰说："CBS的合同还有多长时间？"

"到今年底，还有三个月。"

"假使我们把你的合同期限延长三个月会怎么样？你能来这里，教给我们怎样编发三期刊物吗？"

三个月薪水，交换三周的工作，不坏。

我说，这是个公平交易。但是，我的妻子怎么办？我不得不把她留在纽约。

没问题，他说。我们有个访客可以住的酒店。

我问该酒店的名字。

他说了某个名字，我从未听说过。我和妻子都是酒店势利眼，特别是安德烈娅。

我说："你不了解安德烈娅。她才不会随便去住个什么酒店的。算了吧。"

我没有撒谎。安德烈娅会做很多普通的事情，目前她就是个专业社工。我们不富裕。她的父亲是个信奉社会主义的知识分子。但是，随便住个低于五星级的酒店不是她的风格，对她也不好。

约翰说："那她想住在哪里？"

我建议位于乔治敦的四季酒店（Four Seasons Hotel in Georgetown），距离位于弗吉尼亚州罗斯林（Rosslyn, Virginia）的甘尼特总部不远。我告诉他，安德烈娅以前在那里住过，她确实很喜欢那儿。

他停顿了下，叹口气，然后低声说："请不要花销太大，好吗？"

我笑着说："约翰，我到那里是帮你三周。我很高兴做这件事，但是，跟你说真的，我可以替你免费做，如果你不解雇我的那些年轻员工。"

他又停顿，然后说："汤姆，那不是我个人意愿。事关预算和资金。"

我当时想，在一个文化准则里，人的因素经常排在第二位，那这个准则一定出了问题。我想我当时说了些什么，比如："约翰，要么我们是对于读者和员工具有道德责任感的总编，要么我们只是追求利润的商人。"或者，我什么话都没说。

我去到甘尼特总部和编辑们一起工作。他们都是些好人，不是火星人。但是，他们的主子往往首先是追求利润的生意人，其次才是新闻人。我进入新闻业不是为了赚钱，而是我认为在美国这样的民主体制下，新闻业是重要的。

三周结束，我返回纽约市。信箱里，收到一封我所仰慕的戴维·英格利希爵士的来信。我想，这封信帮我彻底摆脱了任何重新依赖盐酸氟胺安定的可能性。信中写道："我能想象你正在经历的事情。但是，不要太介意。甘尼特就是以压榨好编辑而著称。"

世事艰难之时，朋友特别重要，而不是在你意气风发之际。戴维的信，感动了我。他可是舰队街最伟大的总编，他还花时间来担心我。这一封信，帮我省了数千美元的治疗费。

当然，其中心观点对甘尼特来说不是完全公平，甘尼特是美国一家巨型报纸连锁企业，拥有很多工作勤奋的发行人和编辑。不少甘尼特的报纸目前还在刊登我的外交事务专栏,不少甘尼特人算得上我最好的朋友、最优秀的专业同仁。当甘尼特解雇了我的大部分员工,我知道那不是针对个人,那只是生意考量,这就是美国公司的运作方式。

哦,顺便说一下,安德烈娅在四季酒店住得特别享受,尤其是每天晚上送到床前的白色巧克力!

回想起来,这件事真是属于塞翁失马。在《家庭周刊》工作有很多乐趣,如果不是杂志在我手下被卖了,我宁愿在那干十年。如果我待在那里,没有搬家,我将永远没有机会作为社论版主编到曼哈顿工作,开启我人生激动人心的新篇章。

然而,我本应知道这本杂志大限将临。在秘密交易前六个月,在弗罗里达州比斯坎湾(Key Biscayne,Florida)召开的CBS杂志分部静思会上,一位来自集团高层的公司执行官专门飞过来,发表主旨讲话。在讲话结尾,他宣布说你们是纽约真正的"最受热捧的年轻编辑"。此后几个小时,我还在那得意洋洋呢。

只是后来我才明白,我的好日子已经屈指可数了。集团大咖认为,发表此通讲话主要是为掩盖其他想法。在上百人面前,如此表扬和赞美不是出自集团公司的善心,而是出于集团公司的欺骗。我再次成为一个大傻瓜!

你在新闻工作选择过程中的势利行为,可能不一定符合你的最佳利益。在整个职业生涯当中,你到《时代》杂志或《纽约时报》当一把手的机会是有限的。如果你渴望有当一把手的经历，看看自己是否能够应对这个挑战，这时恰好来了个机会，但此机会肯定不是最好的机会，那么，你也许最好当机立断，选择"让侏儒转页"，而不是排队等待、等待又等待。我确凿无疑地知道，生命是如此短暂。

第七章
《纽约新闻日报》：美妙创业再启程，
新闻生命焕新篇
（1986—1989）

朋友们告诉我，有时我可能很有魅力，但我知道，有时我可能很令人讨厌。我肯定不想如此，只是我有时就是如此。好吧，至少我希望，仅仅有时如此。

可以肯定，其中一个如此之时就发生于我加入《新闻日报》在纽约大创业一年之后。20世纪80年代中后期，长岛《新闻日报》作出勇敢尝试，努力创办一份成熟的纽约城市版《新闻日报》。

《纽约新闻日报》是由《新闻日报》CEO戴维·拉文索尔的远见所催生，即在几十年内力争成为以长岛为基地的报纸标兵，同时，也是由这个在长岛几近垄断的报纸公司所创造的巨额利润所催生。

整体来说，《纽约新闻日报》不是一家独立自主的报纸，而是像巨大的卫星在轨道上围绕着木星运行，即围绕着其母报《新闻日报》旋转，《新闻日报》位于梅尔维尔（Melville），那里曾是长岛农民的牧场。《纽约新闻日报》实实在在地学会并重组其母报的国内新闻、国际新闻以及社论，旨在完全聚焦于纽约市五个大区及其八百万人口的各种事情与问题。

《纽约新闻日报》社论版是这种努力的核心，因为创办者旨在让该报在政治事务和城市辩论中发出有力、清晰和智慧的声音。这就意味着该报社论版的开山主编，在1986年就是鄙人，每天不得不投入反对《纽约时报》（*New York Times*）、《纽约每日新闻》（*New York Daily News*）、《纽约邮报》（*The New York Post*）等主流声音的战斗。这是一场激烈、迅捷，有时是马基雅维利式（Machiavellian）的竞争，各报之间真的是你死我活，格杀勿论。他们都千方百计地想要打败你，打得你很惨，并观赏你喋血街头。

随着我仓促忙乱地陷入与这三家令人敬畏报纸的缠斗，我开始吓唬身在长岛的老板，要求加快母报评论出来的速度，我们要在纽约版上用。由于我们把主要精力集中在"大苹果"纽约市（the Big Apple），在曼哈顿第三大道的办公室里，我们自己写不出关于总统最新蠢事或者某些外国阴谋等的评论，而要依赖于梅尔维尔总部去做这部分工作。对身处第三大道的我们来说，时效是竞争的核心本质。把事情说得多少直白一点，日报可不是周刊。

然而，在绿荫匝地、树叶婆娑的郊区，普通的田园乡村生活，比起左冲右突、压力山大的曼哈顿，当然要优哉游哉得多。我发现自己不断用"加快速度"的压力，对长岛软硬兼施，时而据理力争，时而花言巧语哄骗，时而故意激怒。如果周一有值得说说的重要事情发生，我想要在周二《纽约新闻日报》上说，不是在周三，更不用说周五了。

令人高兴但有时又令人生气的是，我那位在长岛的老板，碰巧是我所见过的、或者说我所希望遇见的，最善良、最智慧和最体贴的绅士。他的名字叫希尔文·福克斯（Sylvan Fox），他确实是只狐狸（fox），不仅在非常聪明的意义上，而且在作为新闻丛林中非常特别的同事的意义上。

一天，我被召到长岛，去和母报《新闻日报》的社论版主编福克斯以及《新闻日报》精力充沛的发行人罗伯特·约翰逊（Robert Johnson）开碰头会时，事情发展到关键时刻。尽管我每天通过电话会议和梅尔维尔总部进行沟通，商讨当天两边的工作目标，我也经常和福克斯通电话，他因其不变的机智而有美国版诺埃尔·科沃德（Noel Coward）[1]之誉，但我很少大老远亲自来长岛。说真的，那会让我紧张不安。我想，自己在长岛长大，对那里有太多痛苦回忆。如前所述，我喜爱并尊敬《新闻日报》，但其周遭环境对我有威胁性。

在发行人宽敞办公室里召开的摊牌会，立刻变得紧张起来。会议氛围的不友好程度，吓了我一跳。我开始认为我可能要被炒鱿鱼，或者至少要被重新分配工作。长岛社论版主编（实际上是我的顶头上司，如果不是事实老板的话）首先发言："我们今天必须把事情搞清楚。"约翰逊坐在一边，观察着。

"把什么事情搞清楚？"我说。

"汤姆，你现在搞得我心烦意乱。你已经变成彻头彻尾的麻烦人物了。"

"我不这么看你，"我弱弱地说。

"但是，我这么看你！"他大声地说。

---

[1] 诺埃尔·科沃德（1899—1973），英国剧作家、作曲家、导演、演员、歌手，以机智炫耀出名。

我说我真的不明白，事实上我确实没搞懂。我知道，我俩之间关于评论的时效问题，摩擦越来越多，但是在其他所有方面，我认为我们的关系是长岛和纽约之间精诚合作的典范，表现在新闻方面，没有什么难受的，只是有点紧张而已。

社论版主编继续炮轰，说我对时效问题过分小题大做，说我已经变成一个十足傻瓜（也许我就是），说做事再不能这样下去了。

"你为什么总是如此用力过猛？"他说。

我有一点动摇，但尽可能平静地答道："因为我需要登在我报纸上的新闻是迅速而新颖的。如果我们不这样做，别人会。"

"你真的认为，人们选择报纸，看的是评论刊发时间吗？"

"归根结底，也许是的。它是报纸整体形象和报格的一部分。如果评论不那么重要，那干吗还要它？干脆解雇评论部员工，扩大运动版，让评论见鬼去好了。"

福克斯解释说，匆匆忙忙作评论，是智力庸才的旧习，或者如他不公平所称，是"电视新闻"所为，快速，膝反射似的，又像三十秒微波加热反应，几乎没有时间进行真正深刻的思考。

我回答道："我接受你关于许多电子媒介评论的描述，作为一流角色的《新闻日报》不能如此自贬身价。但是，我害怕的是，等上一两天在周四刊发本可以在周三就发表的评论，意味着我们不仅迟了一天，而且还少赚了一美元。"

"那也许是你的观点，"福克斯反驳道，"不是我的观点。这不是我想要的。"

突然，静静坐在一边，到目前为止一言不发的约翰逊插话说:"但这是我想要的。"

福克斯彻底失去了平衡，不知所措。

"希尔文，汤姆想要，因为我想要。"

"哦，"脸色煞白的社论版主编无话可说。

仅此一次，我明智地闭上嘴巴，大获全胜。在几乎所有美国报社里，最终决定权掌握在发行人手里。《新闻日报》会有更多及时的评论；汤姆会在纽约得到他觉得需要的东西；六个月后，希尔文·福克斯在做了几十年出色新闻工作之后退休，在《纽约时报》时他曾获得过一次普利策奖。

我乘坐《新闻日报》豪华轿车返回曼哈顿，在我生命中，从未因为胜利而如此悲哀。

如果我能够在做普雷特和做福克斯之间作出选择的话，做福克斯会轻而易举获胜。

此事过后一两年，长岛方面要求我重新设计周日社论版，取名"动向"（Currents），以每周日刊发一较长篇幅，类似《经济学家》杂志风格的"超级社论"为特色。这种"超级社论"将是研究透彻、深思熟虑、精心写作的结果。这是我提出的概念，却是在希尔文的继任者、本报华盛顿分社前主编詹姆斯·克勒菲尔德（James Klurfeld）的管理之下，这项创新贯彻得特别好。

尽管我对普利策奖得主并不特别敬畏，但对于长岛同事们所作的"超级社论"从未赢得评论写作普利策奖，我一直感到惊奇。

我的《纽约新闻日报》之旅开始于戴夫·拉文索尔的一个来电,他是母报《新闻日报》的教父。

"汤姆,"戴夫用他那沉静、缓慢、简明的语调说,"还记得吗?研究生刚毕业,在《新闻日报》工作时,你是多么喜欢《新闻日报》,只是不喜欢待在长岛。好,鉴于你是个很棒的编辑,我们已经决定在纽约市创办一份全新的报纸,就是为了让你回到我们这里。这次是当社论版主编。这份报纸将会被叫作《纽约新闻日报》,我们想让你成为这份新报的创始人之一。"

我还能说什么?戴维·英格利希从伦敦给我写信说:"我真的希望,你能把《纽约新闻日报》的社论版,办得富有攻击性、争议性和启发性,打破笼罩美国新闻界该领域的寡淡乏味、麻痹无力状态。"对此,我又能说什么?

我完全同意。我下定决心,要把该报社论版办成世界最大城市的最负责任、最激动人心的社论版。

当然,纽约是非常特别的地方,对媒体人而言,我不得不说,这个城市不啻为一个传媒高手的天堂。政客们金玉其外,生活节奏疾风暴雨,新闻竞争猛烈残酷。相信我,和《纽约每日新闻》、《纽约邮报》这些对手竞争,更不用说《纽约时报》、《纽约》杂志以及《村声》(*The Village Voice*),绝不像准备一场学生舞会。这些媒体的编辑和记者们拔枪快,扣动扳机更快。在一个伟大老板的领导下,和一群伟大同事们合作,工作在一个伟大城市,这是一份理想的工作。

然而,戴夫的愿景不仅雄心勃勃,而且极其复杂。实际上,这份纽约市报纸在《新闻日报》大家庭里是个新生儿,起初总部设在曼哈顿四十九街第三大道。但是,像大部分新生儿一样，该报不仅是每个人疼爱的对象，而且有时也是每个人厌烦的对象。经常哭泣，需要经常更换尿布，而且如同纽约市本身，并不总是仪态庄严、举止文明的模范。

《纽约新闻日报》的新闻执行总编是唐·佛斯特（Don Forst），如果你和他明显是一头的，那么和他一起工作就是件快乐的事，如果你不想和他合作，那么他就是块难啃的骨头。我们俩的关系近乎完美，他对社论版很少指手画脚，从不提什么愚蠢的建议。并且，他确实非常有趣。

但是，他和在长岛梅尔维尔《新闻日报》总部上级的关系，可以说是艰难而不稳定的。这其中部分原因在于拉文索尔管理结构难以捉摸的本性，要求身处惨烈竞争前线的编辑们（理论上）服从身处长岛环境的主管编辑的指令，而这些主管编辑们所在环境是相对宁静、枝叶婆娑的郊区，没有直接面对竞争的挑战。

除了这种内在结构性紧张外，个人冲突使得事情更加恶化。唐不是容易让步的人，而长岛的编辑老爷们一般来说也不是投机取巧之辈（他们为什么要投机？母报每个月的利润高达数百万）。

不久，在《纽约新闻日报》这个伟大试验中，市里与岛上的摩擦变得非常糟糕，唐开始把岛上《新闻日报》总部称为"邪恶的梅尔维尔"。一度，戴夫有时不得不飞到东边来做心理工作，安抚双方，使之平静下来，提醒说我们都是一个团队的。

那时，唐经常拉着我的手，从心理层面说，他非常理解我，也许和我那久经磨难的妻子理解得一样好，在这方面以及其他方面，我的妻子是世界一流的。我也拉着他的手，总是努力以心换心，真情回报。对我来说这很容易，不仅因为我非常喜欢唐，而且因为我和长岛《新闻日报》相应部门的个人关系是不错的。他们理解我反对的东西，总是不断给予帮助，很少批评指责。他们支持所有我雇用的人，有一年甚至把我关于纽约市长选举的系列社论作为《新闻日报》正式候选对象申报普利策奖。

事实是，唐需要这种和"邪恶的梅尔维尔"的紧张关系，以使自己保持锐利和竞争力。就像网球高手约翰·麦肯罗（John McEnroe），他采用的是一种生硬粗鲁的风格来保持自己在这个项目上的领先地位。我不知道长岛的那些编辑老爷们是否明白这种策略，但我明白，更多是出于本能，而不是有意识。因此，差不多每一天，唐都要我从百忙之中抽出十五分钟，去做唐所谓的"宁静的散步"。注意，唐并不缺乏锻炼，即便在其七十多岁的晚年，他还能在午餐时间不吃午餐，而是持续工作。甚至在今天，他还能被当作身材匀称的五十来岁的人。但是，像很多媒体人一样，唐缺少内心宁静。耐心没有排在他美德清单的前边，容忍平庸或者编辑部的官僚体制也不在该清单前列。

曾经，某位总部会计师闯入重大新闻计划会的会场，抱怨说他的预算咨询备忘录没有得到重视。唐勃然大怒，奉劝那位财务人员赶紧离开他的办公室，否则他会剪掉他的领带。那位会计师莫名其妙地坚持不走，还把一沓预算打印报表送过来。这时，唐打开办公桌抽屉，拽出一把剪刀，弹射出其座椅，还没等该财务人员明白发生了什么，其集团标志的领带已被剪断。

那位会计师再也没有来过唐的办公室,母报《新闻日报》财务部门的任何其他人也没有来过。在纽约印刷媒介疯狂的竞争环境中,准确地说,完全神智健全的总编可能不是医生所定义的那种人。说句老实话,那种人一般来说也不是真正棒的总编。

在媒体工作有一个不可否认的优点,那就是在工作描述里,没有"无聊"二字。原因之一,就是其工作对象是形形色色的,包括富有魅力的政治家,尽管精明而成功的政治家常常为新闻记者们制造大麻烦。

让我们直面这个问题。美国政治从内在层面来看是乱七八糟,甚至是肮脏不堪的,而那些政客们很少是圣徒。大选体系更是魔鬼而不是天使。可是,我们新闻记者常常扮演肮脏腐败大海上的道德扁舟。生活异常复杂,我们新闻记者如同其他每个人一样,在这片混浊闷热的海里游泳。

政客们总是千方百计利用新闻记者。而我们记者总是先引诱,然后再抛弃他们,在我们用完或曝光他们之后。这是个愚蠢的游戏,与让美国运行良好没有什么关系。

事实上,我们在生活中遇见的最卓越、最复杂的人,就是这些搞政治的。但是,和这些玩政治的打交道,是门高雅艺术(或许没有那么高雅,也许很粗鲁),这种艺术从未成为新闻学院里的深度教学课题。然而,政客们与新闻人的互动,在正常民主社会里,肯定是非常有趣的人类互动之一,更不用说在偏离常轨的心理状态下!

前纽约市市长埃德·科克(Ed Koch,也有译为"郭德华")

就是个名头挺响、色彩鲜明的政客。埃德本人和在电视上一模一样，非常有趣，富有魅力，但又有点令人讨厌，其公共形象与私下形象几乎没有什么差异。

一天早晨，我正在纽约市第三大道《新闻日报》办公室上班，这时我接到埃德打来的电话。那是早晨七点半。这么早，又是身负重任的大人物，诸如纽约市、纽约州或者整个国家的当家人打来电话，如此机会显然是值得注意的。除上述大人物致电之外，或许还有某位皇后区读者打电话来投诉某社论漫画"无礼"（哦，天哪！"无礼的"社论漫画），或者投诉订阅的报纸没有送达（电话接线生只是简单地把愤怒的投诉电话转给我，因为只有我一人在那儿）。

那天早晨电话铃响起之时，我问自己："今天我感到幸运吗？这个电话，我是接还是不接？"那个早晨，我感觉是幸运的，我多蠢！于是，我拿起电话。最后事实证明，不是别人，正是自诩为"世界最大城市"不可征服的市长埃德·科克。

然而，唉哟，他在发怒！毫不奇怪，他已读了今天早晨的重要社论，该社论贬低城市社会服务部门的管理水平，他要告诉我《纽约新闻日报》是错误的。接下来是大概十五分钟时长的责难，大概意思是说："汤姆，这是我看过最愚蠢的社论！只有那些真的不懂纽约的家伙才会这样写。我不能相信，《新闻日报》竟如此思考问题。我本来认为你们的水平好过于此！你们为什么要向纽约人兜售如此垃圾？难道你们对自己生产和传播给公众的东西一点自豪感都没有吗？你们这些家伙应当滚回长岛去，待在那里。你们根本不懂得纽约！"

这就是纽约市长雷霆震怒如龙卷风袭来时，我们所得到的东西！可是，埃德愿意打这个电话，正是因为他晓得，我的神经没有那么脆弱，我的鼻子没有那么容易被揍扁。政治和新闻的世界是粗粝艰难、直言不讳的。我对这位市长很了解，知道他本人并非有意谩骂。他只是内心感到不安，担心其公共形象受损。

这种事情经常发生，我通常应对之道是，坐在电话旁，耐心等待，等他稍微停顿长一点，就说："埃德，我想，你对这个问题并无什么强烈感觉。"

他总是会笑着承认。

然后我会说："现在，你感觉好点了吧？压力发泄得差不多了吧？"

他会再次笑起来。

然后我会建议，任何时候他想向其手下或任何人发飙，都可以拿起电话朝我发泄。不管怎样，大部分时间我只是在似听非听。对此，我已习惯。作为官方信使，新闻媒体的部分工作就是要承担责难，这是与生俱来的职责所在。

那天早晨，科克停顿一下，然后说："嘿，顺便说下，明天将有伍迪·艾伦（Woody Allen）的新电影上演。你和我为什么不去看一下，然后我们再去吃中餐？带上安德烈娅，如果她有空的话。"

换句话说，这不是纯个人性邀请。这就是科克风格，是你不可能不享受的风格。

很快，我和安德烈娅就成了纽约市长官邸瑰西园（Gracie Mansion）座上宾，此外还有纽约其他三位社论版的主编。通常，科克会把我和安德烈娅这样介绍给其他客人："女士们、先生们，汤姆不是犹太人，而安德烈娅是。她是我所认识的唯一的犹太女性，她有个女儿名叫阿什莉（Ashley），和各位一样是非犹太教徒。"然后，科克会装出完全恼怒状，说："安德烈娅，你打算何时勇敢面对你的民族遗产，接受你的意第绪语传统？"

尽管从民族层面讲，安德烈娅是犹太人，但正如芭芭拉·布什所说，不管其真实含义为何，她只是"看起来像犹太人"。另外，这种区分也没什么意义，我本身是德裔/爱尔兰裔/英格兰裔，但我在纽约出生并长大。我是个"荣誉犹太人"，和其他纽约人一样，对此称呼觉得并无不妥，很舒服。

然后每个人都会笑起来，因为通常在座的歌剧明星、艺术家以及政治和媒体人物也是犹太人。然而，就算他们不是犹太人，他们也会同样发笑。科克通过某种方式总是会弄得很有趣。尽管他在纽约的政治财富开始缩水，我和安德烈娅却慢慢喜欢上他。事实上，我们变得非常喜欢他。

从个人角度来说，我最难过的时刻是在1988年民主党初选时，《纽约新闻日报》决定支持科克的对手戴维·丁金斯（David Dinkins）。更糟糕的是，这个决策主要是我作出的。

世界上最伟大的城市纽约那时变得极度紧张压抑，尤其表现在犹太人和非裔美国人社区关系方面，以及针对非裔美国人的警察暴力，黑人青年犯罪的蔓延等。整个城市情感焦虑的场景，在斯派克·李（Spike Lee）的电影《为所应为》（*Do the Right Thing*）中，得到较好反映。

政治常规是这样的，市长等一号人物都要不公平地承担因某些问题而受责难的冲击力，哪怕该问题巨大而复杂，超出一人之力所能发动或搞定。然而，正是因为科克喜欢把自己放到任何风暴中心,或者如果没有风暴,他也会创造一个(如果科克可以被比作一个运动项目的话,那也许会是轮式溜冰或澳式足球)。所以,每当政治气候变得沸沸扬扬之际,他都会从中获取热量。

《新闻日报》(纽约版和长岛版都是同一棵树上的分枝,但是较大分枝,或者说树干,是长岛版)是唯一一把宝押在科克主要对手戴维·丁金斯身上的纽约报纸。戴维是职业政治家,纽约市非裔美国人阶层最突出的政治人物,是技术高超的网球选手,是个很不错的伙计(科克恐怕不会如此自我标榜)。问题是,这件事情当中有两个宝,一个是我的,另一个是发行人的。实际上也许可以说,是我背叛了埃德·科克。这种自私背叛的根源在于政客与媒体人的关系。

让我来讲讲这个故事。首先,我们必须回顾一下报纸支持过程的内在机制。基本来说,报纸发挥作用的方法是,候选人要来一个小时左右,回答编辑部所提有关政策和政治问题。在某种意义上,这是一种真正的仪式。可悲的事实是,在会见候选人之前,报纸支持谁的决策已经定案,尽管如此,人们通常认为表面上不偏不倚的一场约见午餐还是必需的过程。候选人深谙此道。那些肯定会得到支持的候选人会过来履行这个仪式。另一些知道不可能得到支持的候选人无论如何也会过来,有的寄希望于下次更好的合作机会,如果有下次的话。这些只是政客生活的有机组成部分,访谈惯例帮助报纸和杂志决定其社论支持或不支持的态度选择。双方对其重要性都心知肚明。

政客们拼命依赖于媒体以飞黄腾达,而媒体也拼命仰仗于政客们提供热点新闻,根本上这是一种共生关系。毫无疑问，埃德·科克与我和妻子安德烈娅的关系由如下事实驱动，即我汤姆是一家纽约日报的社论版主编。此时，我妻子正在怀我们第一，也是唯一的孩子（阿什莉·亚历山德拉，Ashley Alexandra）。

尽管存在某种友谊，真的先撇开所有友谊不谈，《纽约新闻日报》对支持对象作出正确选择，是至关重要的。那时我们确信，科克已经干了三任市长，还在寻求第四次连任，已经足够了。市长这个职位够了，他本人也够了，是时候变化一下了。尽管到目前看来，科克比其对手要更聪明。但是，公众对科克的批评也变得越来越刺耳，科克也比以前变得更容易受到谴责。很明显，他已被这个工作折磨得疲惫不堪。谁能不这样呢？我不知道他是如何做到的，反正我是绝不可能做到。

用政治圈里的行话说，轮胎上的螺纹已磨平了。科克的主要对手是市议会的议员戴维·丁金斯，以及另外两个本地政客。只有丁金斯是以曼哈顿为基地，且是唯一的非裔美国人，能够对科克造成真正威胁。主要战场将在皇后区选票，皇后区是位于时髦华丽的曼哈顿与郊区长岛之间。

一般情况下，纽约的政客会更加关注《纽约时报》社论版的态度，该报在上等收入、教育良好的市民阶层中拥有巨大影响，以及到处都是、发行量巨大的《纽约每日新闻》的态度。大约90%左右的纽约人每天至少看一份报，部分原因是该市无处不在的公共交通系统，这种方便快捷的基础设施在像洛杉矶这样摊大饼型的城市分布过于稀疏。

然而，不论《纽约时报》还是《纽约每日新闻》，这两报的发行量在皇后区都不特别大。而《纽约新闻日报》反之，准确地说，原因就在于其母报基地在长岛，而皇后区和长岛境内西边的拿骚县（the county of Nassau）毗邻。我是《纽约新闻日报》社论版主编，向长岛母报的社论版主编报告工作，因此，我们报纸在皇后区很受欢迎，在那里卖得很好，有一定势力和影响力。事实上，在皇后区，《新闻日报》的销量比《纽约时报》卖得多，基本来说，《纽约时报》主要发行量只集中在曼哈顿，少量发行到大纽约都市区，当然也包括全国其他地方。

科克竞选团队有过一番计算：丁金斯会在布鲁克林走强，那里有大量非裔人口。这样，科克就需要从皇后区获得更多选票作为抵充，那里是中产白人阶层的大本营（想想虚构的电视剧人物阿奇·邦克[Archie Bunker]）。所以，他对与《新闻日报》有关的一切，包括我和安德烈娅示好，而且坚持不懈，无论他在心里是否真的容忍我们。（也许对安德烈娅是真的，而对其丈夫不是！）

除了丁金斯和科克外，特别聪明的白人政客理查德·拉维奇（Richard Ravitch）也参加了角逐。他万事俱备，只欠东风，即没有取胜之道。如果你愿意，你可以支持他，但是，对于纽约人来说，把科克请出门才是重要的事，因为他待得太长了，因为他过激的语言正在恶化种族关系，因为城市需要一张新面孔来被大家吐槽、责骂和出气，若把选票投给这个很好但不可能当选的第三人，那就是在浪费选票。把科克请出去的唯一办法，就是把丁金斯选进来，此外别无他法。民主党初选市长的赢家，将会成为下一任市长（共和党实力虚弱，组织混乱，还没有鲁迪·朱利亚尼[Rudy Giuliani]）。同时，民主党初选赢家将会成为赢得皇后区选举胜利的候选人。而命运就是如此奇妙，皇后区最强的报纸（但在其他县区不是），就是《纽约新闻日报》。

位于市中心红砖砌成的豪华办公大厦第三十九层，是我在曼哈顿的办公室，在那里我向长岛的上级领导作了上述阐释。他们是罗伯特·约翰逊，昵称为"鲍勃"（Bob），当时的发行人，密歇根大学法学院毕业生，詹姆斯·克勒菲尔德，昵称为吉姆（Jim），社论版主编，顶呱呱的锡拉丘兹大学（Syracuse University）新闻学院毕业生，以及很棒的长岛总部有关编辑人员，包括社论版副主编卡罗尔·理查德（Carol Richards）。由于这些领导和同事都聪明过人且信息灵通，对于丁金斯明显不是精神巨人，即不像瑟古德·马歇尔（Thurgood Marshall）[1]转世的实情，他们都表示了严重关注。但丁金斯是个好人，是了解市情的纽约市捍卫者，也是这场竞赛中唯一有机会把科克拉下马的候选人。

我用给人以强烈印象的方式说道："如果我们要在大台面上做大玩家，下大赌注，丁金斯就是我们的筹码。"

显而易见，对我来说，这就是"让侏儒转页"的关键时刻！你是要安全稳妥地玩，还是玩个大的？

鲍勃·约翰逊听得非常仔细。对于一个激进的社论版主编来说，他是最具包容性、易于共事的老板。他不仅非常聪明，

---

1. 瑟古德·马歇尔（1908—1993）是第一位担任美国最高法院大法官的非裔美国人，他承接并胜诉的"布朗诉教育委员会案"导致美国废除了种族隔离法，他因此成为美国20世纪的一位英雄。

也果断坚定。不像很多公司里向上爬的人，只想保护好他们自己的后方，让别人做高调的决策，如果最后决策失败，可能会导致摔跟头，而鲍勃着迷于行动。

鲍勃和吉姆愿意冒一定程度的可控风险，目的是想在市长竞选辩论中作出积极而有助益的贡献，同时他们想把《纽约新闻日报》打造成纽约政治地图上的大玩家，尤其是《纽约时报》已中途退出，《纽约邮报》膝跳反射般选择支持科克作为候选人，这位老兄对其核心读者群最具吸引力，即那些受够了城市福利氛围、无家可归和犯罪的蓝领工人。

鲍勃、吉姆和我达成一致，我们将支持丁金斯，因为科克任职时间已经到期，丁金斯是这场竞赛中唯一能够把科克赶出市长官邸的赛马。这一立场在支持访谈之前已经取得共识，并决定下来。然而，我们仍然得做科克访谈。应当承认，秘而不宣的预先决策对科克而言不太公平，但是，这种事情在媒体圈时有发生，如同我们对这次竞选决心已下，任何人都无能为力，尽管这次在一定程度上有些令人悲哀。

支持访谈在我们第三大道的办公室进行，其间科克依然才华横溢，光彩照人。之前，我们已经听过所有答案，但他仍具有某种摧枯拉朽之势，这种气势也感染着多次当选的现任市长。科克究竟是科克，他绝不会令人感到乏味厌倦。

然而，我们之前立场已定，决心已下，这次访谈算是尘埃落定。《纽约新闻日报》社论版主编送科克走向电梯过程中，有一种不舒服的沉默。当电梯门打开，一个助理走过去不让其关闭，科克市长有机会转向我，差不多直白地问："汤姆，我和《新闻日报》真的还有机会？"

我不能告诉他，我们已经决定支持丁金斯，否则我会丢掉工作。所以，是的，我撒谎了。我说："我们还没有决定。那还是个开放性问题。你还有机会。"

当然，这就是问题所在，即你与所报道的政客已然发展为一种私人关系。美国新闻职业要求你感情超然，为的就是尽可能保持客观。当电梯门在市长身后关闭，说真的，我真的感到自己是个十足的笨蛋。

我们对丁金斯的支持使他赢得皇后区选战的胜利，这样就把科克拉下了马。整个城市的选票余地是很小的，《新闻日报》的支持显然至关重要。

科克终结了其政治生涯。自那以后，我没有见过埃德·科克，他在许多电视和电台节目上出现过。可是，我想，我欠他一个道歉。只要我还干这个工作，我再也不会和他一起去看电影了。

丁金斯继续做他效率不高的一届任期市长。但是，从短期眼光来看，对丁金斯的强力支持，使《纽约新闻日报》明显获得一种突出地位，并从中获益良多。

科克倒台，导致戴维·丁金斯崛起又快速倒台，也导致一个最不寻常的发展：在巨大的民主党城市纽约，出现了一个共和党市长。但是，此人非任意一个共和党成员，而是前联邦检察官鲁道夫·朱利亚尼（Rudolph Giuliani）。

作为大都会城市报纸社论版的主编，以我为例，我当过《洛杉矶先驱考察者报》、《纽约新闻日报》以及《洛杉矶时报》社论版主编，差不多必须会见每一个人。在有些情况下，你逐渐把他们了解得很清楚，并且乐于那么做。

在美国，如果没有一家强势都市报纸的积极支持，任何改革想要成功其实是不可能的。市长、警察局长或城市改革委员会主席需要尽可能多的同盟军，同时，一家严肃报纸，包括其新闻报道和社论立场，对于推动改革乘风破浪绝对必要。

尽管主流报纸反对或漠然，但改革在努力之下还是取得成功的案例也许会有一两个，但是我不知道有这样的事。那些根深蒂固的势力需要害怕一下，不管怎样，没有什么东西能如报纸那样带来所需的能量。比方说，在《洛杉矶先驱考察者报》，关于尤莉娅·洛夫（Eulia Love）被警察杀害案，无情的新闻报道以及社论版持续不断的抨击使得洛杉矶市民确信，他们遇到了一个问题。《洛杉矶先驱考察者报》推动该运动的进行，直到财力雄厚的《洛杉矶时报》最终接棒去挑战警察部门。多年之后发生的另一个例子显示，巨大的媒体声浪是如何导致克里斯托弗警务改革委员会（Christopher Commission on Police Reform）的建立与赋权。该委员会帮助洛杉矶警察局走上现代化轨道。

另一个有利于促进改革的因素是，在纽约南区有一位积极进取的联邦检察官鲁道夫·朱利亚尼。在办理一连串高调案件过程中，朱利亚尼建立起打击有组织犯罪、毒品走私和官员腐败的英勇无畏的斗士形象。虽然是共和党人，但鲁迪算得上真正的纽约人，咄咄逼人、直截了当、机智聪明、生硬粗暴，虽然并不总是政治正确，但在危机时刻适应性极强。在我们初次相遇时，他还不是纽约市市长，但能看到他将会成为市长。你也能看到，如果运气好，并且公众形象再柔和些，他甚至会走得更远。当然，这是不可能的事。然而，不可能把纽约市长这一特殊案例推广到全美国去，也是证据充分、显而易见的。

当我在《纽约新闻日报》，鲁迪在美国联邦检察官办公室当锋芒毕露的检察官，负责反官员腐败和有组织犯罪时，我们就彼此喜欢。抛开所有共和党和民主党政治不谈，他身上有着某种新鲜、真实的东西。他不笨，不会在每个问题上都去反公共舆论的潮流，但是，当他站稳脚跟，建立阵地，开始发起进攻之时，在美国政治圈里没有比他更强硬的斗士。这个国家就要看到，在"9·11"灾难硝烟弥漫之时，什么是真正的勇气。

1993年，纽约人拒绝了那位善良但没有效率的丁金斯连任市长，而选择了他的对手朱利亚尼。那时我在洛杉矶当《洛杉矶时报》社论版主编。在一次回纽约的怀乡之旅中，我安排去市政厅一趟，和朱利亚尼的聊天成就了一次独家采访。

当我踏进他大办公室那一刻，鲁迪还是平常欢快自由、斗志旺盛的模样。他热情洋溢地欢迎我。他说出口的第一句话是："嘿，汤姆，如果你还在《纽约新闻日报》管事，我知道你不会支持丁金斯第二次。他是个好人，说真的，但对第二个任期他不称职。"

好吧，他说得没错。事实上，就在1993年秋纽约市长选举之前，我给时代-镜报集团某高管发过秘密便笺，他帮助监管《纽约新闻日报》的运作。我写道："你认为《纽约新闻日报》应该支持鲁迪吗？"

回复转回来，在我手写的便条上潦草地写着："不！为什么要用另一个迷惘、迷失的人取代这一个？！"

这是对鲁迪非常不屑一顾的评价，而我认为他是个出色人才，但《纽约新闻日报》支持谁的问题已不在我控制之下。而且，在洛杉矶这边，我有足够多的问题要处理。但是，我真的认为，这位报纸执行高管对鲁迪判断失误的主要问题在于，鲁迪是共和党人而不是民主党人。这部分原因是新闻媒介的意识形态问题。这是个令人悲哀的逻辑：一个好领导者不坏只因其不是民主党人，反之，一个坏领导者不坏就因其是个民主党人。

鲁迪这样直来直去、生硬粗暴的性格，是我在招募员工时所珍视的。正如我在《洛杉矶先驱考察者报》被允许自己招募员工，长岛的母报《新闻日报》也给了我同样自由。他们分配给我十五个员工编制，总编们从不干涉我用人问题。

嗯，差不多从不干涉。一次，我接到人事部主任斯坦·阿西莫夫（Stan Asimov）打来的电话。他是科幻小说大家艾萨克（Isaac）的兄弟，是个非常好的人，也是一个主编梦寐以求的同事，他乐于支持和帮助人，但比较直来直去。

"汤姆，"他给我在曼哈顿的办公室打来电话，"我不是想干涉你的工作，但是，至今你已雇用六个新员工，没有一个具备常规的报纸工作经验。"

"我知道，斯坦利（Stanley）[1]，"我回答，"这是因为我们现在出的不是常规、传统的报纸。这是一张特别的报纸。"

斯坦承认，他没有听懂。

我解释说："纽约市是具有强烈印刷取向文化的城市。人们

---

1. 斯坦利是斯坦的教名。

不仅每天平均阅读一点二份报纸，而且读的是《纽约客》(*The New Yorker*)、《村声》、《纽约》(*New York*) 等本地周刊，以及天知道别的什么东西，尤其是他们被关在大众交通工具里时，包括公共汽车、地铁或出租车等。然后，为了进行市场细分定位，我们最好提供一种精美的日刊杂志之感，而不是邋里邋遢的报纸。"

最后，《新闻日报》长岛总部接受了我这个观点。我们从《名利场》(*Vanity Fair*)、《国家法律杂志》(*The National Law Journal*)、《纽约》以及其他杂志雇用了一些年轻人才。直到雇了十二个人之后，才加入进来一个真正具有传统报纸背景的才女，就算是为了平衡起见，我们也很高兴她的加盟！

因为有十几位关系相对融洽的员工，我们努力创造一种同龄人之间的平等气氛，而不是等级森严的公司组织。在《纽约新闻日报》，写作和编辑社论的过程要求每个人或多或少是平等的，要求每个人都要经历相同的社论控制考验。没有人可以凌驾于同侪之上，就算是老板也不行。

我在《纽约新闻日报》待了四年，有一天，在内部办公邮件里，我出乎意料地收到来自戴夫的便条。这是那种能够让你整周或整月都像打了鸡血似的便条："我每天拿起《纽约新闻日报》，你们的版面总能跳出来，引人注意，有趣、有主张的各种观点，干脆利落的文风，恰中肯綮的针对性。你们所做的工作，是我们这个伟大探险的一个主要部分！戴夫。"

这就是激励式管理，而激励式管理引导员工更加努力工作。

不管他想要与否（直到最近，我才最后意识到，我从未遇到一个我没有回应的便条），我对这个便条作了回应，表达如下几个意思：

1. 为了进行"无中生有"的创业，需要扎实的启动计划和设计，不论在何种情况下都要得到最高管理层的支持。

2. 需要得到长岛母报《新闻日报》无微不至的支持，我们在纽约确实从我的顶头上司、令人尊敬的西尔万·福克斯那里，及其继承者詹姆斯·克勒菲尔德那里，得到了这种支持。

3. 需要高素质的员工队伍。

4. 需要选对城市，这一点最重要！

5. 我们在纽约，能够在《新闻日报》先前声誉之上进行建设，使我们报纸能得到认真对待。在满是严肃认真的人们的城市里，我们提供巨大的帮助。

没有人比弗雷德里克·A. O.小施瓦茨（Frederick A O Schwarz Jr.）更庄重而优雅的了。弗里茨·施瓦茨是顶级律师事务所"克拉瓦斯、斯温以及穆尔"的法律合伙人之一。他是市政府官方首席律师，在20世纪80年代末，担任纽约市宪章修订委员会（New York City Charter Revision Commission）主席。大约十年之后，《纽约法学院法律评论》（*New York Law School Law Review*）把一整期杂志都留给了由弗里茨·施瓦茨和埃里克·莱恩（Eric Lane）撰写的关于纽约市成功的宪章修订改革的分析和叙述。(《宪章制定的政治与政策：纽约市1989宪章的故事》，《纽约法学院法律评论》第42卷，3—4号，1998，尤其参见966—972页。)

"说起来话长，"施瓦茨和法学教授埃里克·莱恩在那篇全面的法律评论文章里写道，"此项改革的成功反映了……编辑部支持的重要性。"然后，施瓦茨解释了城市主流报纸在帮助提升公众对政治改革的支持方面所发挥的重要而健康的作用，该政治改革从其本质上说对有钱有势的特殊利益集团是个重大威胁。在叙述当中，施瓦茨和莱恩特别注意到《纽约时报》和《纽约新闻日报》的作用，在当时大都会里，这是两家最严肃的报纸。最后，《纽约新闻日报》和《纽约时报》都支持这个颇受争议的宪章改革，但施瓦茨和莱恩写道："《纽约新闻日报》最先站出来支持。"

还记得我在大学里和《哈佛深红报》那个愚蠢的小小竞争，比哪家报纸第一个反对美国军事介入越南吗？我说过，这种竞争性东西或者融化在你的血液里，或者没有。

这篇法律评论文章，有时还出现在大学课程的必读书单上。学生们需要去理解，报纸以及在较小程度上也包括杂志，从最佳状态看，承担着促进民主的巨大责任。仅仅揭露官员和政治腐败，并不能算尽到责任，这种事太多，也不难发现，但这不是全部。按照通常的补偿标准看，很多敬业奉献的专业人士给予社会生活的远超过他们得到的。但是，新闻媒介在树立政策卫士典型方面是否做得足够多，就如同其把坏人拉下马那样多？施瓦茨就是这样一位高贵的卫士，他努力让社会生活和政治生活变得更好。为了这个有价值的事业，他得到《纽约时报》和《纽约新闻日报》的大力支持。我很骄傲在这其中发挥了点小小作用。回顾往事，我只希望在我新闻媒介生涯中，这样的事情做得再多些。然后，我才真正对得起宪法第一修正案对我职业的授权与保护。但是,我和同行们常常并非如此。

然而,不管《纽约新闻日报》在宪章改革中发挥了怎样作用,都是团队努力的结果。真正成功的主编,不是一个人的孤岛,尤其是编辑每天都被万众瞩目的产品。我的团队与我曾经以及将要合作共事的任何团队一样好。除了街头智慧、扎实的文字功底以及激发灵感的工作伦理,他们并不把自己太当回事,也不把我太当回事(也许,部分原因是我那雷打不动的规矩,即版面必须在下午五点前全部完成,以便我来得及收看最喜欢的电视节目《舞林大会》),并且他们一般都会有话直说,直抒胸臆。

作为领导者,团队的开诚布公正是我想要的。当然,我们都是人,表扬和赞美真的能带来幸福和满意,但是对于员工,我不需要他们告知我想听到的东西,我需要他们告知其真正所思所想。

我的员工善于做这种开诚布公的事情,有个非常滑稽的例子,就是在我的离职聚会上,他们送给我一个极好但又出乎预料的告别礼物。在洛杉矶真正开始新工作前一周,长岛《新闻日报》和《纽约新闻日报》社论版的员工组织了告别晚会。有通常的客套话("你永远不会知道我们会多么想念你"),有一些幽默的嘲笑(好同事詹姆斯·克勒菲尔德开玩笑说,在和长岛针锋相对的争论中,我也许是过分地乞灵于"戴夫"这个名字的保佑!他说的没错,和长岛的争斗常常吓到我,尽管他们也许不知道),但在这次聚会上至少没有一个人喝得醉倒在地。

但是,最好部分出现在尾声。他们在四十二街时代广场的高楼上给我呈现一幅图画。这幅画几天前就做好了。那个"大拉链"，即《新闻日报》租用的滚动式新闻电子亮屏显示板，闪烁显示："终于摆脱了，汤姆·普雷特！"那幅图画至今还骄傲地悬挂在我的办公室里。真的，员工们已经学会准确表达他们所思所想！

多年之后，有一次戴维·英格利希爵士在我办公室墙上看到这幅画，评论说这幅画是他看到过的最好的离职礼物，可以肯定的是，他确实看到过不少离职场面。"太遗憾了，你没有这幅照片的原初底版，要不然可将它放大到十英尺高。"

下面是我从《纽约新闻日报》快乐退出的战略。回想起来，我对《新闻日报》管理团队表示极大尊重。十几年前离开长岛《新闻日报》时，我提供了几个月的过渡期。我相信，他们永远不会忘记。

当然，这次有所不同。《新闻日报》之父戴夫·拉文索尔被提拔到母公司时代-镜报集团的总裁位置，然后被要求兼任《洛杉矶时报》的发行人，该报是出版集团的旗舰报纸。戴夫要我当《洛杉矶时报》社论版主编，因此，我不是叛变，而只是调到母报而已。

但是，我要给《纽约新闻日报》留一份配得上的遗产。为达成此目的，我寻求为其社论版雇用一个很好且多元的团队，或多或少可以反映纽约本身的多元性。

在这个伟大的城市，这件事不难办，并且，《新闻日报》拥有公民自由与平等的传统和支持性环境。事实上，一般来说，新闻媒体这一行业在提拔女性和少数族裔方面，也许和其他任何行业做得一样好。可以肯定，现在情况仍然远不完美,但正是因为媒体行业做了大量种族歧视和经济不平等的报道,所以,媒体比其他大多数机构更加深切意识到问题所在。

在新闻业我所遇到的性别歧视比种族歧视多。可以说,我这一代主编对于提拔女性比对提拔黑人或拉美人,更有可能持不合作态度。确实,新闻这一行甚至还遭受严重的政治正确的困扰,这种"政治正确"病阻碍实事求是地评价雇员,仅仅因为他或她的种族区分。

我当然不想把自己对女性和少数族裔的态度圣徒化。然而,当我离开《纽约新闻日报》去《洛杉矶时报》时,我把继任问题摆到发行人面前,使他面对一个可喜的选择困境,即要在一个黑人和一个女性犹太人(帕特里夏·科恩[Patricia Cohen] 不久变成《纽约时报》员工)之间作出选择,这是历史事实。不管选谁,都不会错,因为两人都是非常称职、出色的人选。最后,他选择了那个男人欧内斯特·托勒森(Ernest Tollerson)。因此,当我离开时,继任者实际上是个少数族裔。欧内斯特的工作做得很出色,我知道他会如此,因为他富有才华,作为团队主要成员,他工作非常努力。科恩女士也很了不起。

我在《洛杉矶时报》社论版主编任期届满之时,我也尝试把继任者问题摆到极为尊敬的发行人面前。但是,这次管理层不必在少数族裔和女性之间作出选择。发行人一举两得,选了一个非裔女性。她非常出色地把这份工作干了七年(我干了六年),然后转向她最初所爱的新闻报道工作。

在下面某些表扬段落里,你将读到的问题,基本上我是同意的。不是指对个人的表扬,那是愚蠢的,而是指洛杉矶用非常好的工作来打招呼的感觉,以及在此超棒城市所将面对的巨大挑战。这个城市位于泛太平洋地区、亚洲、中国、印度的边缘,是世界地缘政治的中心。

对我汤姆·普雷特这样的伪知识分子而言,带着一个相当不错的团队,主持一份世界主流报纸的社论版,在我看来,可能是新闻这一行里最好的工作了。

《纽约时报》新闻公布该任命的那天早晨,我曼哈顿公寓的电话开始响个不停。

"哪位?"

"你是国王吗?"

那个声音不可能弄错:欢乐的重低音,晚宴上的搞怪风,家长作风的偏执狂,这就是独一无二的费尔克的声音。

"你好,克莱,你是什么意思?"我迟疑地反问。

"在纽约的我们这批人当中,没有谁能够坐上那个职位。汤姆,我们没有一个人能如此,这是你要明白的。甚至,我们很多人连被考虑一下都没有。除了你,我们没有人能够得到那个工作。归根结底,对于那份工作,我们也许是不够严肃的人。但是,由于你的普林斯顿出身、军备竞赛那本书以及那些你读过的、其他人闻所未闻的严肃小杂志,你与这个职位真是完美匹配。我知道,过去在酗酒方面,你有你的麻烦,但是……这是个好机会。享受这个机会,我们其余人都干不了,我能告诉你的,就是这个。"

这些话是不是很亲切,或是其他什么,啊?

接着是小说家以及麦迪逊大街（Madison Avenue）[1]风格的记者吉姆·布雷迪（Jim Brady）打来电话，简直是尖叫："你是第一！没有第二！你就是王！"

我想，很有可能他之前已经对其他人用过这样的句子一两次了。然而，我还是欣然接受。如果你不能按其本来的样子接受吉姆·布雷迪，那么你就不能接受生活！他是个极好的家伙，但更有可能像麦迪逊大街其他人一样是个"骗子"。

最令人惊奇的，也许是来自汤姆·约翰逊（Tom Johnson）的便条。回顾往事，当我还在小报《洛杉矶先驱考察者报》埋头苦干时，他已经是《洛杉矶时报》的发行人。我到《洛杉矶时报》任职的消息浮出水面，我收到他的便条，不过此时他已被挤出《洛杉矶时报》，转任CNN总裁。便条写道："我生命中最自豪、最快乐的时光，就是和《洛杉矶时报》同仁们一起工作的日子。我也希望你我能够共享更长久的交情。很久以前，我就想到过你（来干现在这个工作）。"哇哦！

诸如此类，很多很多，有来自市长、前同事、甚至我不太了解的人的电话。好吧，当《洛杉矶时报》社论版的主编，是个非常好的工作。该报年收入超过十亿美元，发行量大致与《纽约时报》比肩。在芝加哥以西，它是美国最大的报纸。

我收到的最好祝贺便条，自然是戴维·英格利希爵士写来的，他最近刚被英国女王授予爵位。他在伦敦写道："汤姆，你必须当心，不要让权力冲昏头脑。我希望，在这件事情上，能

---

1. 麦迪逊大街是纽约广告业中心，在美国俚语中代指美国广告业或广告业的作风、方式、手法等含义。

为你树立一个榜样,每当你感到腐败性影响开始发作时,我能够给你一些忠告!"我有能力保持头脑清醒,避免泰坦尼克沉船的风险吗?一般情况下,答案是肯定的……但是,在洛杉矶,我有戴维·拉文索尔在我身边,他了解我甚过我的父亲,他不会让我把自己弄成一个大傻瓜。

显而易见,纽约是个大社团,可能拥有这个星球上最令人惊奇的政治家和各种风云人物,而我从这里移居到洛杉矶。因此,对于当时《纽约时报》社论版主编杰克·罗森塔尔(Jack Rosenthal)的便条,我不感到奇怪。他的便条尽管是亲切的,但也成功批评了洛杉矶的"地方性":"亲爱的汤姆,恭喜你获得新的工作。然而,我不理解的是,既然你已在国家队大显身手,为何要跑到省队去?诚挚的杰克。"

然而,《洛杉矶时报》的工作是个非常重要的工作,我期盼着这个挑战。职位名称是"社论版主编"。1989年,《洛杉矶时报》总编辑谢尔比·科菲(Shelby Coffey)给在《纽约新闻日报》的我打电话提供该职位时,我提的第一个问题是,这个职位的职权范围是否包括星期天意见版、每天社论版及社论版对页。

"没错,"他说,"所有评论业务都包括在内。"

我生命中最重要的女人——妻子安德烈娅以及女儿阿什莉——似乎有点情绪低沉。特别是安德烈娅不愿意离开曼哈顿,尽管曼哈顿存在肮脏、犯罪以及交通拥堵等问题,她仍然很喜欢这个地方。另外,她也不喜欢我们把所有筹码都押在戴夫·拉文索尔身上的计划,戴夫高就《洛杉矶时报》发行人的职位,然后给我提供工作。她劝说道,如果戴夫发生什么事,我将会被孤零零地抛在西海岸,在那里除了写电影剧本之外,在印刷媒体谋事的机会少得可怜,但如果继续待在《纽约新闻日报》,即便该报关门大吉了,转向如《纽约时报》这样的大报或者某些杂志社、出版社等,也将容易得多。

我赞同她讲的道理,但视之为杞人忧天。戴夫能发生什么事?我们没有什么可担心的。但是,我们真的有……

在职业生涯巨大跃升之前,就算跃升到极好的职位,请一天假吧,到海滩上走走,写写心灵笔记。使用一下五角大楼最坏情况演示分析法,想象最可怕事情(除了死亡)发生在你身上,你有什么备用计划?

第八章
《洛杉矶时报》：美国主流报纸的责任
（1989—1995）

看着黑烟弥漫，我心如刀割。沿着圣塔莫尼卡高速公路（Santa Monica Freeway）向西，以每小时九十五英里的速度，我从市中心向富裕的西部城区开车疾驰。这是1992年，洛杉矶爆发城市大暴动。

市中心有《洛杉矶时报》社、市政厅以及其他城市地标，但也靠近洛杉矶的暴乱社区。在这些社区里，多的是贫穷，少的是希望，其居民曾被过去《洛杉矶时报》发行人描述为不是"我们的读者群"，该社区居民的个人权利受到洛杉矶警察局的侵犯，而不是尊重。

现在，这些社区大部分都在黑烟笼罩之下。当我匆忙离开那儿，突然想到在减少不公、增加公平方面，美国既有体制是多么失败。如果你想要或坚决无视客观事实，你可以将其归责为遗传基因。但是，美国很多城市中心区的苦难是随时可能爆炸的事实。此时此地便是：现实通过黑烟向我们的良心发出信号，无论别的地方——亚洲、非洲或是别的什么地方——存在何种程度的贫穷、歧视以及无家可归，其实就在美国自己的城市里，这些现象也还大量存在，除非这些问题得以解决，否则爆炸和爆发将会贯穿我们的历史。

从地理上说，美国主流报纸的总部距离真正严肃的社会、经济和政治问题越近，其在实际帮助处理和解决这些问题上越发显得无力。

这对我刺激很大，我差一点转回去，在《洛杉矶时报》办公室地板上过夜。这么多城市中心的苦难就在距美国主流报纸总部几个街区之外。《纽约时报》、《华盛顿邮报》以及《洛杉矶时报》对第三世界的贫穷、欧洲的腐败以及国际货币制度等夸夸其谈、指手画脚，然而就在他们自家后院还存在痛苦、压抑和混乱，新闻界对此并未进行有效而充分的报道。我个人为此感到有罪。我待在美国现有新闻体制的时间太长了。

社论版的存在有如下理由。其一，在某些报纸，社论版为发行人或管理层提供一种富豪的游戏围栏，在此围栏之内展开各种管理观点。如果你喜欢，在民主公开意义上，提供各种各样可供选择的观点，甚至提供民间领导。

另外一个理由是，让新闻版相比之下看起来少一点主观意见性。你知道，据说美国报纸的新闻版只刊登不带感情的事实，排除主观意见。当然，这是个骗人的命题。有没有带感情的事实和不带感情的意见呢？但是，由于明显表达各种尖锐观点的专门社论版的存在，这种荒唐的主张得以被强化。很清楚，该主张就是，报纸上除社论版以外的其余部分，严格来说，都是客观事实。显然，事情没有那么简单。

我被调进《洛杉矶时报》，就是为了复兴社论版的"意见"

取向。这被归结为其他理由。该部门充满各种"问题"。首要问题就是，至少在我看来，许多评论似乎就是膝跳反射似的对自由观点的重复，这种观点在过去几十年间已经被老调重弹无数遍。"陈腐不堪"是其恰如其分的描述。这就导致两个消极后果，一个是读者人数下降，如果读者之前就已清楚社论立场，为何还要劳神费力去读社论版？另一个结果是对发行人的巨大压力。

发行人的巨大压力主要来自两个方面。其一是非常保守的董事会的存在，其观点与其说接近博诺（Bono）[1]的那点自由主义，不如说更接近巴里·戈德华特（Barry Goldwater）[2]的最坏部分。其二，《洛杉矶时报》正在努力吸引新的读者，尤其是橘郡（Orange County）的读者，那里是日益富裕的洛杉矶南郊，其居民正越来越把新兴的《橘郡纪事报》（*Orange County Register*）当作他们的主要日报。

在收复失地的努力中，《洛杉矶时报》为其郊区版建立起一个基础甚好的橘郡分社。为达到目的，在会议室里，通过电话连线，我们会与橘郡的评论作家一起讨论安排社论版文章，有时甚至圣费尔南多谷（San Fernando Valley）的社论版主编也会加入电话会议。这是美国最复杂的社论版系统。自然，我喜欢它。

---

1. 博诺为保罗·戴维·休森（Paul David Hewson）的艺名，1960年5月10日出生于爱尔兰都柏林，系音乐家、诗人和社会活动家。他是爱尔兰摇滚乐团U2的主唱兼旋律吉他手，乐队大多数歌词皆出自其手，擅用歌词表达对政治、时局、社会的看法。
2. 巴里·戈德华特（1909—1998）系1953—1965年、1969—1987年亚利桑那州的联邦参议员，为1964年大选共和党的总统候选人。被视为20世纪60年代复兴美国保守主义运动的主要精神领袖，常被誉为美国的"保守派先生"。

然而，令事情更加复杂的是，还有一个不可解决的政治问题。一般而言，洛杉矶市中心的人们认为《洛杉矶时报》"太体制化"，也许甚至有点保守，这一点确实如此，直到20世纪70年代奥蒂斯·钱德勒（Otis Chandler）出来之后才有所改变。但形成对比的是，直到最近还被看作保守派大本营的橘郡，往往把《洛杉矶时报》看作太过自由派，甚至是激进左派。

我的前任无须担心什么橘郡版，但我不同。在我们新的管理体制下，发行工作被优先重视，市场营销的考量可以理解地开始影响编辑思维。因此，社论版的压力就是要保持其观点的完整性与一致性，且不能不必要地得罪那些如果不是保守的、起码是不太自由化的潜在读者。这就把巨大的压力（在《洛杉矶时报》是史无前例的）加在社论版新主编肩上，一方面他从前任继承了毫无疑问是自由派的员工，另一方面他同时要对本性特别谨慎，并开始担忧橘郡后戈德华特时代敏感性的发行人和总编辑负责。

回想起来，只有在到职一两个月之后，我才开始理解为什么当初总编辑谢尔比·科菲（第一次给在《纽约新闻日报》的我打电话时）把雇用我描述为"高度机密"。他说："让我们遵守克里姆林宫的保密规则。"然后，他又补充说："我们对你真的感觉很好。我们喜欢你的头脑和思路，以及你在《纽约新闻日报》的所作所为。考虑到你的兴趣和经验范围，你可能是复兴我们社论版的最理想人选。"哇喔，我曾确实对此信以为真！（笨蛋们匆忙闯入天使都害怕涉足的地域……）

在你跳跃之前，务必要仔细观察一下。有时，一个明显的提升，到头来事实证明，实乃是非之地。

对下述发生的一些事，你会怎么理解？

第一件事，在任职宣布前几周，我和编辑部某长期成员共进晚餐。这个晚餐是高层管理者建议的，目的在于让这个人看看我是否合适。实际上，我正在被某人进行工作面试，而这个人以后会变成我有名无实的下属。这太奇怪了。从另外角度看，此人是个不错的人，也是个好记者，但对于社论版，事实证明也许他从一开始就分配错了角色。

第二件事，在我第一个工作日，发行人在会议室召集会议宣布我的任命。在我和发行人一起去开会前，他对我说："你能做到很好地自控吗？"他了解我的个性，了解得很深。我说是的。但是，当会议开始宣布人事变化时，某社论作者（我先前从未见过他，他也不太了解我）站起来，公然抨击这个会议。总编要求他坐下来，他不耐烦地回答："这是一次会议，还是只是一个通知？"总编敏锐而冷淡地回答："我想，这是个通知。"

尽管如此，这位社论作家——后来成为很棒的某新闻媒体评论员——仍然贡献了他那讨厌的结束语。其实，他的话有部分道理，但也有感情用事，且暗含伤害性。我想我绝不能把此事告诉安德烈娅，因为她一直反对我接受这份工作，告诉她，只能强化她低估我事先发觉麻烦的能力。这件事的要点是，我的前任是个圣徒，而我是个魔鬼，现在我们将从有原则的社论版走向没有原则的社论版。

我很震惊，感觉有点受伤和愤怒。但是后来，当被问到是否要把这个员工立即调到外面的橘郡时，我拒绝了，某种东西告诉我，他会成为出色的社论作家，而他确实做到了。

回想起来，也许第二天我就应当回到《纽约新闻日报》。我注意到，那里的发行人鲍勃·约翰逊还为我留着那个职位。也许是以防我不喜欢洛杉矶的新工作？也许是他已经知道洛杉矶的形势，而我却不甚了了？也许我应当返回我所来之处。但是，我是个傻瓜，永远是。我在这里是个"船长"，想要感受掌控一艘油轮的滋味。

我不知道诸位将如何理解这些事情。但是，事实证明，我对此没有作出过分解读。尽管开局略有不顺，但我仍然要做那份工作。

第二天，我去到办公室，逐个拜访每一位员工。也许，我应当做的，是全部解雇，然后重新招聘。但是，我不是那种心狠手辣之人。解雇员工太伤人了。我不喜欢那么做，尽管我有权那么做。我从未解雇过一个我雇用的人，并且，我也不喜欢自己被解雇，我想要尽可能保住每一个人，即便在情感上会遭受打击。好了，这一错误决策最终导致的不仅仅是一次打击，它极大地损害了我的幸福感。

然而，并非每个人都充满敌意——谢天谢地，至今仍然如此。我在意见版主编办公室停下来，碰巧她是位黑人女性。我还没来得及说什么，她已脱口而出："我不知道你的议程是什么。我真的不知道，但我会支持。在以前那种体制下，我确信做不成任何事。在你领导之下，我不可能做得更差。你可以得到我无条件的支持。"好，这至少是某种积极的回应！六年过后，这位富有才华的年轻女性成为社论版主编的继任者。理当如此，我为她高兴。

这种部门内部员工的晋升，确实是好事情。事实证明，我对少数族裔问题格外关注。刚入职几周，在十一月末，我收到一份经高层批准的年薪增长备忘录。只有两位员工年薪增长为零，不是白人。

事实上，我非常吃惊，关于这个问题，我专门写了一份备忘录给高层管理当局。上面部分写道："存在一个具有潜在不稳定性的补偿问题，我想引起你的注意……去年底，当我继承员工之时，我被告知同时继承了加薪推荐权……但现在情况是，只有两位员工没有得到加薪，且都是少数族裔……我有推荐权，如果你需要。"

然后，某高管成员打电话召我过去，他向我提出，如此重大而敏感的问题不应当写到备忘录里。他绝对是正确的，但有时，这样的备忘录对那些没有得到优先重视的问题，恐怕是引起关注的最好方法，以及清楚表明这种古怪遗漏对我而言是个大问题的最好方法。好，长话短说，这次"火箭发射"得到了恰当关注。那两位少数族裔当事人（事实上我非常喜欢她们，各有各的理由）得到了加薪。

第二天，另一个少数族裔员工要求见我。她是个特别合群、有话直说的女性。"我想你应当知道这个。我在准备以种族歧视为由起诉《洛杉矶时报》，"她说，"但是，听说你要来的时候，我决定推迟起诉。我要看看你的情况。你对于女性和少数族裔口碑甚好，而且你支持戴维·丁金斯，纽约报纸中只有你这么做，对吗？因此，我想我再等等看。"

她没有再提出诉讼，但我被如此事实所震惊，即我正进入种族关系紧张的氛围当中,而且该报被认为是美国最自由的报纸之一。之前,没有人告诉过我这些事!(当然,如果他们告诉我,我也许宁愿选择留在纽约!)

你瞧,大部分员工都是男性白人。他们许多人很聪明,有才华,追求卓越,但他们不知不觉中把自己编织进排外的隐性俱乐部,这个俱乐部把任何不在其中的人(如女性、黑人等)都归到次要地位。正如我私下所称,这个"白人男性新共和下意识自由派俱乐部"(White Boys New Republic Knee-Jerk Liberal Club)已存在很长时间,其中每个人都认为他们是终身会员,他们真的不必对任何人负责。

任职几周后,我就发现这些人长得什么模样。某白人男性社论作家说了某些东西,这些东西可能要被解读为种族主义。我知道,他的意思并非如此。在根深蒂固的俱乐部氛围中,也许那只是在早晨九点四十五分的编辑部例行会议上不时冒出来、未经大脑的随口一说而已。然而,现在《纽约新闻日报》先生来了,这是个新的游戏了。

会后,我私下跟那位作家谈话,他是个真正的绅士,从另外方面看也是好人。我们大家都不完美,都有可能说些错误的东西(尤其是我)。但是,在最近刚刚消弭一起诉讼以及迅速发展的政治正确环境背景下,还是要采取某种管理行动。

同时,我向管理层报告了这件事,说我会只发布一个口头批评,并把关于这件事的一份个人备忘录存入档案,以防类似事件再次发生。此类事没有再发生。那位作家不仅向被冒犯的员工(一位非裔女性)作口头道歉,而且也给我写了一份个人道歉书。正如我所说,从另外角度看,他是位真正的绅士。

对于那些不是"白人男性新共和下意识自由派俱乐部"会员的人来说，主要指女性和有色人种，《洛杉矶时报》社论版的氛围是难以置信的刻薄的。这种"俱乐部氛围"需要变革，而且确实有所变革了。

一个机构越是成功和体制化，其抵制任何主要变革的阻力就越大。如果你作为变革力量被引入该机构，那么你要确保每天都要到健身俱乐部进行锻炼，以培养坚忍的意志力，以及在许多压力山大的时刻，控制自己想要猛灌伏特加的癖性！

当一个人加入了一家成功且强大的媒体机构，无论是《洛杉矶时报》还是《时代》周刊，他就踏入了一个根深蒂固传统的深渊，仿佛驶入一个巨大的历史港口，这个港口有自己潮涨潮落的时间表，以及对风暴的生态抵抗，否则，风暴将会把不太强固的结构体吹翻。海平面底下还有巨大的潮涌，以及深藏海底、会吞噬外来者的古怪海洋生物。此外，我还逐渐认为，如此机构是个巨大的油轮，要花费数天才能出港，然后要彻底转个身将费时更长。相比之下，《家庭周刊》以及某种程度上也包括《纽约新闻日报》，像艘二十英尺的轻便小汽艇，能在极小的地方转弯。

《洛杉矶时报》不是如此。想象一下，一艘不能对碰撞作出即刻反应的巨轮，意味着船长必须时刻保持警戒状态，以防巨大冰山的威胁，更不用说还要防止船员造反！

不能说我是毫无准备地就登上船长的宝座。事实上，对于在《洛杉矶时报》将会遭遇的打击，我有着各种自我代入的恐怖症，并为此而感到眩晕。这份工作让我在早晨七点就来到办公室（每天早晨六点一刻我就得离开妻子和女儿，驶上从圣塔莫尼卡到市中心的高速公路），至少在最初几年里，我很少在晚上七点前离开办公室。每天通常有三至五个雷打不动的工作会见，周末也从未完全空闲。

我后来听说，我的继任者工作太累了，以至于在开车时睡着在方向盘上（谢天谢地，人车皆没事）。我想，我的前任之所以能幸存如此长时间，部分原因是他有个极有天赋、总有助益的二号人物作为其全权代表，部分原因是他设法整出一个近似于从上午九点到下午五点的坐班制。我既没有那么聪明，也没有那么高效。

当我经历差不多六年极为有趣的煎熬，离开这个工作时，正如机智敏锐、口才甚好的总编辑谢尔比·科菲所说，我是得到了极大"解脱"。我真的是精疲力竭，感情上、体力上，以及精神上都是如此。

是的，我是有点古怪，你在后面将会看到，我不穿黑袜子，但我坚持了六年。

然而，不仅仅是要跟上这个节奏，每天都有无数战斗，你还要担心集团干涉，监管社论漫画家，对付从前任那里继承过来的萎靡不振的员工等。

集团干预社论版决策，早早就来到了我的前门。发行人戴夫·拉文索尔和总编辑谢尔比·科菲会尽他们所能，或者保护他们的社论版主编免受直接打击，或者在他们所掌控的有限空间里灵巧地闪转腾挪。他们知道，在大部分社论作家都是继承过来的，且总体来看在政治上比民主党全国委员会更自由的背景下，如果管理层不断干涉、火上浇油，那么汤姆·普雷特很快就会身陷困境。

他们俩已经尽力了。由于有着先前作为《新闻日报》发行人和CEO的经验，戴夫也许比谢尔比或我更加擅长"打太极拳"。尽管如此，真实情况是，我并不介意集团干预社论版的工作，只要这些干涉是光明正大和诚实的。令人生气的是，那些狡猾的操作者，他们认为我这个纽约佬似乎是昨天才出生。

实际上，只要不是企图从我手中拿走决策权，我甚至欢迎集团提供意见和信息。一位被称为"银狐"的高管经常拜访我，提些建议和意见，通常信息量很大，并从无恶意。然而，也有另外一些人，我甚至绝不会冒险把我的汽车借给他们，他们离我远远的，通过中间人做表面文章。

有时，这种干涉超出了令人讨厌的范围，更加伤人或滑稽。一天，某集团高级官员不打招呼就来到我办公室，问我是否能抽出一点时间，他坐在沙发上，深吸一口气，看着我的眼睛，带着点恳求的味道。长长的停顿后，他说："这事有关我工作的去留。"这是个相当吸引注意力的开端。

"我怎么能帮助你保住工作？"我琢磨这是最好回答了。

这位集团大咖解释说，在最近一次董事会议上，一个影响本州主要公用事业公司的管理问题引起了他的注意，这个问题是由该公司CEO提出来的。这位要员说："我不知道该问题有什么好处，但他是个好人，总是很讲道理，他控制着董事会，因此也控制着我的工作。"

这位要员想要什么？

且听他把话说完。他说，他尊敬你，他只是需要你握住他那理智的手。"你能做到吗？"

我说我能。并且，我确实做到了。

大多数时间替我挡住上层压力的，主要是公司CEO罗伯特·厄布鲁（Robert Erburu），在许多方面，他是个圣徒和谦谦君子。他招致集团公司保守董事会如此多火力，竟然还没有像"阿波罗13号"飞船那样烧毁，真是异乎寻常。

一天，政治压力渗透下来，或者说我本来这样想。当我认识到我想错了时，我真想大笑一场。

那是大约在午饭时间，当时《洛杉矶时报》母公司时报-镜报集团的主席，漫步走了进来，尽其所能表现得毫无恶意给全世界看。普通情况下，我可能会拨打911电话，声称有人闯入。但这次闯入者不是别人，正是厄布鲁的前任富兰克林·墨菲（Franklin Murphy），他确实是个非常特别的人。

首先，在加州大学洛杉矶分校（UCLA），他曾经绝对是个传奇人物。他在那儿当了几十年的校长，把洛杉矶西部的这座公立大学，从平庸的走读学校提升为著名的研究型大学。他的遗产是如此受人尊敬，以至于校园中最美丽的地方被称为"富兰克林·墨菲雕塑花园"（Franklin Murphy Sculpture Garden）。这是个占地几英亩的天堂，在波浪起伏的草坪上，点缀着众多引入注目的雕塑，这些雕塑都是罗丹（Rodin）等艺术大家的作品。在离开加州大学洛杉矶分校，去了时报-镜报集团之后，他把报纸与非常保守的董事会隔离开来，如同超级碗联赛

（Superbowl）中一个人的防线。如果说他曾面临巨大压力，是因为某些董事曾经让已故标志性保守党人巴里·戈德华特看起来像科菲·安南（Kofi Annan），但他从未表现出分毫。或者，这一天他会有所表现？他突然出现在这里，然后一句问话就让我突然失去平衡，心神不安。他问："在这次选举中，我们要支持谁？"然后，他走到我的办公桌旁，弯下膝盖，拿出一个记事本。

我本来认为，他的问题是我们要支持对的候选人吗，然而，那不是问题啊。后来事实证明，他的问题是，我富兰克林·墨菲应当把选票投给谁。之所以要问这个问题，是因为富兰克林将要出去度假三周，想把他的缺席选票邮寄回来。因此，他应当投票给谁？

换言之，不是他告诉编辑部要做什么，而是他要我们告诉他要做什么。这是因为他尊重我们做出决策的基本过程完整性。也就是说，这一过程是公正无偏、没有腐败的，工作和未来喜好没有被交换。在某种意义上，他是在说：我也许是世界上主要媒体集团之一的主席，但我很忙，我怎么能知道在第六十三司法管辖区应当投票给谁？但是，你们《洛杉矶时报》知道，对吗？

于是，以我们即将出版的支持版面上材料为基础，墨菲在要邮寄回来的选票上作出了自己的选择。这事是不是很迷人？

报纸能够也应当被视作社区财产。那种认为报社可以自外于存在环境的观念，是严重的错觉。报纸不能利用其影响力为公共利益服务，是一种道德责任的放弃。

报纸工作的另一个特殊待遇，在于完成公民责任的内在可能性，如果你在负责任的报纸工作，并能得到其支持的话。多年以来，坚持回复来电，实际上努力保持温暖和对人的兴趣，使我的办公室变成警官、教育改革者、市政官员以及各类公民的聚会之地。在这间办公室里发生的好多事从未登上社论版，我做过的很多事都是幕后的。

一位教育改革者曾经在绝望中给我打电话，政府官僚和工会官员的联合势力正在阻碍实施一项迫切需要的创新。这种阻挠是更大的传统问题的表现，那就是特殊利益集团与公共利益的矛盾。我建议他请几天假去看望一下住在棕榈泉（Palm Springs）的母亲。然后，我安排在经理人餐饮俱乐部举行两场午餐会。

星期三的会议，请来的是改革者及其同盟军，星期五的会议，请来的是反对改革者及其同盟军。"天使"必须在"魔鬼"前捷足先登，也就是先发制人很重要。一旦改革者已经首先叩开《洛杉矶时报》编辑部大门的传言散播开去，恐惧就会一下子征服抵抗者。当星期五来到之时，他们差不多已开始动摇。

对于改革者及其同盟军，我感兴趣的只有一个问题：他们想要做一件什么事情，能够重启改革进程？然后，对于抵抗者，我也只有一个问题需要他们直接回答：为什么你们（这些坏蛋）要反对创新？后来事实证明，到星期五那天，大概在中午时分，抵抗者们改变了主意，变得疯狂支持改革。结果是：一场改革，零社论，以及教育改革运动重获生机。

通过这种方式，报纸只要有公德心和致力于公共利益，就能变成一种社区资源。为了我们更好的未来，这是新闻记者应该做的。

第二个主要担忧，是监管漫画家的问题。然而，我的担忧被证明是没有根据的。在工作过程中，我有很多问题以及敌人，但和保罗·康拉德（Paul Conrad）没有问题。

可以肯定，"监管漫画家"是个错误用语。这有点像努力监管一条巨蟒，但又不能成为其晚餐！要形容保罗·康拉德，"社论漫画家"不是太合适的词汇，"社论不可抗力"（Editorial "Force Majeure"）可能更接近。

到1989年，康拉德已经获得三项普利策奖，被视为美国社论漫画家中占统治地位的领袖。你也许可以回想起，从我青年时代在《新闻日报》开始就喜欢社论漫画这种形式，并且只要能找到空间就尽可能多地使用它。

但是，即便我喜欢社论漫画，却很少发现那么令人喜欢的艺术家。有些简直令人讨厌，全部都是极端利己主义者，只有一些人真有才华，绅士或"淑女"很少有。

因此，我预期，跟三次普利策奖获得者一起共事的乐趣，就如同和食人鲳在水池浅端一起嬉戏一般。这种恐惧症是基于先前在另一家报纸的某些经验，这种经验不提也罢！

然而，在洛杉矶，保罗最后并没有荣登我头痛名单的顶端，而是位于最底层。可以肯定，他是个天才，也是真正的专业人士。而且对一个漫画家来说，他是易于共事的。注意我刚才所说，"对一个漫画家来说"。我记得曾经问过一个在洛杉矶交响乐团工作的朋友，实至名归的音乐大师艾萨·佩卡·萨洛宁（Essa Peka Salonen）好不好共事。我那朋友回答："对一个指挥家来讲，相对容易相处。"停顿一下后，他对我说："但是请注意，我说的是'对一个指挥家来讲'。"

当管理创造性人才时，必须允许区别和差异的存在。这不像管理会计人员。极富创造性的人，像三次普利策奖获得者，从本性上讲是活泼易变、喜怒无常、易于受伤、极难去爱人的。但是，保罗是漫画家当中的"迈克尔·乔丹"，即便是在一个坏日子里，你也知道你跟伟人在一起。

康拉德的办公室紧挨着我的办公室，一般来说，在我走向高层领导办公室去开上午十一点的"销售展示"会（即向老板售卖第二天待发评论）前，他会逮住我签发当天的漫画。通常情况，这是件容易的日常事务。康拉德没有变成美国最雕琢的社论漫画家，因为他的平均击中率比较低。但是，当他罕见地弄出条"死鱼"（不能用的作品）或弄出条"大鱼"（如果发表，将不明智地让报纸感到不安），就会产生问题。

下面是我发展出来的"监管对话"，专门用来"监管"那些创造性人才的。

1. 如果漫画很棒，我说："这是件非常棒的艺术作品。"
2. 如果我认为有点聚焦不准，能进一步改进，偏离主题，或者会引起大量读者取消订阅，我就会简单地说："这是件不错的艺术作品。"

如果是后者，康拉德总是会回答道："什么？你不喜欢？怎么了？咦，我认为很完美。"

对此，我会说些诸如此类的话：不，我喜欢。事实上，我刚才说了，它是件不错的艺术作品，等等。我们会走啊走，直到保罗悄悄溜回到他的画板前。然而，当我晚些时候从高层领导那里开完会回来，保罗总会拿出一份修改稿，无疑那会是一幅更好的社论漫画。

然后,还有第三个选项。一天上午,他给我看伊拉克独裁者萨达姆·侯赛因漏出屁股向世界抗议的草图。独裁者臀部的图形结构引人注目,不会搞错,这令人恶心。这是一种前卫的思想,但从图形上说,这种东西更适合登在小型的伦敦文学杂志上,而不是我们这种面向家庭的报纸。如果我是这家报纸的发行人或总编,也许无论如何我会让它通过,因为我基本认为,你可以雇用或解雇漫画家,但不要管得太微观,细致到如何创作。然而,我知道,如果我让其出现在版面上,到下午六点左右,高层某位领导肯定会打来电话,命令我紧急撤下这幅漫画,员工们就会仓促之中勉强拼凑一幅替代的社论漫画来填充版面。如果我已精确知道他们将会经受什么样的麻烦,那为什么还要让他们经受这些?

我告诉保罗,这幅光腚的漫画不能发在面向家庭读者的报纸上。他强烈地抱怨,当然可以理解,他对其工作的认知,并不包含让读者感到舒服的义务。

于是,我拿出第三个选项:你想让我把它拿给高层领导看吗?大多数时候,只要一念起这个咒语,他就会立刻长叹一声,像只受伤的狗,灰溜溜地缩回办公室,再整出些其他东西来。但是,对于这幅漫画,他有很强烈的感觉。因此,我走过大厅,把这幅画放在某高层领导的办公桌上,然后静等那个必然会来的电话。一小时之后,电话铃响了:"汤姆,谢谢你送给我看。拿掉它。"

幸运的是,第三选项很少派上用场。康拉德是个了不起的交流者,不是个小无政府主义者。但是,他的漫画对高层领导而言,有时太过强烈,也许,爬上高层领导职位的办法就是讲究安全。不久,康拉德的漫画从社论版(那里代表着报社官方立场)调整到"意见版",在那里,高层会说,那只是些"另外的观点"。然而,最终五年之后,康拉德作为正式员工被彻底拿掉。这让我很难过,但最终还是办了,我就知道,这种事一定会发生。

没什么,说到底,没有人会永远待在一家报纸。然而,康拉德是位空前的大师。没错,我确实怀疑"天才"这个形容词是否适合新闻这一行里的任何人或任何事,但是如果非得有一个例外的话,它应当适用于康拉德这样有罕见才干的社论漫画家。

关于《洛杉矶时报》,戴夫曾经以某种方式警告过我:"有点小奇怪,《洛杉矶时报》竟会有一个从外面来的发行人。还有另外一个小奇怪,它竟会有一个长期认同《华盛顿邮报》的总编辑(即我的顶头上司谢尔比·科菲)。然而,更奇怪的是,社论版的主编也是外来者——从纽约来。在这个长期封闭隔绝的环境里,这就像发生里氏七点一级地震。你到这里来,需要了解这个情况。"

但是,我真的听进去了吗?

我想,很多人是充满忿恨的。我被当作某种东海岸的怪人,而不是《洛杉矶时报》合适、忠诚的干事业者,他或她会把其职业生命和全部心血投入到该报建功立业的壮丽事业中去。而且,我还是曾经主持过已停刊的《洛杉矶先驱考察者报》社论版的家伙,该报多年以前曾干过那么多被视为亵渎神明的事儿，其中包括支持声名狼藉的第十三号提案（Proposition 13）。

事实上，大概在我入职的第二或第三天，意见版资深主编罗伯特·伯杰（Robert Berger）就曾告诉我，《洛杉矶时报》的人小心翼翼提防着我，因为他们认为我是"临时应急的"。此语的含义是，我身上有一种煽动家的色彩，支持第十三号提案就是例证。

好吧，也许。你说了算。下面是引起争议的第十三号提案的背景。

这个有重大影响、全州范围的投票行动，旨在限制政府把财产税提高到许多中产家庭难以忍受水平的能力。强大的《洛杉矶时报》尽全力反对该提案，然而，一方面其社论是熟悉情况、精心研究的产物，另一方面语调是那种居高临下的谆谆教诲，好像只有《洛杉矶时报》知道什么对加州好。相反，势单力薄的《洛杉矶先驱考察者报》支持该提案。我们的社论直接、坦率，深谋远虑，咄咄逼人，是反体制的立场。在斗争中，我们《洛杉矶先驱考察者报》还是不够聪明，没有表明知道什么对加州人最好，但我们真的知道，在长期以来被一家强势报纸《洛杉矶时报》统治的城市中，不同社论版之间，精神智力和公共政策方面的小小竞争，对公民辩论应当是好事情。归根到底，社论版毕竟不参加投票，但能阐明各种问题，帮助投票人理清那些复杂观点，权衡是非轻重。如果洛杉矶两家报纸在如此重要问题上都站在相同一边，这种精神智慧的全体一致怎么能够对公民讨论作出贡献？

即便如此，刚开始我对支持第十三号提案带有一点戒心，说老实话，部分因为争论中《洛杉矶时报》的论点似乎更坚实可靠，其主事者是资深新闻人安东尼·戴（Anthony Day）和社论版副主编杰克·伯比（Jack Burby）。正如智慧超群的坚定语调让我浑身起鸡皮疙瘩，让政府穿上税收紧身衣的中心主题也会不可避免地触发著名的"意外后果律"（Law of Unintended Consequences），最后证明对本州基础设施和教育系统等发生有害作用，也许还会证明这种有害作用是不可逆的。这些都不是小问题，值得仔细思考。

我的老板吉姆·贝洛斯是个思虑周密的总编，为《洛杉矶先驱考察者报》应当持有什么立场问题，颇为烦恼。后来，吉姆要我参加洛杉矶市议会（Los Angeles Board of Supervisors）为我俩举办的一次午餐会时，灵感来了。就是在这次午餐会上，我的嗜好欲望从理性、开明的社论版主编，转变成唾沫星乱飞、社论版的半个煽动家。

市议会的议员们是洛杉矶最强大的政治势力，不喜欢任何对立观点，蔑视选民那种非常容易理解的担忧，即不断提高的税收事实上会让某些人无家可归，议员们完全自信其观点会取胜，第十三号提案一定会被轻易击败。

这是傲慢自大的惊人表现，这种傲慢自大在《洛杉矶时报》的社论中，至少其语气，得到反映。好了，这不奇怪，《洛杉矶时报》是洛杉矶既有体制的一部分。让我来告诉你：如果你要影响公共政策，并且可以在当美国主流报纸的社论版主编与当经验丰富的议员之间作出选择，毋庸争辩，前者更有影响力，至少这种情况在过去确实如此。

午餐会过后，在回来路上，非常懂我的吉姆一路沉默，一直到《洛杉矶先驱考察者报》的停车场。我们都陷入沉思，也许吉姆一直在用眼睛余光观察我。

"好了，你想要怎么做？"他静静地问。

"去他们的，"我回答，"他们以为自己究竟是谁啊？！"

吉姆停顿一会儿。"我想我同意你的观点。"

后来，我拜访了报纸的发行人弗兰克·戴尔，在这个有争议的观点上争取他的同意。弗兰克是个温和的人，曾经为理查德·尼克松工作过，是高调的共和党人。准确地讲，说服他相信《洛杉矶先驱考察者报》应当支持反增税行动，尤其是和"自由派的"《洛杉矶时报》唱对台戏，并不很困难。

这就是《洛杉矶先驱考察者报》如何作出直言不讳赞成第十三号提案决策的过程。我相信，在全州，我们可能是唯一不反对该提案的主流报纸。当然，最后，加州的投票者以压倒多数的优势通过了这项提案，我们版面由于刊发对此争议性问题的系列社论而荣获洛杉矶记者俱乐部授予的最佳社论奖。这个事件过后，我的部下和同事常常公开打趣我为"第十三号提案之父"。然而，这个玩笑有点站不住脚：《洛杉矶先驱考察者报》也许一直和人民的情绪保持同步，但是，你可以把我们社论版的所有影响力，放到一根大头针的顶部，仍然会剩下足以让大象通过的空间。我怀疑我们能改变七张选票，但通过反对《洛杉矶时报》（只是支持第十三号提案），很多人开始注意到我们，把我们看作忠实反对《洛杉矶时报》所代表的既有体制的强大声音。

很多人也怨恨新发行人戴维·拉文索尔和新总编科菲，大部分因为他们是外来的和尚。我们仨是走进这个最神圣大教堂的异教徒。

戴维的编辑理念是"迅捷而深刻"。他这话的意思是,新闻工作必须和当代社会保持同步,同时不要呆头呆脑,笨兮兮地傻干。戴维喜欢他的员工聪明点(他具有耶鲁的硕士学位,在智力上没有不安全感),但不要装模作样,还可稍微大胆些(但要服从管理)。

《洛杉矶时报》确实是一艘真正的巨轮。我们仨离开那里多年之后,戴维对我们改革《洛杉矶时报》的斗争,有如下评价:"你不可能改变那种宗教信仰。你可以去尝试,但不可能成功。"

然而,当我们在20世纪80年代末登上这艘船时,改革正是我们想要做的事情。整个报纸松松垮垮,令人不能忍受,一度被《洛杉矶先驱考察者报》两个闲话专栏作家称为"鲸鱼",需要动大手术,将其改造成为一个现代化、大都市出版物,同时保持其从奥蒂斯·钱德勒十五年任期内继承而来的国际和全国范围的高水准。该报必须加强对大洛杉矶地区的新闻报道,同时改进其社论版工作。

一般而言,很多报纸认为,生存之关键在于本地报道,要具体细致、有针对性,要做到美国有线电视新闻网(CNN)、福克斯新闻(Fox News)、全国广播公司(NBC)通常不能做到的那种水平。结果是,仿佛把梵蒂冈风格的《时代》杂志改造成节奏快捷、革新风格的《经济学家》杂志(*The Economist*),在努力改变这一"宗教信仰"的过程中,我们树立了很多敌人。幸运的是,我们仨都是非常自负的家伙,无端地具有无限自信，以及实施"梵蒂冈二世"（Vatican II）改革计划的共同愿景。事实上，我甚至提出，我们要创办西海岸、美国版的《经济学家》专刊，作为免费杂志夹入星期天报纸，同时可以在报摊上或通过订阅方式进行商业营销。然而，可怕的西海岸大萧条强力来袭，很多新想法被冻结，直到今天仍然如此，冰冻至死。

与此同时，严肃的美国报纸几乎不能忽视这个世界日益增长的全球性。在某些方面，对加州以及《洛杉矶时报》普通读者来说，北京、东京甚至新德里所做的决策，比起邻近的西科维纳市（West Covina）或塞普尔维达（Sepulveda）所发生的事情，有着更大的影响。因此，高层管理者发起搞"世界报道"，这个特别周刊可以鲜明展示《洛杉矶时报》国际报道的优长。我喜欢这个计划。唉，随着加州大萧条的到来，这个周刊消失于无形，因为我们不得不处处削减成本。

在社论版方面，可以这样说，我们努力为读者提供更多属于西海岸的社论锋芒，同时不带有太大的冒犯性。欧洲事务的评论差不多已半让给了《纽约时报》，我们开始更多、更持久关注亚洲事务，尤其是日本方面，培养了一个日语流利并且对此非常感兴趣的社论作家。时在1989年。

尽管如此，我的直觉是亚洲方向我们做得仍然不够。《洛杉矶时报》太像《纽约时报》了，一般来说，接受的都是美国报纸行业的优质标准。有段时间，我试图去开一个关于亚洲的常规专栏，但似乎条件尚不具备。

经过几年改革，我们取得了一些成绩，美国其他地方的新闻人开始注意到这个。其中一个人就是豪厄尔·雷恩斯

(Howell Raines),他被宣布接任杰克·罗森塔尔当《纽约时报》社论版主编后,邀请我去纽约与他一起共进午餐。

美国最出色的新闻人,浮上我脑海的有《西雅图时报》(*The Seattle Times*)的詹姆斯·韦塞利(*James Vesely*),还有《华盛顿邮报》(*The Washington Post*)已故的了不起的梅格·格林菲尔德(Meg Greenfield)等,不少都是社论版主编。新闻评论既是报纸优先排序中最边缘化的,其员工总是被打发靠边站,同时也是本质上最重要的。伟大的报纸能够提供伟大的领导,尤其当名义上的政治领导者不是那么伟大的时候。

我一直非常钦佩豪厄尔对新闻工作的激情,这种品质在"格雷老太"那里似乎并不多见,"格雷老太"是批评家给东海岸《纽约时报》所起的绰号。豪厄尔的任命被宣布之时,对于新闻评论事业,我认为是个伟大的日子。

午餐时,我看到《纽约时报》确实选择了一个社论版好主编。一方面豪厄尔非常自信,另一方面至少在我看来,他绝不傲慢自大。他差不多是谦卑的,尤其对一个《纽约时报》的报人来说,想要知道很多事情,比如我是怎么做到读者来信都是新近投递的。我们有一个很棒的编辑,接收电子邮件信息以及传真来信。这在当时是个创新,我们也许是美国第一家这样做的报纸。

他想要知道我创造的孪生特稿专栏——左专栏和右专栏——是如何运作的。我说,那个特稿专栏本可以做得更好些,但鉴于《洛杉矶时报》不喜欢搞长期不变的评论专栏作家，如同当时《纽约时报》拥有弗里德曼（Friedman）、萨菲尔（Safire）、多德（Dowd），所以，那已经是我所能做到的最好情况了。

他问我们如何成功做到在既定报道结构下，让社论保持短而有力的。他知道，我上面还有更高领导，而在东海岸的《纽约时报》，社论版主编只对发行人负责，不归新闻版总编指挥。他所属体制是个更好的体制。我同意，太多厨子会把肉汤做坏。

最后，他问我觉得洛杉矶怎么样。"你在《纽约新闻日报》工作做得这么出色，"他说，现在我的脑袋真的开始变大！"我们真的不能理解你为什么不来和我们一起工作，而是去到像洛杉矶那样的二线城市。"

我回应说，没有人邀请我来啊！他说的大概意思是，你本可以走进这座大楼，就会被雇用。好吧，也许会（也许不会）。关于这个问题，我思考了几秒钟，看着天花板和墙壁，当我真的不得不做出决定时，习惯于这么做。"豪厄尔，你会是个出色的社论版主编……也许是报纸历史上最好的社论版主编。你不需要我。你在第四十三街有大量人才可用。然而，戴维·拉文索尔需要我。说真的，他是我去洛杉矶的主要原因。"

他让我再深思一下。我对社论版本身满意吗？

这是很难回答的问题，满意，也不满意。说满意，我想它已有所改进，因为我们首先能够维持从前人处继承而来的较高智力标准，避免出现那种膝跳反射式的评论，让评论语言变得更加丰富而生动，总体来看压缩了社论长度，主要是通过版面设计把社论放到横跨顶部的位置。如伦敦《卫报》（*Guardian*）

过去常做的那样，澳大利亚《时代报》（*The Age*）后来也这么做，而不是像墓碑似的从上到下纵贯版面左边。

然而，也有不满意，因为改进得还不够。引用时报-镜报集团高管、前《纽约新闻日报》副发行人斯蒂夫·伊森伯格（Steve Isenberg）的话说："你的社论版，在他们让你是A时，你就得A；他们让你是B时，你就得B。"斯蒂夫指的是社论版本身。我同意斯蒂夫的观点，他还是前《纽约》杂志的副社长，说真的，他是这个世界上最机智的人之一。

我想到一张善意的便条，那是我从一位非常善良的人那里收到的，他的名字叫亨利·马勒（Henry Muller）。1991年，亨利是《时代》杂志的总编，当时一篇关于《洛杉矶时报》改革和重塑的正面文章出现在该杂志的媒体版。我了解亨利，很喜欢他。当我在《时代》时，他不厌其烦地向我传授工作窍门，帮助我站稳脚跟。他像平等同事那样对待我，而不是把我当作高级岗位的未来竞争者。这一点，我永志不忘。曾经，我不揣冒昧给他发过一张私人便条，感谢他的那篇报道，同时表达一种希望，即希望他面向21世纪办好杂志的努力不会受到太多阻碍，正如我自己微弱努力所遭遇的那样。他写了回信："谢谢你的便条。虽然那篇关于《洛杉矶时报》的报道不是我下令组织的，但对于你正在努力尝试的事情，我感到印象深刻。基于我这里的经验，对你愤怒于那些动辄批评任何创新举动的人，我表示感同身受。祝好！亨利。"

当我和豪厄尔交谈时，我也希望，我要是能够从口袋里掏出1991年我写给高管的那个备忘录就好了，那时我刚入职十八个月。《纽约时报》一篇文章综合报道了欧洲媒体社论关于美国副总统丹·奎尔（Dan Quayle）的评论。这些社论登在世界级的报纸上，诸如法国《世界报》（Le Monde）、伦敦《金融时报》（The Financial Times）等，都常规性使用了富有色彩的语言。一家德国报纸把美国大选制度描述为"随便而不负责任的"；《金融时报》将奎尔写成"愤世嫉俗的候选人"；法国《世界报》说，奎尔是这样的人，"不管对也罢、错也罢，他唤起的与其说是信心，还不如说是奚落人的话"。

我把这篇文章夹到备忘录上："请注意，强烈的语言常常是强大社论的标志。和新闻报道不一样，甚至和头版的分析文章也不一样，当情况合适，社论需要使用色彩特别强烈的语言。作为意见陈述，使用高度主观性的语言是有用的工具。当然，语调很重要：我们是世界级报纸，而不是老《先驱考察者报》。然而，即便是主流报纸，譬如《金融时报》，也要毫不犹豫地坦率直言。我想，我的工作就是展示那些使用强烈语言的社论……"

在我抬起头看豪厄尔之前，我意识到我从未得到高层领导对备忘录的回复。

（嗯，真相是，我发出去的备忘录太多，经常发给那些太过忙碌的人……）

我看着他的眼睛，诚实地回答道，不，我对《洛杉矶时报》的社论版不太满意。但是，我认为问题出在结构上，而不在人品。我自己对此也不太肯定，但实在能说、可说的也只有这话了。

"你意思是，"他说，"你有两个老板，不只是一个。"

"对。你是直接向发行人负责，对吧？"

"没错。"

"那么,你们的体制更好。"我说。

后来事实证明,关于豪厄尔主持社论版的能力,我说的没错。当他被提拔到新闻那块当执行总编时,我真的为他高兴。社论版主编(该职位上的人有时被定性为没有希望、非决定性的伪知识分子)最终获得应有的承认。他就要成为一号首长了。

唉!最终,这次提升变成了一个大灾难。我想,我明白发生了什么。他工作起来可能有点疾风骤雨似的,事实上,豪厄尔是超有爱心且敏感的人,他感染上了当时东海岸、西海岸两家时报都有的流行性传染病。这种致命性疾病,就是政治正确,其症状有膝跳反射、智商低下、视野狭窄以及不实话实说。

政治正确是这样一种心态,认为由于几十年或数百年的压迫,有色人种或所谓少数族裔不能作为真正的人来对待,而应作为人性重建或城市改造工程来对待。然而,他们能够,也会站起来维护自身利益,依靠自身价值获得成功,不需要居高临下的"帮助"。我这个职位的继任者珍妮特·克莱顿(Janet Clayton)是个黑人女性,但她作出了很多突出的成绩,就如同我在《纽约新闻日报》的继任者厄内斯特·托勒森是位黑人男性,也是一位很好的主编。

过分溺爱会让我们无路可走,诚实和坦率才是唯一出路。当走进政治正确的世界,我们开始听不到应当倾听的东西,看不到近在眼前的发展变化。

而且,最终对"被保护物种"也是一种伤害。外面有太多少数族裔、妇女、有色人种,他们能够立足自身,参与竞争。他们只需要一个公平的竞技场和偶尔拍一下背以示鼓励(正如我们所做的那样)。说到底,他们应当得到跟别人同样的对待。

也许,豪厄尔太想培养少数族裔人才了,因此作为高层领导,他可能下意识地变成了包裹着政治正确的箔纸。当《纽约时报》某黑人男性记者被发现长期炮制假新闻时,豪厄尔和该记者都丢掉了工作,更糟糕的是,第四十三街的小伙子和姑娘们失去了豪厄尔这样伟大的新闻人。然而,如此命运将会不断发生,直到美国醒悟过来,闻到其中毒药所在,政治正确闻起来像环境退化,正在污染美国文化和伦理价值。

《洛杉矶时报》像大部分美国报纸一样,具有努力走中间道路的漫长历史。1989年我来到该报时,其官方管理理念,正如意见版一篇未署名社论所表达的,总体看,就是规范、温和以及开明。整体来说,这不是好事情。美国新闻传统来源于这样的假设:只有多样化而且热烈辩论的意见市场才能产生美德。

《洛杉矶时报》社论版是高标准的,但紧张度低。通过阅读该版内容,尤其是意见版,你能了解很多信息,但你必须迫切想要了解。除了每天保罗·康拉德的社论漫画,《洛杉矶时报》社论版一点都不锋利。

在这方面,他们确实处于大部分美国社论版左倾主流当中,这是思想糊涂的遗憾事。要么出于市场原因,去做适合所有人的所有东西;要么出于"公平"理由,去"负责任"。这些努力损害了政治生活中重大问题的真正强度。这种社论版不能反映竞争中各种势力和意识形态的生死搏斗,在美国社会别样文明外表之下,这些势力和意识形态正在争取公共空间和公众支持。通过遮掩这个国家政治风景上的粗糙斑点,过度"负责"和"平衡"的社论版无意当中遮蔽了激荡的美国政治现实,仿佛试图用华丽的白色糖霜去抹平蛇洞。

在高层领导支持下,我们发动了社论版的革新,强调锋利的修辞角度和问题的人格化。在每天的意见版上,员工有效运作着左专栏/右专栏。这种在意见版最左边和最右边、每隔一天固定出现的特稿,显现了一道全国性辩论的藩篱。我们还增加了"周日意见访谈",是与学者、领导人或公共人物的深度问答栏目。这为正在进行的问题辩论增添了人格化色彩。

凭借超常的精力,意见版员工创设了一个名叫"八方潮音"(VOICES)的小特稿专栏,专门留给那些普通情况下不能上到意见版的各种观点,因为这些发声者常常缺少名校学位、智库认证或公共机构职位。该专栏给《洛杉矶时报》社论版带来了修女的声音,她们在给内城的学生上课;带来了社工的声音,他们惊诧于那些英勇的退伍军人被遗忘,以及相应抚慰资金的匮乏……没有如此言论包容性,这些可敬公民哪有机会看到自己观点出现在主流报纸的意见版上?

大约两年后,拉美裔社区领导人会议在《洛杉矶时报》办公室召开,此时是1992年洛杉矶内城暴动刚刚发生不久,这场暴动是紧随被控殴打罗德尼·金(Rodney King)的警官令人吃惊地被宣判为无罪之后发生的。拉美裔社区领导人对本报"事不关己,高高挂起"的冷漠,做了全方位的批判(我认为大部分是公平的)。然而,当问及本报是否有什么东西让他们喜欢时，一个社区领导者大声说：“我喜欢'八方潮音'专栏。"问他为什么，"因为那里能看到我们所认可的名字，而不是那些我们从未听说过的名字。"那个月底，高层领导提议把这个小专栏扩大到整版，每周刊出三次。此议正合我心。这就是其产生过程。

同时，员工们还对社论版本身进行很棒的重新设计。社论被放到上半版，而且变得更加简洁、新鲜和锐利。此外，差不多每天都有些小小的、快乐的艺术元素充实其中。当《洛杉矶时报》认为某篇文章极其重要时，该社论还会横跨整版顶部，以生动凸显其紧要性。正如戴夫半嘲笑所言，显然版面重新设计才华横溢，也正当其时。下半版是"读者来信"专栏，召唤，甚至祈求读者全情关注当天各种问题。我们的版面形象，比起许多社论版的设计要来得更加引人注目。至少我是这么认为的。

新闻媒体的管理者们很少关注媒体道德问题，不是因为他们根本是不道德的人，而是因为他们每天为各种紧迫决策所压倒，以及在如何思考道德构成方面欠缺训练。如果你想要预测或解释媒体行为，混沌理论（Chaos theory）而不是阴谋论（conspiracy theory），是更好的媒体行为指南。

在伦敦《每日邮报》（*Daily Mail*），我那些特别玩世不恭的朋友们，风闻我要到加州大学洛杉矶分校教"媒体道德以及亚洲媒体和政治"时，某同事横跨大西洋打来电话，就是为善意嘲笑我一下，而且由我付费。"道德与媒体？你的课上多长时间？二十分钟？！"事实上，如你所知，媒体道德问题在我脑子里已经翻腾好长时间了。

曾经是真正新闻记者的你,被重塑为媒体道德学科的教育者,与此相比,差不多没有什么东西更能激发对真正报纸或杂志编者的刻薄怀疑,以及阵阵嘲笑的了。

然而,作为一家杰出报纸的社论版主编,我感到有义务去建立某种个人和道德的框架。毕竟,如果我们媒体人都不能保持相应道德水准的话,还去要求政治领导人、公司管理者和其他各色人等(甚至NBA球员)达到较高道德标准,这也太虚伪了!

不是说吹牛的话,报纸的主编,尤其是社论版主编,不仅需要把他们自己看作是新闻记者,而且要视自己为潜在的公民资源。你不应当仅仅躲在办公室里,和你所服务的社区保持隔离状态。

如君所知,我是在纽约市当了四年社论版主编之后,才来到洛杉矶的。我在纽约的这个职位非常公共化,政治圈和商业界里每个人都知道本地主流报纸的社论版主编是谁。从市长到林肯中心(Lincoln Center)常务主任,再到哈莱姆舞蹈团的团长,诸如此类公共人物常常光临我的办公室,成为我这里的常客,有时甚至寻求一些建议。我没有感到这里有什么道德问题,并且始终奉行不公开报道的礼貌法则。

然而,当我到了洛杉矶,我发现,报纸记者竟都躲在他们山上的大房子里,有时甚至都不接来自公民领导者的电话,这些公民领导者理应获得比现有更多的尊重。毕竟,是谁选择了

《洛杉矶时报》？

入职一周，市议会（实际上是大都市的共管主体，因为洛杉矶市长的职权有限）的某当选议员来电说要跟我说几句话。多年之后，他告诉我，当我真的几个小时之后回他电话时，他差一点犯了心脏病。这种情况不符合他以前和《洛杉矶时报》打交道的经验。

我这个回电话的习惯，以及打开门让来访者进来，坐在沙发上，吐露心声的习惯，是根深蒂固的。作为《洛杉矶时报》社论版主编，我感觉那不是一项权力，而是一种荣幸。美国许多其他主编，和我一样聪明（当然，很多人比我更聪明），总会因为工作而不得不戒掉个人嗜好和习惯，但我却能保留下来，部分原因与运气、境遇、我的雄心抱负以及戴夫有关。我算老几，假装我比别人更好？我一直努力记住这一点。

工作过程中，我最喜欢的一个谈话对象是沃伦·克里斯托弗（Warren Christopher）。对于我们这个时代的任何政治人物而言，电视是最典型的大众媒介，而在电视上，有时被称为克里斯（Chris）的他，给人的印象是单调而乏味，但他本人实际上不是这样的。

在他成为克林顿第一任期国务卿之前，克里斯在洛杉矶担任过一项重要公职。罗德尼·金是个没带武器的少数族裔非法驾车者，他被警察棒打的场景被人拍下来并广为传播，引发骚乱，由此，各种对警察暴力和腐败的指控导致一个特别调查委员会的成立。这就是后来变得非常出名的"克里斯托弗委员会"（Christopher Commission），该委员会是根据其主席姓氏而命名的。这个时候，克里斯托弗还主要是以吉米·卡特总统出色的副国务卿而著名。这个委员会的公共目标是，提供一系列建议，引导洛杉矶警察局开展早该进行的现代化改革的长期进程。另外还有一个没有言明的目标，那就是创造不可抵抗的公共压力，迫使为达目的不择手段的现任警察局长达里尔·盖茨（Daryl Gates）下台。关于洛杉矶警察局，克里斯的委员会发布了一个毫无异议的报告，广受欢迎，尤其是在《洛杉矶时报》的社论版上。然而，盖茨仍然顽强抵抗，对其职位死死不肯放手。

一天，电话铃响了，是克里斯（这次谈话在当时是没有公开的，但随着时间流逝，现在可以让其进入公众视野了）。这位伟大的人民公仆直言不讳其忧虑："汤姆，我不知道我们怎么能让他离开。"

我说："是的，我知道。他是个顽强的主儿。也许，你可用叶利钦的方法把他赶下台。"

电话那头是一阵沉默。我几乎能听见克里斯内心的思考。他知道我说的是，在俄国人权力继承斗争中，挑战者鲍里斯·叶利钦（Boris Yeltsin）最后如何成功地强迫戈尔巴乔夫（Gorbachev）交出权力的。其实，叶利钦所做的只是些小小的技术性的事情，比如切断戈尔巴乔夫办公室电梯的电力供应。与此类似，反盖茨势力用什么办法才能把他挤出警察局长这个位置呢？

"汤姆，这个主意不错。用叶利钦的方法来对付盖茨。"

"克里斯，我们只需要再耐心点，顺其自然，让时间来解决。"

再一次，我几乎能听到这位事业有成的律师和出色的外交家，呼吸得更平顺些了。他想要看到的最后东西，就是《洛杉矶时报》社论公开谴责其委员会在驱逐残忍当局者方面效率太低。

那篇社论不会出现。在《洛杉矶时报》，这样的社论总会被肤浅地误解。洛杉矶有理由感到满意和高兴，为克里斯托弗及其律师志愿者团队不知疲倦地工作。此外，新闻媒体必须开始理解，报道问题和解决问题不是一回事，真正的变革常常需要花时间。当我们太快批评正在努力解决问题的人，太快要求满意结果时，我们就变成了问题的一部分。

"汤姆，谢谢。如你所说，让我们看看是否能用叶利钦的方法赶走他。"

事实上，克里斯托弗委员会的处理过程确实就是如此。到一定时候，盖茨自然会离开岗位。因此，洛杉矶变成一个更好的地方。

在斗争高潮阶段，以及在最终报告正式发布之后，我们收到克里斯托弗字迹整洁的便条："……我想告诉你，我是多么感激《洛杉矶时报》对于独立委员会报告所做的精彩报道。这些报道的品质和完整性超过了我记忆中的任何东西。星期三晚上，我们举行了小型聚会，满屋子议论纷纷，都是对《洛杉矶时报》报道的赞赏和感激……我知道，这代表着责任与担当，我要向你致以我们深深的谢意。"

尽管是经验丰富的外交官，克里斯绝不是无端表示过分亲密友好之人。除了所有恭维之外，这位未来国务卿所说的，正好反映了前纽约市某著名警务改革委员曾经告诉我的话：没有主流都市报纸坚定而执着的支持，任何公务改革努力都不会取得成功。没有不挠不屈的媒体劲风鼓满改革之帆，改革目标不论多么高贵，可能也是没有希望的。

在所有公共问题上，采取清晰的领导立场，依然是任何主流出版物的责任。然而，数十年来，《洛杉矶时报》管理当局采取的是不同观点。在大问题上诸如对总统、州长候选人、参议院竞选等的支持，庞然大物《洛杉矶时报》总是悄无声息地缺席，很遗憾，这实际上是撂挑子不干。

"不久，加州大选就要来临，我们可能又要重操不支持的老政策，"来到《洛杉矶时报》不足一年的时候，我在给发行人戴夫以及总编辑谢尔比·科菲的备忘录中写道，（没错，我写了很多备忘录。太多了！）"在我看来，任何选举，不论初选还是大选，只要有足够理由，本报应该可以自由选择支持人选……发出应有声音让事情变得更好……有时，有些候选人或选举主张比其他要更好些。说出我们的观点，没有什么可丢人的……"

我不开心吗？我对自己没有事先搞清楚这个问题就接受《洛杉矶时报》工作而不开心，就如同我被安顿到CBS《家庭周刊》之后才知道，根据CBS与巨型烟草广告商的合同规定，杂志的健康报道甚至连提一下"癌症"这个字眼都是不允许的，这让我如何开心得起来。在我心里，对宪法第一修正案负责的新闻事业，假如有的话，意味着新闻工作应当尽可能保持诚实。

我不知道高层领导是如何忍受得了我的。关于选举立场问题，我是相当坚持不懈（也可解读为"相当令人讨厌"）。半年过后，我再一次写道："我们应当重新评估本报长期以来在州长、参议员以及总统等选举中不持立场的政策。这是个安全的政策……但这是我们想要的东西吗？如果美国确实处于十字路口，本报仍然置身事外，合适吗？"

真心实意的备忘录被弃之一边，社论政策依然故我。

我担心很多事情，其中之一，就是害怕我们的社论版走向穷途末路。众人皆知的事实是，在涉及公共利益问题上没有立场的社论版，一般来说，会变得越来越没有人读。我担心我们正朝这个方向走。报纸应当有立场，如果受到攻击，就应当起而捍卫之。不仅如此，社论应当绝不说谎。

我感觉自己处于很不舒服的位置，因此，我总是易于发怒。也许，我偶尔做得太过分了一点。然而，我强烈感受到了那种条件反射似的畏缩不前。

不久，我变得非常沮丧和抑郁，我甚至去看了精神科医生。他是南加州大学医学院毕业生，专攻中年专业人士精神问题。"那个地方正在吞噬你，"这位好医生在一次治疗结尾说，"你在那儿待得时间越长，你的问题会变得越严重。"

翌日，在高管餐厅吃中饭时，一位著名物理学家是我们的贵宾。他一度问某位高管，为什么这么多部门科室，诸如加州新闻部、体育部等，都被包裹在广告部里面。那位高管就印刷媒体的结构机制含含糊糊、杂七杂八解释了一通。

从好处说，这个解释是误导性的。真正的原因是金钱，广告商为如此定位支付了酬金。为某些特殊地位向追求利润的企业收取一定费用，通过该方式赚钱，现在我们明白绝对没啥错。该死,对于可观的六位数薪水(加上年金和股票期权),我是非常满意的。我知道,支付薪水的钱肯定不是从天上掉下来的。但是,当报纸说谎或不能报道完整新闻,我绝不会开心。那我们变成什么人了啊?因此,在饭桌上,就在某高管面前,无比沮丧的我脱口而出(因为我实在情不自禁):"这样做,我们能赚更多钱,读者见鬼去吧。"

这是不是有点愚蠢而恼人或其他什么?

那天晚上,开车回家的路上,我的电话响了。是某高管。"汤姆,你应当知道,"他生气地说,"我不喜欢你说的话。你已超出了常规。下不为例。"他骤然挂断了电话。

你看,报纸抨击政客们闪烁其词没问题,然而对于报纸自身,你看,双重标准大行其道。很抱歉,对此我不买账。不管我有什么错,去他的,这不是我的风格。报纸一定不能撒谎,无论是印刷的或是别的什么。

你应被允许亲自选择你的高级副手,这一点至关重要。然而,往往这是不被允许的。于是,麻烦就来了。

我的副手就有此问题。他开始恨我。我认为,归根结底问题在于,他感到自己在《洛杉矶时报》工作二十多年以后,不能接受最高职位落到一个外人手里。令他更加沮丧的是,他在社论版的职位不能发挥其优势。至少,他是有点被分错了角色。他非常熟悉南加州拉美裔社区的情况,作为本地新闻专业毕业生,他的工作技能也很扎实。然而,从智力倾向来看,他对于世界问题不是特别感兴趣,或者对于许多其他复杂问题也不感兴趣，而对于这些问题，重要的社论版主编必须保持深广的思想认识。

不断提醒自己和同事注意如下事实，是很重要的：那些不厌其烦阅读本报不署名社论的人，都是些极其聪明、专注、要求很高的人。在加州，他们包括从世界最大州立大学的校长到梦工厂的大管家，从最新热门电影的导演到加州大学洛杉矶分校诺贝尔物理学奖得主，从市长到州长等，甚至也许还有这个国家的总统。

由于对本地情况无人能比的了解，尤其是拉丁和西班牙裔社区情况，这位副手对本报来说是极其宝贵的，但他应当在新闻编辑部当主编，而不是在社论版。他为什么会被放到现在这个位置，对我来说是个谜团。他是非常可爱的记者，但是，集团公司"人不能尽其才"的角色分配，给他造成极大心理压力，这种心理压力一定是难以忍受的。然而，由于管理层感到有必要放一个少数族裔到报头编辑人员名单中，于是他就被安到了现在位置上。嘿，你知道，我也有可能被错放到体育版主编的位置上！我们都有自己的局限性。

我几次提出为他创设一个新闻方面的特殊岗位。他在社论部门待得时间越长，越有可能发生灾难性的突然争吵。在一份备忘录里（是的，又一份备忘录），我向高层领导清楚说明我的观点："我希望把我关于为这位别具才华的主编创设一个新工作岗位的想法形之书面……从诸位对我前两次努力的反应来判断，我在清楚表达想法上做得还不够好。

"该岗位不必仅仅局限于招募、雇用和训练少数族裔员工，那只是其中一部分。这个总编助理性质的岗位将寻求，在高水平新闻管理当中，提高对'新兴多数'（即拉美裔和黑人）报道工作的认识，增强这方面工作的敏感性。该新岗位绝不是装装门面的摆设，而是进一步强化和深化新闻报道的战略战术。常常在和该明星员工讨论过后，尤其当他批评我们新闻报道具体失败之处时，我确信，与其把他留在社论版，不如调他到新闻报道方面更能展其所长。社论版不论有什么样缺点，但都不乏少数族裔的观点。"（我们社论版编辑部半数以上都是由少数族裔或女性员工构成。）

高层领导几乎没有讨论就驳回了我的想法。我极为震惊，因为我知道，这种固守员工现状的实际效果，将最终证明是灾难性的，对我以及对其他任何人都一样。我非常担忧，并紧张不安。

支持我继续往下走的，是我对戴夫的忠诚，以及坚信总体看我在这个岗位上的存在是确有助益的。嘿，如果我连这个都不信，何苦还待在那？

我继续挑战极限。一则简短的备忘录写道："我们对本报社论满意吗？我们的社论足够生气勃勃吗？是我们想要的吗？汤姆。"

我对我们的社论不太满意。一般来看，我们编辑流程所起作用，是做减法而不是做加法。上午九点半与作家、研究员开的编务会议是个障碍赛跑。例如，任何极轻微批评拉美裔或自由派的社论都要被提出来，但愿不致如此。

然而，十一点召开的较小点的高层管理会议是另一座山。参加会议的，都是高层领导成员。该会议的主题，往往是确保社论不要引起什么大的争议，或者不要把新闻报道那边的工作复杂化。我想，每个参加会议的人，时不时地都会感到沮丧。现在回想起来，我希望自己当时应更坚强些，更有说服力就好了。但是，那个时候，我已尽了最大努力。你所能做的最好的事情，就是你力所能及的事情。

1993年初，我接到戴维·拉文索尔打来的电话，当时他还是我们的发行人。"汤姆，"他温和地说，"关于整个枪支控制问题，你认为我们报纸是否需要搞点特别的东西？"

戴夫之所以提出这个问题，是因为贩毒团伙胡乱开火，造成在洛杉矶，尤其在内城街道上，每天都在死人。这不仅让人提心吊胆，更糟糕的是，它开始演变成一个冷笑话，一个关于洛杉矶的笑话。

许多团伙互相厮杀往往不能直接命中目标，他们的子弹多半会击中小孩或者无辜的局外人，不管是拉美裔、黑人、白人或者其他什么人。要么枪支必须被拿走，要么持枪者需要接受日常严格监管措施！我不介意他们自相残杀，但是，不知情的学龄儿童或母亲的死亡是另外一回事。

那个时候，我当社论版主编已经有好几年了。一般而言，对于棘手问题，本报采用犹豫不决和过分微妙的处理办法，我个人对此办法的失望与挫败感正在发展到一种不健康的水平。如果不是因为对戴夫的个人忠诚，我就要考虑另找工作。从前任继承而来的员工显然不喜欢我，我也不喜欢回避大问题的社论版传统。嘿，我基本上是个纽约人，一直就是那个样子。我是好辩的（我希望是思虑周到的好辩）。在我身体里，更多的是固执已见的埃德·科克（Ed Koch），而不是梅洛·塞福

(Mellow Surfer)[1]。

因此,我有点出言不逊地回答了戴夫的问题。"是的,我们确实需要公开表达自己的观点,而且,我们真的应当从现在做起。这是个棘手的问题,也是人们真正关心的问题。然而,如果我们还是耽溺于吮着手指,一时考虑这个,一时考虑那个,这对任何人没有任何好处。

"如果我们打算这样做,那么我们必须采取高调发声的方法,以配得上该问题的爆炸性。不允许任何模棱两可。把那些补充说明的活儿留给教授们去做吧。如果我们打算要说话,那么我们需要提出强烈甚至有争议的表述。做得差点火候,将比继续保持沉默还要糟糕些。"

现在回过头来看,我意识到,对于这位杰出的、我非常钦佩的人,我也许没有必要那么急躁。然而,真实情况是,我已受够了本报的寡淡乏力,尤其受够了我自己对这种潜规则的接受。重申一遍,除了自己,我谁都不想责备。在这个或其他问题上,本报的沉默无声是没有国家安全受到威胁作为其正当性理由的。一直以来,人们总被这些带枪的疯子射杀,而这些疯子都具有很坏的目标!校园,办公楼,邮政局,教堂!很清楚,美国为其自身利益,对持枪过于疯狂,也不太成熟,不能恰当处理枪支问题。

然后,我向《洛杉矶时报》发行人直率地提出建议,关于枪支问题,如果真的采取严肃负责的态度,我们需要集中人力

---

1. 梅洛·塞福是作者虚拟的人名,此句意思是说自己不是见风使舵、八面玲珑的投机分子,而是像埃德·科克似的锋芒毕露、直抒己见。

资源，完成一系列大胆直率的社论，这些社论将持有非常强烈的立场。就是这么回事。这个立场是：几乎每个人都不应拥有容易动武的真正枪支。

令人难以置信的是，我们很快获得平常极其谨慎的总编的批准，由我们的研究员团队领导，开始撰写多达八篇的美国控枪系列社论。这个团队是在高层领导的慷慨支持下，回应我下述观察而创立的：我们的社论有时欠缺符合身份的研究深度，本报身份就是当今世界唯一超级大国的起领导作用的西部报纸。因此，就我目前所知，我们所创立的是美国报纸中第一个社论部门的研究单位。我们从著名的以圣塔莫尼卡为基地的研究机构兰德公司（RAND）雇佣了一个研究员，另外一个曾经作为事实核查员为多丽丝·卡恩斯·古德温（Doris Kearns Goodwin）工作，古德温是第三十六任美国总统林登·贝恩斯·约翰逊（Lyndon Baines Johnson）的传记作家[1]。

在我们系列社论大约发表到一半的当口，读者来信编辑进到我的办公室。她像个来自帕萨迪那（Pasadena）的小老太，但却有着简·奥斯汀（Jane Austen）的品味、感觉和敏感性。她宣布说："汤姆，我有好消息和坏消息要宣布。坏消息是，我们已经收到关于这个系列社论的两三千封信了。好消息是，这些来信只有一半是反对我们的。"

这是玛丽（Mary）一个有悟性的观察，因为报纸编辑们都熟知，这种写信运动完全是由既得利益集团卑劣而精心地组织

---

[1]. 多丽丝·卡恩斯·古德温（1943—　）是美国著名传记作家、历史学家和政治评论家。实际上，她撰写了多位美国总统的传记，其中一本在1995年获得普利策历史作品奖。

的,没有哪个集团在枪支问题上的既得利益超过全美步枪协会(the National Rifle Association)。因此,大部分反对本报的来信都是由这个极富效率、非常强大的写信游说集团生产的。

更加令人欣慰的是,正如"圣女"玛丽所报告,另外百分之五十的来信属于众多个体自发写信,他们带着强烈感受说:"在此重要问题上,感谢你们采取如此勇敢的立场。即使我不同意你们的观点,但是,你们采取高调立场的事实本身,就指引着某些朝向解决问题的道路。"

当然,这正是一个已认识到第一修正案公民权利含义的社论版所应当做的。它必须负起引导的责任,而不能因为害怕商业损失就模棱两可、人云亦云。如果说新闻报道是要给读者带来对于这个世界微妙、多面向的观察(尽管其并不总是这样做),那么,社论版就应当呈现尖锐但详实的言论与政治视角。但是,有时立场鲜明也许颇冒风险。系列社论大概进行到三分之二,秘书用蜂鸣器传呼我告知奥蒂斯·钱德勒打来电话时,我就担心自己是否可能走得太远了。

当然,奥蒂斯是《洛杉矶时报》富有传奇色彩的前发行人。他执掌报纸的那些年里,从未感到有必要把利润置于质量之上,因为他相信,利润和质量是携手同行的。至少在这个意义上,他是20世纪美国新闻业的巨人。

为社论的事,他并不是每天或每月都给我打电话。这就是我在这个系列社论中间突然接到他电话时,感到如此紧张的原因。我本来想:"哦,我的上帝啊!奥蒂斯是个著名的猎人和枪支收藏家,他就要因为我们写了号召缩减美国持枪者数量的系列社论而刮我的头皮了!"我深吸一口气,准备好接受"霰弹枪的猛轰"。令我喜出望外的是，他来电的意图完全是另一个方向："汤姆，你正在做的控枪系列社论，是我记忆里我们曾应做好工作当中最好的一个。你们提出问题，然后提供实际解决问题的方案。我真心表示夸赞，我很高兴我们正在提供伟大的公共服务。"

哇，是的，我一下飞到了天上！你不会吗？

"但是，"他说，"就只有一个小小的问题。"

"是什么？"我没有把握地说。（哦，哦，原来在这里等着我呢……）

"你知道，我是个猎人，也是个自然资源保护论者。我反对随意使用枪支，并且曾经致力于取缔小型廉价手枪（Saturday Night Special），但没有成功。但是这里有个建议。得想个法子，让负责任的公民私人拥有手枪。为什么呢？在阿拉斯加，你得能够打猎，科迪亚克棕熊（Kodiak bear）一秒之内就能扑倒你。或者你可能身处非洲，老虎在树上，你没有看见它，突然它跳了下来，这时候霰弹枪就来不及了。你需要拔出一支手枪，例如点四四口径的左轮手枪（.44 Magnum）。因此，你需要把猎人作为一个例外，当然条件应从严。另外，特许打猎向导经过恰当批准可允许携带左轮手枪，因为他们是在非常危险的环境下工作。"

"奥蒂斯，你说得对。"我明白了他的意思。我仔细地猛记笔记。当然，这些笔记，我一直保存到今天。

"汤姆，然后，对于负责的枪支收藏家和竞赛射手，也许我们可以搞出个系统，通过中央图书馆之类的东西，可以调查到他们。或者要求枪支所有者进行登记，至少一年一次，就像汽车登记一样。总之，我认为我们的立场是正确的。"

我如释重负地说："钱德勒先生，我来办这个事。听起来这是个站得住脚的观点，因此，我们一定能做点什么。"

"再一次，"他补充道，"我对我的干预表示道歉。如果你们不能把这个例外的观点写成社论，也不要担心。我确实认为，这已经是个了不起的系列社论了，我为此而感到非常骄傲。"

自然，在我做任何事之前，我跑向高层领导的办公室，沿路告诉在这座大楼里的每一个人，从卫生保洁员到前台接待员，我刚刚接到奥蒂斯·钱德勒打来的褒奖电话。最终，因为这个系列社论，我们赢得了享有声望的加利福尼亚报纸出版商协会（California Newspaper Publishers Association）奖，我知道，这让奥蒂斯非常开心。（如果你不介意我这么说，其实尽管我们连续三年拿了这个奖，但我对这些新闻奖项的有效性和完整性表示极大怀疑。我稍后作出解释。）

还有其他事情发生，把《洛杉矶时报》社论版送进新闻业佼佼者行列。1994年，本报管理层终于决定像美国大部分其他成熟报纸那样行事，当遇到争议性的全国和大选问题时，表达本报真实倾向。

多年以来，《纽约时报》在很多影响大众的问题上，一直表达有理有据的意见。这样，全国人民在大选期间和其他公共场合，能够找来该报看看上面说了什么。然而，几十年来，洛杉矶人民没有一张能经得起大问题考验的主要报纸，主要因为《洛杉矶时报》在高调政治竞争中奉行不背书任何候选人的政策。

《洛杉矶时报》公开宣称这样做的正当理由是，本报社论对社区的贡献在于，在另外一些不著名的政治竞争中，对所涉及问题和候选人的率直说明，比如在加州议会、本地法官选举或全州范围的小型竞选等活动中。《洛杉矶时报》会利用自身影响力去访谈候选人，研究各种问题，提出旨在解释晦涩难懂的州议案、投票策略以及宪法修正案的各种建议。这就是该报如何履行其伟大的公共服务职责的。但是，当来到更大的竞赛场，奥蒂斯曾说，在凭直觉就能搞定的事情上，如过马路、倒杯咖啡或选择下任美国总统等，洛杉矶人不需要什么帮助，他们都太久经世故了。

嗯，这一说法不太准确。《洛杉矶时报》不背书政策背后的真正原因，与其对读者的无限信任没有多大关系，而是与其背后的政治利益存在极大关系。由于现在大部分报纸是由公开交易的媒介企业集团所拥有，因此，大部分发行人（一般报纸的"头号人物"）都是代表董事会并对其负责，而董事会在理论上是代表该企业集团的股东并对其负责。

此外，还有一个原因就是《洛杉矶时报》不太令人愉快的背书历史。1972年是该报在美国总统大选中实行背书政策的最近时间，报社选择尼克松作为背书对象，可是两年之后，尼克松不得不辞职以避免议会弹劾。然后，在1976年参议员选举中，《洛杉矶时报》支持的是肯尼迪一样的民主党人约翰·滕尼（John Tunney）而反对保守的西雅卡瓦（S. I. Hiyakawa），但是后来西雅卡瓦以压倒性选票优势碾压滕尼。这些情节使得《洛杉矶时报》不仅看起来像张糊涂的报纸，而且好像缺乏影响事件的能力和势力，比如阻止西雅卡瓦这样的家伙当选，他只是个旧金山市的语言学教授,经常戴着传统苏格兰圆顶无边尼帽(Tam O'Shanter),很有说笑话的技巧,即便他认为自己没有搞笑,但有时很难不令人发笑。

看到这些愚蠢的历史,奥蒂斯·钱德勒实际上也是情有可原地下令:"滚它的吧。让我们彻底远离这些高调竞争中的背书行为,我们将在那些没有什么人听说过的较小竞争中采取背书立场。"(也许那也是没有很多读者关心的……)

于是,在我六年任期大部分时段,每当有真正大事出现之时,本报均痛苦而尴尬地保持沉默。1992年,几乎没有提及老布什(George Bush Sr.)或比尔·克林顿。时间来到1994年,几件意想不到的事情凑到了一起。

头一件事是戴维·拉文索尔宣布他患上帕金森氏病并最终辞职,此事在我的里氏震级表上达到九级。除了患上帕金森氏病,在面对财政预算大幅下降的情况下,他不得不削减成本,他一直为此感到伤心。有一次,我在夜里很晚去看他,他在办公室,坐在办公桌后面,只有一盏台灯亮着。他正在仔细研读那些摊开来到处都是的各种试算表和预算文件,这位正派的好人似乎正深陷麻烦之中。他抬起头来,集团削减编辑费用的命令让他表情凝重,他看着我,我在他的眼睛里看到了泪水。

"怎么了?你在做什么?"我问道。

他疲倦地回答:"我在努力保住记者们的饭碗。"

当所有这些凑到一起,经费缩减、帕金森氏病以及辞职,我陷入极度恐慌之中。几周当中,我关起门来,尽可能不见任何员工。身心俱疲,灵魂出窍。

首先,戴夫是我放弃纽约而去洛杉矶的主要原因,但纽约是安德烈娅心爱之城,她从不喜欢洛杉矶。其次,戴夫的离去将抽空我的权力,最终意味着我将失去美国新闻业中最好的工作之一,只是时间早晚的问题。我知道这是不可避免的,因为我是从外面进来的。这还意味着,当上该报总编的可能性从渺茫变成了无。第三,这意味着,事实再一次证明我的老婆安德烈娅是正确的。我们这些当丈夫的,厌烦的不正是这个吗?"如果戴夫出事了,怎么办?"当我们讨论我去洛杉矶这个事情时,她曾经这么直白地问。我的回答是:"戴夫能出什么事?"然而,现在来回答这个悲哀的问题,那就是,疾病把他击倒了,消耗了他的斗志。

依赖于某个人或某个因素的工作,比起具有体制基础的工作要更不稳定。如果你对冒风险的事情感到不舒服,请牢牢记住这一点。

戴夫的接任者是时代-镜报集团的官员。他相当大部分职业生涯是在以得克萨斯为基地的一家报系中度过,该报系从未获得过普利策奖,但总以巨大利润赢得投资者青睐。从文化层面上说,金无足赤,人无完人。

继任者宣布以后,知我者戴夫请我到高管们用餐的毕加索餐厅吃中饭,用他特有的安静方式说:"汤姆,他是个好人,但不做非同寻常的事,或者说特别富有原创性的事,而这些事却是你所擅长的。别戴你那些可笑的领带了,再把你的头发弄整齐点,做个中规中矩的人。"

新来的发行人曾经当过兵,是个前空军飞行员,后接受斯坦福MBA的教育,变成了一个衣领尖系着领扣的职业经理人。他的风格与其说是约翰·韦恩(John Wayne)[1]那种热情奔放型,倒不如说是吉米·斯图尔特(Jimmy Stewart)[2]那种强势而沉默的类型。他正直、诚实、坦率,富有魅力。我很快就了解到他对别人的体贴,他那安静却坚定的态度,以及对于过分拘泥细节或超过五分钟简报的不耐烦。他勇于决断,彬彬有礼,精准严明。在相当长一段时间内,我们确实相处得很好。

因为戴夫是老朋友了,所以我努力把他的忠告记在心里。我把那些愚蠢的领带放到了衣橱的后面,总是确保我的头发溜光水滑、干净利落。然而,当时不知出于何种心血来潮和自我毁灭的缘由,我竟把白发染得乌黑发亮,就如同亚洲那些年届古稀的政治家一样。

人们说,绝不要看封面来评价一本书。然而,有些人对书的见识从未超越封面。在职业生涯中,不论是获取还是要保住一份工作,个人外表的作用常常被有意轻描淡写,但在潜意识里总被理解为一个关键要素。

我带着新染的头发,第一次出现在九点四十五分的编辑部会议上时,我想,我的员工们要笑死或吓死。(在潜意识里,

---

[1]. 约翰·韦恩(1907—1979),美国好莱坞影星、导演和制片人,1969年凭借《大地惊雷》中的表演获得第42届奥斯卡最佳男主角奖,并入选美国电影协会选出的"影史50位银幕传奇"之一。

[2]. 吉米·斯图尔特(1908—1997),即"詹姆斯·史都华",系美国好莱坞著名影星,1941年凭借与凯瑟琳·赫本合作的爱情喜剧影片《费城故事》获得第13届奥斯卡金像奖最佳男主角奖,1985年获第57届奥斯卡金像奖终身成就奖,1999年被美国电影学会评为"百年来最伟大的男演员"第三位。

我是否害怕新发行人会找更年轻的社论版主编来替代我？这是否是我做这个笨拙、自我改造的美容化妆的动机所在？）

然后，在与迪克（Dick）以及其他总编互相认识的见面会上，人们注意到，除了我之外，在座每个人都穿着黑色袜子。虽然我没有展示我那花哨的袜子或类似什么东西，但我感觉房间里其他人一直在看着我的袜子，一直看，一直看。也许，我这袜子的花饰确实好看，但其颜色肯定不是那种公司黑。

因此，会后我走上前去说："先生，很高兴我们彼此认识了。最终你会需要自己的社论版主编，就像戴夫需要他的社论版主编我一样。但是，我很高兴能留下来，你要我留多长时间就多长时间。你可以从我或我的编辑部成员处要求任何东西，尽可随便要。然而，只有一样我做不到，那就是我不能穿黑色袜子。"

他看着我，好像他从无该想法。我继续说道："我注意到，这个房间其他人都穿着黑色袜子。我晓得，你或你的前任并未命令那样做，因此，这肯定是不成文的公司文化一部分。我希望我能接受这个文化，但还是不行。我不穿黑色袜子，那不适合我。我知道，你是善良、体贴的人，但是，如果你要求管理人员都要穿黑色袜子并接受所蕴含的东西，那么，我们应当开始在报社为我找点别的事去做，我知道我会想通的。任何让我融入整齐划一的努力，都不会掩盖我真正的本性。我喜欢穿得五彩缤纷点，我喜欢想得五彩缤纷点。这或许反映了我的性格，或许也反映了我们的社论版。恐怕这是底线，或者至少是我的底线。"

他哈哈大笑。

"随大流不是我的风格,那需要太多常态化能力。我的感觉是,常态化是创造性之敌。"

"以这个标准来衡量,那么你肯定是这里最富创造性的人!"

这次轮到我笑了。那一刻,我想到当我还在《时代》杂志时,唐·佛斯特在《人物》杂志面试的事。当时,《人物》杂志正在物色新的高级主编,我就向他们推荐了唐。尽管《人物》是生动活泼的杂志,但却以一种朴素的方式存在于时代集团的主流当中。为了表明自己并非那种穿黑色袜子的人,唐去面试时戴了顶白色、高高的软毡帽,看起来像电影《疤面煞星》(Scarface)中的阿尔·帕西诺(Al Pacino)。唐这样做,是出于公平起见,提醒买家注意。实际上他是在说,如果你需要我,你可以拥有我,但你得接受戴这种帽子的人。

不管怎样,几周以后,让我吃惊的是,迪克没有解雇我,而是问我对《洛杉矶时报》在大选中不背书政策怎么看。这个问题出自穿黑袜的最高领导人之口,真是太出乎我的意料。

"嗯,说实话,"我穿着大红袜子,说,"我不是对戴夫·拉文索尔或奥蒂斯·钱德勒有任何不敬,我非常尊敬他们两位,但是,我一直痛恨这个政策。"

"真的么?"他惊奇地问,"为什么?"

我说:"嗯,我认为这个政策剥夺了报纸正面影响政治事件进程的能力。你可以不必在每一个竞争中都条件反射地进行背书,但是,为什么要让自己缺席总统大选和参议院选举,自动保持沉默,尤其是如果你有强烈感情或精辟洞见甚或严正智慧要与大家分享?

"拥有几百万读者的主流大报,甚至在竞选运动开始之前就急忙金盆洗手，置身事外，这是极不明智的，也是懦弱无能的表现。我们对市长和市议会的行踪动态有评论，我们为这件事斥责警察局长，为那件事表扬县议会。然而，当遇到真正大问题时，比如白宫竞选或参议员选举，我们就三缄其口，这是多么荒唐。这给人感觉是彻头彻尾因害怕失败而逃避，不是吗？"

他说："汤姆，你知道，我同意你的观点。但你对这个政策已经忍耐甚久了。"

"唉，一言难尽。对这里很多不对的事情，我已忍了很久。如果你要，我会把几年前写的关于此事的两个秘密备忘录副本发给你。"

"不！不要再发更多备忘录了。让我们谈谈改变这个政策，而不是撰写备忘录！"

我不敢确信我的耳朵。"你是认真的吗？"

他说，对于不要再写备忘录，他是认真的。

我说，我的意思是，对于改变那个臭名昭著的懦弱政策，他是否是认真的？

他坚定地说他是认真的。

"那太好了。改变《洛杉矶时报》的传统不会太容易，但我认为，这是一场值得投入的战斗。"

哇哦，我几乎欣喜若狂了。

那时，加州的政治气候是非常热烈的。该州刚从可怕的经济衰退中露出头来，现任州长也刚从政治墓地中挣扎着爬出来，这多亏刚刚开始的经济恢复，以及一次反移民，所谓第一百八十七号提案的全民投票。这个提案正在抬起丑陋的头颅，

一个美国媒体人的自白　371

前旧金山市市长、现任联邦参议员、非常能干的戴安娜·范斯坦（Dianne Feinstein）正在为她的政治生命而战斗，反对一个极右翼的挑战者，该挑战者对任何事情一无所知，却有大量金钱存入其政治户头。

现任州长皮特·威尔逊（Pete Wilson）被广泛吹捧为通情达理的保守派，他意识到需要进行社会项目建设，但他不能让其政治生涯滑到不负责、自由派挥霍者的毁灭性形象。他本可以另外的方式轻松赢得连任，但有两样东西挡住其去路。其一，是他的第一任期恰好和20世纪30年代大萧条（Great Depression）以来本州历史上最严重的经济衰退相重合。因此，威尔逊不得不使用缩水了的资源来运作一切，由于他削减公立学校经费来使预算生效，所以他性格中富有同情心的部分失去了光彩，他得罪的选民、群体和游说团体数量增加了。事实上，经济情况变得如此糟糕，他的支持率下滑到最低点，他也变成本州历史上最不受欢迎的州长之一。因此，随着连任选举越来越临近，他不是人们所想要的有所区别的人选。

其二，是加州的体系允许公民直接通过公投对宪法做出改变。也就是说，加州人实际上可以就任何种类宪法修正案或政策动议提出全州范围的公民投票，只要三分之二多数票赞成就可通过成为州法律。1994年，通过这种方式公投出的就是第一百八十七号提案，或者更为大众熟知的名称叫"非法移民法案"，或者在某些圈子里更为有名的是"反拉美人提案"。事实上，威尔逊支持该提案，并使之成为其竞选运动的关键。这一立场引发拉美社区许多人的愤怒。

第一百八十七号提案的内容是：加州政府需要对非法居住

在本州的人采取更加严厉的措施，主要因为他们正在吸走公共福利资金，而这些福利资金需要用来帮助合法居民。这一提案看起来与其说是明智的公共政策，还不如说是针对未经授权的墨西哥国民不断流入本州的勃然大怒。公平地说，这项提案中也有严肃的部分，那就是加州边境不可接受地存在诸多漏洞。换句话说，国际边界线似有若无。另一方面，这项提案也是可耻的"怪罪游戏"，在此游戏中，因为"他们"，我们突然就有了所有这些问题，我们只需把"他们"遣送回其所来之地，那么"我们"的所有问题就会烟消云散。

作为自由派报纸，《洛杉矶时报》采取的立场与本州绝大多数投票者保持同步，反对第一百八十七号提案，认为它是虚伪的、违宪的，肯定也是种族歧视的。在二十多篇社论当中，我们认为，在经济问题解决之前，移民问题不可能单独解决。那些孤注一掷的墨西哥劳动力比美国本地人更愿意接受更低工资标准，我们不能一边剥削他们的劳动力，一边同时说："我们不需要你，我们要把你们投入监狱，你们从哪里来就应回到哪里去。"

我们反对第一百八十七号提案，还有另外理由。《洛杉矶时报》特别注重里里外外的政治正确，囊括所有人口和民族问题，其神圣性甚至达到虚情假意的程度。当然，我们在社论里并未这样说。但事实是，在工作上开玩笑或作出哪怕有一点点疑似政治不正确的陈述，都是不可能的。气氛就是如此紧张。

同时，我们也收到一份经过批准的词汇使用小册子，禁止使用从丑陋的种族侮辱性词语（比如用"黑鬼"指称黑人，将此词从所有词汇表中禁除，真的是个好主意），到前面提及的"各付己账"("Dutch treat"，这是因为该用法可能会伤害荷兰人……你信吗？)，到"吉普赛"（当心愤愤不平的匈牙利人游说集团，准确地说，该集团可不是大杂烩的匈牙利汤！）等用语。我们社论版严肃注意的唯一词汇使用问题，是禁用"黑鬼"这个词。除非我被彻底清除，即便我外出度假，我的版面上也不允许出现这个词。

这种多元文化的媒体乐园，很快变成全国性的尴尬。犀利泼辣的批评家克里斯托弗·希钦斯（Christopher Hitchens）写道："最近几个月来，《洛杉矶时报》已经变成新闻业内外广泛打趣的对象，因为它编纂了一本新改进的报纸语言使用手册，用以指导有关'种族和民族身份认同'语言的使用问题，更不用说性别和性取向问题，以及攻击性、冷酷麻木和基本适宜等问题……"这篇文章就登在《名利场》杂志（1994年第四期）上。"现在在每天所需要的，是门肯（Mencken）或林肯·斯蒂芬斯（Lincoln Steffens）的一支笔。其勉强接受的，是个大型咨询委员会的角色，该委员会由好心人和急脾气的人所组成，用语言作为砧板，在最富同情心者与怨气冲天者之间条分缕析。"

谢天谢地，希钦斯对社论版确实要善良得多："在城市生活中，《洛杉矶时报》每天发挥着，或应当发挥着，一种地震仪的作用。其社论版和意见版迄今为止比《华盛顿邮报》及《纽约时报》的相应版面更生动活泼，记录着朝鲜关系邪恶的震颤，记录着比弗利山庄与公共客运系统之间的紧张关系，记录着天主教移民选票的快速增长。"

希钦斯的评价大约出现在我当社论版主编三年半那个时候。更早且同样善意的评价，是《纽约客》（1990年第二期）

琼·迪迪翁（Joan Didion）作出的，其评价是正面的，给予我们很大支持。"一周后，自1971年以来一直担任《洛杉矶时报》社论版主编的安东尼·戴（Anthony Day）将被托马斯·普雷特（Thomas Plate）取代的消息宣布。普雷特曾经执掌部分自治的《纽约新闻日报》的社论版和意见版，被期待在为橙县做类似事情方面发挥作用。在此躁动不安的时刻，不少人容易相信，所有变化都是浑然一体的。比如，安东尼·戴的离开与下述事实有关，即时报-镜报集团某些人对该报在特定问题上的编辑方针间或表达过不满，特别是在中美洲政策方面的反政府立场。安东尼·戴报告，他被告知'是该做出改变的时候了'……"

接着，迪迪翁总结道："在托马斯·普雷特领导之下，该报的社论版与在安东尼·戴领导下一样强大。"这个来自美国最伟大作家之一的评价，是颇有助益的。你现在可以想象，当时本人对此评论非常感激。

媒体历史学家在尝试评价20世纪90年代《洛杉矶时报》时，迪迪翁和希钦斯的评价需要得到反映。洛杉矶曾流传一个神话，说1989年时戴的大限就已来临，因为《洛杉矶时报》的社论变得太自由。这不是重点，重点是社论变得太可预测了。另外有流言说，我被引进就是为淡化社论的自由主义色彩。如果是这样，从《纽约新闻日报》这样一家支持自由派黑人政治家、叫板埃德·科克的体制化报纸引进社论版主编，这个选择实在是太奇怪了。同样奇怪的是，给戴维·拉文索尔贴上"保守派"标签，而戴维是《新闻日报》开山鼻祖，该报在其稳定领导下，变成美国坚定不移走自由路线的日报。不是这样的，应当被淡化、调低的是那种条件反射式的过分可预见性，而不是自由开明的政策。还是迪迪翁说得对，她甚至早在那个宏大、极为自由派的废除私人拥有枪支系列社论出来之前，就写下她的评价，那一系列社论引爆、激怒了右翼的枪支游说集团。

尽管上述这些事实千真万确，从前任继承过来的员工仍然抱怀疑态度。大约在赴洛杉矶履新三个月时，我开始深深怀念《纽约新闻日报》那些快乐、聪明、富有创造性的员工。高层领导建议说也许进行一次员工清洗将是明智之举，可惜我不够聪明，没有接受他的人事建议，对此我越来越感到痛苦。由于我的愚蠢，我的顽固，是的，也由于我在《家庭周刊》亲眼目睹"大屠杀"的经历，那时实际上全部员工都被机关枪扫射到全军覆没，以及由于我那自以为是的自信，认为到最后每个人都会慢慢喜欢我，我没有、不能、也不会扣动扳机。在这件事上，我可能犯了错误。

在美国报业特别值得诅咒的时代，多元化培训一度极为流行，甚嚣尘上。一夜之间，多元化专家呼啦啦闯进来，教那些原本已成年的编辑、记者们如何与别人相处。整体来看，这样的培训是愚蠢的，居高临下的，也是没有效果的。我们作为人类彼此相处的最好方式，就是直来直去，不要带种族、性别或其他遗传包袱。

一个先前体制留下来、我觉得极其令人愉快的员工，是社论部的意见版主编。二十多年前，我推荐他担任此职务，其工作表现很出色。但是，这个家伙可能是个熊脾气！

批评家希钦斯从未参加过《洛杉矶时报》任何多元文化培训班，这是好事情，因为那些培训班简直就是荒唐的折磨。我成功避免参加这个班，因为我监管的是迄今本报文化最多元的部门。我有西班牙裔、非洲裔的副手，我们编辑部超过一半是女性，白人男性只占少数。

我能逃脱这种培训的折磨，但我的意见版主编却不能，他是极其聪明的卫斯理大学（Wesleyan University）毕业生。他有时在办公室里极为愤怒，甚至跟我发作（有时也有一定道理）。要求他在这些"敏感性养成"培训班上从头挺到尾，对其耐心确实是极大考验。这些课程都是报纸出钱举办并要求员工参加的。有一次上课，敏感的讲师要求教室里所有人回想一下亲自感受到的被歧视或遭遇刻板成见的时刻。鲍勃（Bob）坐在教室后面，向耶稣基督祈祷（他真的是虔诚的天主教徒）不要被喊到。果然，麦克风传给了他，他叹了口气，思考很长一段时间，然后冲口而出："我们到底还要忍受这种狗屁课程多长时间？"

翌日早晨，他走进我办公室，提出关于他轻率反抗的忏悔性警告："你也许将会从高层领导那里听到我的坏话。我只是想给你提个醒。"

事实上，那天早上我确实听到了。我试图走中间路线，一方面同情多元化培训的需要，另一方面也需要支持一下被政治正确这种臭狗屎弄得恶心死的员工。（私下里，我为他的直言无忌而喝彩。记住，在根本基因上我就是个纽约佬。）

确实，对其他文化、性别、种族的敏感性是非常好的东西,然而不幸的是,它夺走报纸讥刺现实的能力,以及超越政治正确棱镜去看新闻的能力。当1994年州长选举中应当支持谁的问题产生时,这一情况变得越发明显。

也许在其他情况下,现任州长皮特·威尔逊对第一百八十七号提案可能会采取中立立场。然而,这个提案的基本观点太受大家欢迎了。有趣的是,不仅受到据称是"种族主义者"白人的欢迎,而且也受到相当部分拉美裔的欢迎。事实上,这些拉美裔觉得,从南部边境过来的太多非法移民正在摄取"他们的"公共支持,也在更大的移民问题上考验着美国佬的耐心,包括合法移民或其他方式移民。

因此,威尔逊支持该提案,并将其连选连任运动建基于上。他知道,他的民主党对手凯瑟琳·布朗(Kathleen Brown)没有办法反对。凯瑟琳是获得巨大成功的埃德蒙·布朗(Edmund Brown)州长的女儿,也是充满活力但备受争议的加州州长杰里·布朗(Jerry Brown)的妹妹。

对于威尔逊,有些批评家从未理解的是,他对第一百八十七号提案的支持只是政治姿态,而不是本人真实态度。

从政治上看,第一百八十七号提案确实把1994年的选举变成了一场不体面的马戏表演。通过下流的反移民情绪,这种情绪不时野火般烧过本来思想开放的加州,该提案把威尔逊拯救出政治坟墓。事实上,威尔逊一旦明确将其连选运动与该提案捆绑到一起时,《洛杉矶时报》明确反对该提案,但许多人包括许多拉美裔支持。于是,民意测验开始让威尔逊领先于挑战者凯瑟琳·布朗,凯瑟琳是个非常好的人,却不是个高明的竞选人。

如果1994年选举在《洛杉矶时报》内外没有产生如此大争议的话，联邦参议院中加州席位也是大家有份的。而且曾经确实如此！那时，现任联邦参议员戴安娜·范斯坦正谋求连任，其对手是共和党人迈克尔·赫芬顿（Michael Huffington）。赫芬顿有两大资产：一是大量金钱；另一个是其名叫阿里安娜（Arianna）的聪明老婆，那时候她还没跟他离婚。

当男性赫芬顿出现在《洛杉矶时报》编辑部，其露面就很可笑。可是，再说一遍，赫芬顿有大笔的钱要花。这次重要的参议员竞选，本来范斯坦稳操胜券，但赫芬顿大概要投入四千万美元打竞选广告，就使得这次竞选运动突然发生戏剧性逆转，二者变得难分伯仲。甚至连共和党人都承认，范斯坦的参议员工作干得相当不错。可是，现在她遇上一个花钱如流水的家伙，这个家伙正准备狂甩四千万美元为自己买一个参议员席位，在这种情况下，她就有可能输掉她的职位。

我最害怕出现的场景是《洛杉矶时报》忠于形式，那么戴安娜女士则会万劫不复。一个社论版编辑对加州人民是否有某种责任，是否有责任让其报纸用于公共利益？

我一遍又一遍地对高层领导说，戴安娜·范斯坦在这次竞选中需要一切帮助。她已有麻烦，民意测验显示她已落后于那个亿万富翁。《洛杉矶时报》应当为她背书，而且越快越好。

高层领导说："你说的有一定道理，但我们不能因为支持她而忽略州长的选举。如果我们支持范斯坦，那么我们就得也支持皮特·威尔逊。"

"你看，你和我都知道，无论如何，威尔逊部分基于马基雅维利式的原因,认同第一百八十七号提案。如果我们支持他,那么很多人就会认为我们虚伪或前后不一致。我的意思是,我们已经做出重大决定,即反对第一百八十七号提案。我想,如果我们支持威尔逊,那将会有损于我们的威信。"

"汤姆,仅仅支持范斯坦的问题在于,我们会看起来像张彻底自由派的报纸,像条件反射般支持民主党人。"在当时主要是保守派天下的橙县,《洛杉矶时报》在意识形态上被视为极端自由派。"至于威尔逊当州长的好处,"他补充说,"让我们直面这个问题。在这个竞赛中,哪个会是更好的选择?"

"当然是威尔逊,"我说,"然而,那是因为凯瑟琳·布朗不太精于此道。而威尔逊的有利情况是,我们知道他当州长,不会因让人们笑得太厉害而遭逮捕。"

最终,历史得出结论,威尔逊其实是个很好的州长,而且可能是自1990年以来最好的。

"那么,好吧,"高层领导思考了一会儿,"让我们对威尔逊稍做温和的支持,就说我们感到他对第一百八十七号提案的支持是非常欠考虑的,然后我们开足火力,倾情支持戴安娜。"

"这就是给我的所有选项?我要么支持威尔逊和范斯坦,要么不支持范斯坦?"

"对,这就是你的选项。"高层领导有那么点笑意。

"好的……但是……"

"我知道。你们编辑部里某些人会感到不安,因为威尔逊不是自由主义者,他是个共和党人。"

"他们中某个人将会暴跳如雷,"实际上,我指着天花板,朝那个方向发射一枚想象中的火箭,"我是说,疯狂地掀掉屋顶!"

"我来对付他,"高层领导说,"不要为此担心。"

"你确定吗?因为我知道我对付不了他。要么你来对付他,需要经常和他共进午餐,要么他会炸掉这座大楼。"

"我来处理这件事。"

"只有你能解决这个问题。"

"我来处理。放心。"

然而,他没有处理这件事,整座大楼差一点炸了。

长话短说,也许没有人能够处理这个问题。这个问题已失去控制,结果就是,大约一年后,社论版主编的位置让给了一个少数族裔(非常合格),我变成了外国事务专栏作家。

一个非正式、拉美裔员工内部联盟"莫名其妙地"确信,是我策划了背书威尔逊的决策,该联盟将此视为希特勒重现。于是,我就完了。

内幕消息是,我急于离开《洛杉矶时报》,但希望能够为该报写作专栏文章,或许在另外一个大陆设立一间办公室。因此,需要找出办法来为高层领导卸去压力,他们有权指定我来当专栏作家,而不是指责高层领导,他们也有权把我打得一败涂地。

之后发生了两件事。从我这方面来说,我和那个非正式拉美裔联盟的某个成员共进午餐,他想要知道本报是如何决定支持那个"种族主义猪猡"威尔逊的。我解释说,这个决定完全是我做出的(当然,这是可笑的),实际上是我给高层领导洗了脑,谁都不应当指责高层领导,每个人都应当指责我,因为我才是你们这个核心组织正在寻找的"邪恶撒旦"。

"你意思是,"他说,"背书威尔逊已经策划数月了,是你干的,是你把这个想法售卖给了某位高层领导?"他的脸涨得越来越红。

"是这么回事。都是我干的。"

翌日,愤怒的矛头从高层领导转向了我。现在,我成了坏人中最坏的那一个。我策划支持更有能力的州长候选人,同时帮助打破拒绝支持范斯坦的禁令。

此后一天,某位高层领导来办公室看我。他看着我的眼睛,说过去六年我做了非常好的工作,然而,一位少数族裔不得不放到你的位置,白人得出局。

我说,我希望那是一个实际合格的人。

他说,是的,正如我一直所建议的,是她。然后,他问我:"你想成为一个富人吗?你知道我能做到那个。你觉得你能开一个专栏吗?如果是这样,你就是《洛杉矶时报》专栏作家了。"

"你会作何选择?我是一个作家呢,还是一个'富人'?"

"你比任何人发给我的备忘录都多。你一定是个作家!"

"我能够保留我在社论版的薪水吗?"

"可以。"

这个交易似乎还不错。"我什么时候开始?"

现在回想起来,在仓促平息那次拉美裔造反时,高层领导们作出了正确的决策。他们看到其左翼受到严重责难,于是作出决定:他们的任务不是保护我,而是保护报纸以及他们自己。

我会慢慢为我的学生们总结这个教训：一个企业集团若感知到存在更大的利益，将会要求个体被迫做有损于自己的事情，情况总是如此。面对那些拉美裔的愤怒，一个半沉默的中年白人有多重要？很不重要。

可是，当一切尘埃落定，我对这次摔的跟头不只是高兴。当主编的得有棵大树可依靠，但我没有。至于发行人，他保住了他的乌纱帽，但我没有保住我的。在威尔逊再度当选（以巨大选票优势）和范斯坦当选（以极微弱优势）数周之后，我给发行人发过去一份备忘录（对，哦，上帝，又是一份备忘录）："对于我俩来说，过去这几周（时在1994年夏）是非常艰难的日子……然而，我想说：

1. 报纸如果是冷漠、谨慎、乏味的，终将枯萎乃至死亡。报纸本身质量过硬尚不够，成功需要质量和激情。

2. 过去几周对于我们背书策略的争议，于报纸而言是极好的。在报摊上，我们的社论版被大家所谈论……这就是我们的未来，否则我们没有未来。

3. 报纸因不同寻常地发表尖锐的不同意见而获得高分。我每到一个地方，人们说：'那太棒了。'我很高兴，我们做到了。

4. 意见版上的不同意见也落实了我们持续不断的多元化承诺，展现多元化这个术语所能蕴含的最好含义……本部门有十多位少数族裔员工……看看我们编辑部的多元文化构成，这个编辑部的决策百分之九十九都是你签发的。

5、《洛杉矶时报》，高高扬起你的头，你有很多东西值得骄傲。如果这张报纸在发出勇敢号召面前没有退缩，如果它没有因胆小而放弃，如果它没有逃避争议，它将会有一个灿烂的前程，不管是印在世界最昂贵的纸张上，还是放到荒唐的电子平板上，抑或某些尚未定义的网络空间。抑或，这只是我的看法。"

翌日，那位高层领导给我手写了一封回信。他并不经常或如此快地回复我的便条（也许因为他收到太多便条了吧）："谢谢你善意的便条。考虑到我最近所经历的事情，很欢迎这样的便条……你应当知道，我不止一次地怀疑，我们是否做对了事情。"

我已在这个高压的岗位上，待了差不多六年。正如诸君阅读本书所知，对于普雷特来说，六年是漫长的时间。没有人欠我任何东西。一般而言，没有人欠任何人任何东西。

又及：生命如此短暂，我希望更多人在笑，而不是在哭。报社里的拉美裔联盟因为从未邀请我去解释给他们听，所以他们永远不能理解背书策略与威尔逊关系不大。不管我们做什么，威尔逊都会赢。

这次背书是要保住一位女性参议员职位，很明显她符合该工作的要求，也值得本报去支持，因为本报经常大力提倡提升女性政治地位，改善我们政治家的素质。范斯坦恰好是符合这两个目标的海报女郎。然而，《洛杉矶时报》的某些人似乎不明白这一点。

至于我是否符合道德，你可以有自己的判断。事实是，当我们在11月第一个星期三醒来时，范斯坦已经赢得选举。她的胜选，是部分因为我们的社论吗？可能是，也可能不是。然而，如果她没有得到所有这些帮助，她能险胜吗？为什么要冒风险呢？

基本事实是，本报还是使得人们有所不同，而这是报纸应当做的事。以政治正确的名义保持沉默，是对公共责任的放弃，因为它把决策制定过程中理性辩论的贡献排除在外。

哦，顺便说一下，范斯坦现在仍然担任参议员，是德高望重的老前辈了，得到同事和媒体的尊重。而赫芬顿现已无影无踪。啊，威尔逊现在也是一样。他是个好人，尽管和我们其余人一样有缺点。而且，我还听说，加州一直没有发生大规模驱逐墨西哥人的事，以后永远也不会有。

但是，这真相不会阻止政客们通过任何必要手段去谋求连选连任。毕竟，这就是美国方式。

没错，我最后一个行动是写一篇备忘录。我真的很不开心。当然，我有时神经有点过敏，是个利己主义者，但这就使我变成一个坏人了吗？

我对本报的一般感觉是，尽管有一些主要创新，比起我们所需要的，它依然保持较少介入的姿态，没有啥吸引力。也许是因为戴维爵士的巨大影响，或者也许是因为我混乱激烈的纽约人经验，我逐渐形成如此观点，即从根本上说《洛杉矶时报》是乏味的，而费尔克（以及舰队街）哲学是正确的：不管是什么好东西，不管这东西如何好，如果不能吸引人们去阅读，那又怎么样？因此，关于报纸星期刊意见版，尽管不错，但仍需更加引人注目，我写了如下意见。

这篇备忘录是报给另一位高层领导的:"我们需要继续把意见版推向极限。在报纸上,这是需要展示政治争议的地方,需要注意倾听最新思想的交锋。那种只陈述显而易见的东西的空话套话,诸如'现在形势复杂,有可能变得更糟'等,在这个版上不应有一席之地,除非那是基辛格写的。报纸星期刊的整体情况是如此稳定、周密、负责、严肃,至少有必要给轻微胡思乱想、不符合传统的挑衅、尖端前沿的噪音等提供一些保护。我想,读者们极度渴望负责任的争论。让我们满足他们的渴求。"

这是发自我内心深处的肺腑之言。

某位高层领导给了一个回复。回复很短:"汤姆:不行!"

好吧,于是我备受煎熬,焦虑不安,内心激荡。(不是有人曾经说过,有时反应过度是有益健康的?)

最后,我想我是放弃了。我想我是丧失了信心。没错,用我顶头上司的话说,我是"如释重负"。

这个时候,我收到戴维爵士写来的另一封信,他最近刚刚到访洛杉矶。这封信部分内容是这样写的:"我真的希望下次能有幸见到你的女儿阿什莉。我现在已是一个祖父,极为擅长和小孩子打交道。我会教阿什莉如何用英国口音说话,这将极大改善其人生际遇……也很高兴再次看到吉姆·贝洛斯。我去了他家,跟他的会见很精彩,其间他大肆攻击'多元性'。他要求我坚定你的决心,敢于抵抗《洛杉矶时报》的官僚体制和求稳心态。看起来你干得相当令人满意……"

也许,一年前我是那样,但彼一时此一时。最终,我被打败了。情况变得如此糟糕，以至于有一次头版计划出一篇社论，我竟然都不知道。办公大楼里很多人认为，这对我是极度不尊重的。那篇社论出来之后，集团公司的另一位高层官员私下跟我要一份关于那篇头版社论读者反映的详细情况。这是一个我可以抱怨、发牢骚、哭诉的好机会，但那不是我的风格。因此，我仔细、客观地做了回答。我说，我们的读者来信高级处理员往往偏好富有争议性的非法移民问题以及加州经济等主题。我提议道，那篇头版社论写得很不错，但没有提出具体政策，这样就没有争议性了。

也许是太自利了点，但是真心话，我补充道："大约五年前，我刚来到这里，我本来认为，从整体来看《洛杉矶时报》的社论太有可预见性，太长以及太刻板。今天，我认为好多了，更短了，大部分时间是有真正底线的。然而，和你一样，我认为它们可以更好点。它们会更好的。"

我没有预料到能收到回复。这位时报-镜报集团的执行官潦草地写了如下可爱的回复："我同意你的全部看法，只有一点例外，那就是我认为现在社论好很多。我喜欢斗斗嘴，用无伤大雅的恶搞串起一系列词语。你的魔鬼般的朋友×××"

我喜欢这封信。尤其那魔鬼部分……那不是很好吗？

对新的职业转向我很激动。在《洛杉矶时报》的头两年，我到圣塔莫尼卡学院（Santa Monica College）和加州大学洛杉矶分校无偿地教过一些课，那时我就想到过开启第二次职业生涯。然而，如果我没有从有名望的研究生院取得高质量专业学位，加州大学洛杉矶分校永不会要我。

三十多年前，我一点也不知道伍德罗·威尔逊学院的文凭将会打开什么样意想不到的大门。结果事实证明，我当初没有把本·布拉德利（Ben Bradlee）的真诚劝告放在心上是多么好的一件事。也许，关于更高教育水平对于美国报纸工作无关紧要的观点，他是准确无误的，但是，报纸世界并非永远都是现在模样。退一步说，没有什么比报人自己这么想来得更悲哀了。

往日，普通工人在其职业生涯里也许要换三四个主要工作。现在，她或他也许要经历几种不同的职业。因此，你不知道你的高等教育在几十年之后会对你产生多大影响，或在什么领域产生影响。我的观点是：如有可能就应获得更高水平的教育，即便你已经四十和五十岁了，受教育永远不会太迟，去接受教育吧。从现在开始。

由于我在圣塔莫尼卡学院和加州大学洛杉矶分校教过书，我从《洛杉矶时报》跳到一个学术和新闻相结合的新的交叉领域就变得很容易，几乎是完美的结合。当时，我向高层领导建议说，也许我应当为继任者腾出位置，而且我们有一个貌似可信的人选就在现场，随时可以顶上来。当高层领导问我想要干什么时，我说我的工作意向是国际政治专栏。

这个想法是通过两个阶段形成的。第一阶段是在1994年末随着戴夫·拉文索尔辞职自然而然出现的，这就导致和某些高层领导谈论"下一个新鲜事"。第二个阶段出现在1996年初，那时我们正在提炼专栏的概念。

前一天，日本首相和美国总统在圣塔莫尼卡的一家酒店会面，努力平抑这两个重要国家之间的严重政治分歧。距离可爱的圣塔莫尼卡市中心三千英里的《纽约时报》把这条新闻放上了头版。而《洛杉矶时报》却把这条新闻置放到报纸内页。这太难于理解。哪家报纸离日本更近？亚洲对美国重要吗，更不用说对美国西海岸这样的地方了？

这个疑团的合理解释是官僚体制。原来对美国总统的报道是华盛顿分社的独家权限，即便总统已到报纸总部的后院，那里大约有两百位据称很能干的记者在枕戈待命，但是报道工作还得由华盛顿分社来进行。

这次的问题是，时在1996年初，关于世界两个最大经济体的政府首脑在圣塔莫尼卡的高层峰会，华盛顿分社认为并不足够重要到派一个记者飞越三千英里来做报道。结果，《洛杉矶时报》只有一条小新闻发在里边某个版面上，由一名未做什么准备的记者匆忙所写。事后，我对某高层领导成员说起这事，他提供上述冗长的解释。我回答道："我放弃。"

这样，我开始悄悄谋划写我自己的专栏。我多次向高层领导提出这个选项，希望这个想法引起重视。一天，谢尔比在大厅里碰到我，说："对你的专栏，我和迪克都很兴奋。这将是我们自乔·克拉夫特（Joe Kraft）以来第一个政治言论专栏。这个非常适合你！"

尽管在言论气质上有明显不同，我们共同认为：这些版面的读者整体上教育程度很高，极有见识，这些版面在保持报纸整体公信力和社区形象上是重要的。即便如此，谢尔比认识到，新发行人最终会需要自己的社论版主编，现在是动一动的好时机。"你已经干了一个完整的参议员任期，"有一次他说起我的六年任期，"你已为本报作出很好的服务。"

我对写专栏工作也变得越来越兴奋。这是我以前从未做过的媒体工作，看起来是个非常好的工作。

因此，当我的任期趋近尾声时，高层领导的某成员问另一位，我对工作变动会有什么感受。那位领导说："如释重负。"

这个词用得非常准确。我对这个工作变动的解脱感，不仅表现在精神上和专业上，甚至也表现在地理上。《洛杉矶时报》在总部大楼里提供给我的私人办公室，我从未使用，加州大学洛杉矶分校提供给我的不仅是一个全职的任命，而且还有一间俯瞰美丽校园中庭的可爱办公室。在那里，接下来五年，我要教授公共与媒体伦理、美国与亚洲新闻媒体等课程，面向那些有才华的年轻人，他们许多人出生在亚洲或是亚裔美国人。《洛杉矶时报》被售予芝加哥论坛报公司（Chicago Tribune Co.）以后，我的专栏转移到国际辛迪加，在那里存活到今天，现在已经十六岁了，我目前仍在拼命工作。

说真的，离开《洛杉矶时报》，我不仅是"如释重负"，而且身兼大学教授、国际讲师和国际事务报纸专栏作家这一新的职业生涯使我狂喜不已。当加州大学洛杉矶分校提供给我全日制的传播研究教职（附带政策研究的第二任命）时，我开始相信也许天上真的有一个对我青眼相加的上帝。

在你能控制或至少型塑生活变迁的范围内，作出整体改变是好的、必须的以及再次给人动力的，它能重建体力、智力和精神！

看一下这封充满智慧的信，它是在我担任《洛杉矶时报》社论版主编六年任期中途抵达邮箱的。其作者是彼得·小戈德马克（Peter Goldmark Jr.），当时他是时报-镜报集团东部报纸（包括《纽约新闻日报》、《巴尔的摩太阳报》[*Baltimore Sun*]、《哈特福德日报》[*Hartford Courant*] 等）的副总裁，也是纽约市市长约翰·林赛（John Lindsay）和纽约州州长休·凯里（Hugh Carey）的前高级助理，是20世纪70年代纽约市颇受赞誉的建筑师之一。如我们纽约人所说，他既是正人君子，又和其他人一样风趣幽默。

我曾经在绝望中写信给他，问我选择干新闻这一行是不是个巨大错误。他给我写了回信："啊，亲爱的，好久未通音讯。你是入错行了吗？正如我们在粒子物理学中所说，本质上讲是的，报纸的前途非常小。你知道这个。然而，如我们在一般相对论中所言，看跟什么相比。登上《洛杉矶时报》这条大船，在这里你重新改造、重获生机，终于将社论版具体化，这条船的衰落将会是缓慢的、壮观的，其消亡过程似乎像不知不觉的过渡，甚至仿佛置身在步履蹒跚的南国。

"什么是对的行业？就是右翼向左一点点，对的东西再精确一点点。那是在为我们准备下一个范式转换。这种转换是什么或者老范式是如何患上阿兹海默症（Alzheimer's）而变得迷失，对于此短小活泼之便笺，那是过于宏大阴沉的话题。可以说，当范式形成，转换也就开始了。

"……我们在哥谭列岛一个华丽而庸俗的岛上思念你。"

一天，我接到一个电话通知，说我被邀请去当普利策奖的评委。这种角色是很多人梦寐以求的，在新闻媒体界也是件了不起的事。这个邀请来自备受崇敬的新闻学院之家——哥伦比亚大学（Columbia University），签名是《纽约时报》前高级专家西摩·托平（Seymour Topping）。

我告诉高层领导我打算拒绝这项荣誉，因为我不喜欢普利策奖的评选过程，时有腐败发生。起初他们看着我，好像我疯了似的，也许我是疯了。但是，在给西摩的信中，我解释了拒绝的理由："在我们这个行业，没有谁和您一样受到那么多尊重和崇敬。然而，我还是要谢绝这项邀请，至少是今年。最近关于报纸普利策奖最终选择的争议已经提出令人不安的问题，这就是获奖者是否在所有情况下都是纯粹价值评估过程的产物。我已经发现，有些普利策奖评审委员对于裁判员推荐规范的践踏，极为令人不安。"

在这封信背后，还有一个故事。很少人知道，因为美国媒体很少报道它，但是普利策奖评选过程肯定存在道德缺陷，就如同2000年佛罗里达州联邦大选选票计数方法一样。普利策奖之于美国新闻界的关系，类似于诺贝尔奖委员会之于国际外交、物理学、文学等的关系。你晓得，在最后获奖者被选择和宣布之前，在《纽约时报》、《华盛顿邮报》等几大巨头之间有时会发生不体面的最后一分钟作弊现象，以确保没有人很尴尬，每个人都能分一杯羹。然而，最终结果并不总能反映谁是每个类别中最好的。

我不想成为其中一部分。在其道德状况如此糟糕情况下，普利策奖评选过程怎么能与人为操控的电视游戏节目明确区分开来呢？

这就是为什么三十多年前有些开明的美国编辑成立了一套竞争性最高的全国新闻奖，由美国报纸编辑协会（The American Society of Newspaper Editors，ASNE）主办。该奖项于1981年启动，其评选过程被建构为免于政治干涉，以价值为基础。十多年过后，当我去向我的上级询问是否可以给西摩写一封非常礼貌的回信，婉拒担任普利策奖评委的邀请时，他们中只有一位表示理解和同情，那就是戴夫，他是美国报纸编辑协会奖创始人之一。但是，没有一位高层领导强迫我勉为其难。对此，我为《洛杉矶时报》感到自豪。

我的拒绝当然不能使我成为圣徒候选人，许多诚实正直、具有坚定信念的编辑担任过评委。我之所以拒绝是因为对其评选过程的厌恶，该过程在某种程度上和我们在社论版上所猛烈抨击的东西同样可疑。确实如此，当实际犯罪行为或道德不当行为不能够明说时，我们经常使用"表面不当行为"这一词组。我感觉，通过不当评委，不当行为的"表面性"就被规避了。

在道德上，表面性确实能被当作现实性。试想一下广告和编辑业务分离的问题。在英国新闻业，这种分离并不被视为神圣，新闻业并没什么好炫耀自吹的：它只是个卖报纸（或杂志或播出时间）的产业。这就是为什么我的英国朋友们一想到"他们的"汤姆会浪费时间去教"媒体伦理"这样有名无实的课程，就会笑作一团的原因。

在美国可不是这样，广告与编辑业务之间的隔离墙有点类似"柏林墙"，分开了教堂（代表纯洁正直的编辑业务）与国家（代表满手肮脏的商业主义）。这堵墙是不能被撕开缺口的，"柏林墙"规范至今仍在起作用。那些进入美国媒体行业的外来者，若不吃透此种规范，将会被烫伤。（他们应当首先报名上我的课程！）这就是发生在马克·威尔斯（Mark Willes）身上的事，在我离开《洛杉矶时报》去加州大学洛杉矶分校之后，也是在施洛斯伯格（Schlossberg）离开之后，威尔斯曾是拥有《洛杉矶时报》的公司首脑（也是其发行人）。

一般来说，前通用磨坊食品公司（General Mills）麦片部执行官马克在《洛杉矶时报》是个遭人嫉恨的人物，不仅因为他是外来者（这个所谓的缺点是我所熟悉且感同身受的），而且因为他来自异质文化：即在真正巨型集团公司里，基本上任何不会招致起诉的东西都是符合道德的。

美国媒体规范在高端新闻媒介里以不同方式运行，至少这是一般看法。此种差异正在弱化，但仍保持相当力量值得加以考虑。当威尔斯及其支持者们与洛杉矶中心城区（离《洛杉矶时报》大厦不远）漂亮的斯台普斯体育中心（Staples Center）的业主共同炮制了一个小小精明的私下交易，单方面决定打破这些媒体规范时，他几乎不知道他正在干什么。

作为开业周庆典的一部分，《洛杉矶时报》在社论版搞了一个宣传这个新运动场地的周日杂志特别专题。就其本身而言，这没有什么错。然而，社论部那边几乎没有人知道，经营部那边已经秘密地与斯台普斯方结盟，同意联手售卖广告版面与分割利润。在主流大报的道德规范之下，这种秘密交易就是做坏事的通行证，因为如果此商业安排没有猫腻的话，为何要秘密进行？这一商业交易对《洛杉矶时报》的编辑判断没有什么影响。作家们该怎么写就怎么写，编辑们该怎么编就怎么编，没有忍受经营部的压力。但是，这种秘密的商业安排产生了表面不当行为。

还有另外一个问题。对谙熟《洛杉矶时报》等高端报纸"柏林墙"传统规范的观察者而言，说所有高层总编都不知道该商业安排，是难以想象的。不管他们是知道和应受责备的，还是他们是不知道和无能的，二者中任何一种情况，都动摇了报纸的公信力。更糟糕的是，某高层总编的大办公室距离关键商人办公室仅几十步之遥。按照在《洛杉矶时报》或《时代》杂志等大型媒体公司里没有办公室是真正私密的理论，怎么可能让人相信，在这些生意人旁边竟没有人知道任何事情？

那时候，我已离开去了加州大学洛杉矶分校，但人们常问我，在戴夫领导下，类似斯台普斯与《洛杉矶时报》项目是否会暗中策划。注意这只是我个人意见，但我认为，这件事不会取得初步成功……见鬼，甚至都不会开始启动！

最后，斯台普斯以及其他问题导致集团公司老板威尔斯倒台，总编辑迈克尔·帕克斯（Michael Parks）去了南加州大学变成新闻项目主任。在一定意义上，这也开辟了2000年初报纸卖给芝加哥论坛报公司的道路。

在此事发生前很久，时报-镜报公司的CEO兼发行人马克·威尔斯曾多次要求我到市中心的《洛杉矶时报》来和他共进午餐。一方面这只是朋友小聚（我喜欢他的直截了当和愿意尝试新事物，尽管我不喜欢他所尝试的某些新事物，比如通过关闭《纽约新闻日报》来提高公司利润水平，这为他赢得不必要的绰号"麦片杀手"），另一方面也是微妙的工作面试。马克需要他自己的主编（像所有新业主一样），而我似乎是个他可以共事的人。

在我们聚会中，我用自己的方法努力向马克解释其间的文化差异。但是，显然我没有做到用他能够理解的方式把信息解释清楚。尽管如此，我还是喜欢马克，但我依靠一个牢不可破的原则生活：绝不走回头路。

结果证明，从好几方面来说，这都是个好决定。两年后，斯台普斯交易震爆美国媒体界，仿佛报业的"水门事件"。如果不去加州大学洛杉矶分校和写专栏，我可能深陷其中，身败名裂。做个幸运的人，真好。

要想在陌生环境中成功运作，必须注意该环境中主要行动者的行为规范。如果违反这些行为规范，你将面临相当大风险，尤其是在新闻媒介环境中，秘密特别难以秘而不宣。

尽管马克的恭维引发了我的兴趣，毕竟是他突然终结了接近于伟大报纸的《纽约新闻日报》。在民主体制下（肯定是地球上颇为重要，有时也是令人生气的一个体制），如果有可能避免，为什么你要砍掉一家诚实的报纸？答案足够简单：这样做能够提高股票价格，使得公司看起来更健康，使得马克看起来是更好的经理人。在我们的市场体系里，什么能与此逻辑争锋？（但我确实喜欢那种或多或少能自作回答的问题！）

在《纽约新闻日报》被随随便便停刊一年之后，也是我另一次从伦敦出差回来后，我感到有必要进行某些宗教救赎。

从伦敦一回来，社论版的控制权就按计划移交给第三号人物珍妮特·克莱顿。我从伦敦已给她打过祝贺电话，如此遥远的距离也在计划之中，是我向高层领导建议的。之所以这么做，是因为如果我不当心的话，往往会有情绪化反应，我想让她的荣耀之日辉煌出色、不被污染，正如我曾经一样，也许读者诸君还记得。我们大家都有自己的荣耀时刻，为什么不让她拥有自己的荣耀时刻呢？

戴夫·拉文索尔失去了他的宝贝《纽约新闻日报》，我失去了《洛杉矶时报》社论版主编的位置。一年之内，发生了好多事情。

我急于开专栏，这是我职业生涯中从未做过的事。这将会是个署名专栏，表达的观点将不会被过滤，除非是经由遗传和经验得来的我自己内心的过滤。如果我犯了错误，我会很高兴地公开承认，尤其像独自思考时的扪心自问，与企业共识形成对照。关于这一点，我的继任者完全同意我的观点。在她看来，如果《洛杉矶时报》总部与我写专栏所在地的空间距离越大，关于亚洲和美国的专栏会更好。避免群体思维将会是专栏独特性的关键（此外，她知道我已受够了开各种会）。让我们以鼓舞人心的语气来结束这个讨论，我的专栏在《洛杉矶时报》意见版上连载了大约五年时间，也许以某些标准来看不算长，但若以《洛杉矶时报》的标准来看还不错！

现在我所需要的，是和"圣人"在一起的某个结局。因此，我和戴维·拉文索尔安排偷偷溜到拉斯维加斯附近过一个赌博和喝酒的周末。那个周末正好是我的生日，但"圣人"并不晓得。这个男人在长岛和纽约的《新闻日报》以及《洛杉矶时报》雇用过我。我非常愿意认为，就工作表现而言，他三战三胜，但这些东西还是留给别人去评价吧。

在凯撒宫（Caesar's Palace）金碧辉煌、熠熠闪光的赌场里，有一刻打动了我的心。戴夫还在《新闻日报》那个新闻渊薮时，运动版上有个专栏名叫"计速员戴夫"，是个赛马专家预测之类的东西，戴夫每天为此供稿。《新闻日报》之外，很少有人知道是总编本人在提供赛马情报。

因此，我们来到维加斯酒店赌场，猛灌喜力啤酒，大把输钱。嗯，实际上，是他在输钱。事情是这样的，他把赌博太当回事，极为认真。我想，这个国家中赛马和赛道一半都被不正当手段操控，因此，除非你是行业中人，何必费心劳神去研究那些过去的成绩表呢？

到第七轮比赛时，我已经领先一千多，而戴夫落后几百。我是按照我所认识的朋友名字和我所喜欢的动物等来下注，他玩的是爱因斯坦方法。

大约在节骨眼的时候，他转过来对我说："你知道，我非常高兴让你来当我的社论版主编，并且……如果我还是发行人，汤姆·普雷特还会成为《洛杉矶时报》社论版主编。"

大概到第八轮比赛，戴夫押中了一个本看起来十分渺茫的两千美元赌注。

到这时，我落后好几百，他已领先了一千多。

这就是为什么他是戴夫·拉文索尔，而我只是汤姆·普雷特的一个原因。他总能领先一步！

让侏儒转页并不总能产生最好的个人或专业结果,但是,如果在你心里、头脑里、灵魂里,你知道它是正确的,那么请大胆往前走,无论如何都要去做。百分之百安全的玩法,不是过一辈子的方式……因为你只有一辈子可活。

结　语

　　写了这么多页，再不用一种明确的方式总结一下我对新闻工作的真正感觉，那我似乎有点像个胆怯的懦夫了。哦，这就仿佛一家主流大报，在重要的州长选举中，不告诉读者其政治倾向。然而，要总结，真是太难了。这个问题真是太过复杂，不论在专业上、智力上还是在情感上。

　　也许，看待新闻行业问题的可靠办法，就是两种事情发生在你身上，也许哪一种都不算好：一种是你进入新闻媒介，以失败告终；另一种是你跳进新闻这一行，并相当成功。

　　即便是后者的经验，当你年纪轻轻就获得成功，那尤其可能是个悲剧。我想请你回想一下那位著名（但匿名）的曼哈顿建筑师的话，他质疑为什么一个才华横溢的年轻人要去为一家杂志工作，甚至连这家杂志的创始人伟大的克莱·费尔克都通过嘲讽其高级助手而表露出自我轻视，费尔克是这样说的："弥尔顿，这只不过是本杂志而已！"

　　为了表达论点，请让我们继续，汤姆·普雷特或多或少一直是个成功的美国媒体人。正如诸位在前面八章中所看到的，这消耗了我几十年的时间。在这漫长时间里，我本来可以作为公共卫生专业人士去拯救无数婴儿免于营养不良，本来可以在纽约交响乐团演奏单簧管（通过大量练习，谁知道呢？我在高中时擅长吹奏单簧管）和创造音乐之美，本来可以作为敬业的医学研究者去攻克癌症（我在大学读过医学预科，至少直到有机化学来袭），或者本来可以作为演讲稿撰写人帮助某位合适的总统或经验丰富的国务卿清晰表达他们的愿景。

然而，这些可能性或任何其他选项都没有对我开放，我只是一门心思地专注于新闻工作，并且更糟糕的是，我的职业生涯进行得颇为顺畅。即便当我把事情搞砸了的时候，这可不止一次，啊，我总能逢凶化吉，站稳脚跟，继续前行。在某些方面，我们变成了成功的牺牲品，我们被囚禁于各种成就之中，没有被失败所解救。俗话说得好，当心你希望之物，因为你可能只会得到你所想要的东西。

尽管我们一生有那么多其他精彩的事情可做，归根结底，亚历克西斯·德·托克维尔（Alexis de Tocqueville）说得没错：尽管存在各种各样缺陷，有美国新闻媒介比没有它，我们可能生活得更幸福。然而，你是否心甘情愿成为参与者并几十年如一日地"献身于新闻事业"，那就是个人，甚至是精神上的一个艰难问题。

下面是我称为"当今新闻业的十大死罪"：

1. 为钱疯狂：在电影《公民凯恩》（*Citizen Kane*）中扮演主角的奥逊·韦尔斯（Orson Welles）有句名言，如果你想用一生来做的全部事情就是赚钱的话，那赚钱其实并不困难。尽管很多思想高尚的CEO在公司聚会日等场合高谈阔论，对于当今许多媒介公司来讲，赚钱仍主要是他们毕生所要做的事情。别相信他们说的任何与赚钱底线无关的东西。如果媒介公司的目标与肥皂制造公司的目标并无二致，那为什么媒介公司的运作却额外享有宪法第一修正案（First Amendment）保护的恩惠？请深长思之。

2. 专业主义：不像法律和医疗行业（毫无疑问，它们自身也有严重问题），美国新闻媒介并无严格的教育水平入门要求，此后也无专业化管理的测试、发证或职业中期再教育等制度。这是很丢脸的事。想想安德烈娅备受尊敬却很平凡的职业：社会工作。为了取得从事这一工作的资格，她被要求通过入门考试，在工作过程中又进行不断的测试和专业再教育。然而，新闻媒介不是这样。智力自尊的缺乏，意味着我们对日益复杂化世界的解读，是由那些不仅承受极大时间压力和局限（这是我们不得不对之抱有同情的行业性问题），而且对实实在在的挑战智力上准备不足的人来进行。这是新闻媒介不断错失重大政治、经济和社会发展进程的发端和意义的原因之一。太多新闻记者不会更好地认知。

3. 虚伪性：一般来说，新闻媒体的管理者与从业者对他们自己和对公共官员甚至公司管理者，没有应用同一行为规范。比如，应当要求产业版专栏作家做更多的公共财务曝光（没有这样基本的透明度，几个专栏作家被逮到兜售他们投资的股票）。新闻媒介对公共人物隐私侵犯程度远远超过他们认为自身隐私可被侵犯的程度，即便主流报纸或杂志的总编或者主流电视台的高级运营人员（更不用说电视网的运营人员了）比起许多公共官员对社会具有大得多的影响力。但是，所有这些无耻的不端行为都在第一修正案的保护下正当化。

4. 党派性：在美国新闻媒体这一行里，太多新闻记者都是不折不扣的民主党人，而太多大媒介的老板们却是不折不扣的共和党人。就其内容和本身来讲，党派性不是一种罪过，尤其是记者在新闻工作中只能保持一定程度的公平和非党派性。能保持公正的人太少了，正是因为在内心他们是改革者，寻求让事情变得更好，或者是特殊种类的保守主义者（即想让事物或多或少保持现状的19世纪自由主义者）。美国新闻媒体里的自由主义者（大部分是记者）希望推动变革，他们会积极推广揭露性报道，比如连续十期揭露政府腐败。但是，到头来情况往往是，一旦媒介大篷车转移到其他新闻，几乎没有什么真正发生变化，或者导致的改革是被用来抚慰媒体的，而不是用来解决问题的。

5. 事实与意见之间的模糊性：新闻记者们自树一个追求目标，即要在事实与意见之间画出明确的分界线。然而，他们能在多大程度上控制自身不去模糊两者之间的界限，与此相比，上述那些可能问题还小点。然而，事实与意见的分界线越来越被模糊，被打折扣，甚至被新的细小的新闻分类所摧毁，尤其是我不喜欢的所谓头版新闻分析。这种新闻体裁允许记者把他们的意见乔装打扮，包裹在所谓"分析"的母体里。但是，一个人的分析就是另一个人的意见。我曾经对美国某主流报纸的高层领导说："我们明天报纸不需要政治问题的社论了，读者们只需阅读今天早晨头版的新闻分析就可了解我们的意见。"这个言论招致高层领导乌云满天的坏心情和负面的因果报应。

6. 自大性：我认为，任何人对电视节目主持人的喜欢都没有达到他们喜欢自己那样。他们走进一个满是普通人的房间，期盼着全体起立、热烈欢呼，因为这是视频影像时代。让一个遗传学方面的诺贝尔奖获得者走进加州大学洛杉矶分校的教室，悲剧的是，几乎没有人会认出这位了不起的科学家，因为她或他没有上过电视。然而，那些一直在电视上的人确信，只要跟电视接触,就提升了他们的智商,三倍放大其自我价值。事实上,他们所做的全部事情就是自我膨胀。整体来看,当新闻报道太轻易地变成了记者形象,电视毁了真正的新闻事业。这是极端荒谬的主观性。有些人非常出名,仅仅因为他是著名的。我们真的需要关心布兰妮(Britney),或为什么丹·拉瑟(Dan Rather)不得不离开哥伦比亚广播公司(CBS)?

7."疯狂捕食"独家新闻:独家新闻驱动新闻业的方式,就如同细菌驱动流行病一样,最终结果很少有好处。独家新闻是新闻媒体的人为建构,通常与事件的社会和政治意义呈负相关关系。按照新闻媒体所定义的独家新闻概念,对最近一千条重要独家新闻的仔细调研将会揭示其发掘的持久价值是多么稀少。但是,独家新闻现在仍处于人所共知的"狗仔队"在私人家庭门前蹲守,以及恶毒攻击个人声誉、歪曲人文价值等媒介现象的核心地位。

8. 侵犯隐私:现在每天隐私越来越少。谁是"公共人物"?谁不是?法庭可以理解地把定义权留给了新闻媒体,就仿佛把"什么是新闻"的定义权交给了新闻媒体。然而,由于新闻媒体不是可以完全自主调节的行业,有时行为很不专业(像贪婪的顽童),最后效果是,实际上把每一个公民都定义为潜在的"公共人物",不允许任何人生活的任何部分无条件地禁止窥探。从技术层面说,在美国没有隐私,除非那些极有技巧的隐居者。正是美国的新闻媒体(不是美国政府,因其经费太不足,动机也不明)变成了"老大哥"(Big Brother)。也许,我们应该担忧的,与其说是政府的监视,倒不如说是大型媒介的窥探。

9. 金钱腐蚀：哪里金钱滚滚，哪里腐败充斥，不管是以贪污受贿的重罪形式，还是以侵蚀规范的形式。跟踪媒体资金流向，追到最后必是犯罪。正如同美国媒体公司利用公共信任大赚其钱一样，许多新闻记者也是如此。电视网明星一两年所赚的钱，比大部分美国人二十年所赚的钱还要多。如此下去新闻记者如何能了解大部分人的真正需求？在《洛杉矶时报》，在某些特定年份，我骄傲地把二十五万年薪收入囊中，但不知怎么地，我同时感到那是不太对的。生活在这种补偿性气泡里，有专用汽车和公司报销的费用账户，促使我在十五年前开始在本地极好的圣塔莫尼卡学院无偿从事公益教学活动。这使我有机会每周接触到那些在艰难崎岖的社会经济阶梯上奋力攀登的真实人们。我敬佩他们当中许多人，远远超过我所遇到过的许多媒体大亨，这些大亨们高水平的经济收入使其与美国人的现实生活隔离开来。

10. 公共信任：除例外情况，公共信任一直被辜负。美国新闻媒体的行为，如追求暴利，侵犯隐私，缺乏职业道德、专业训练与再培训，以及有意无意的偏见等，从道德上讲，应当要求其放弃第一修正案的宪法保护，并从整体上承认其为追求利润的商务企业，否则不会产生公共信任。做出这种承认，将是值得去做的可敬之事。这种情况不会发生，因为整体来看，尽管有许多可敬的从业者，美国新闻媒体没有做到如美国民主体制所要求的那样光荣与可敬。

因此，你应当进入新闻媒体这一行吗？我想，我会说，只要你生命里没有更好事情可干，就去干新闻吧！也许，我不会干。那么，我是否太痛苦了？一点都不。我过得极其愉快，感到非常幸福。我只是不打算向任何人推荐这个工作。

　　我想，我要说的是这个：如果读了这本书之后，你仍然有热情去当一个记者，那么，你已病入膏肓，不妨放弃抵抗去当吧。你是与生俱来的记者，它在你的血液里，你只好接受。

　　至于我自己，我总是好奇在茱莉亚音乐学院（Julliard）我会怎么样。我想知道，为什么我没去那里。

　　或者……变成一个著名的建筑师，为什么不呢？

致　谢

首先，我必须感谢以前和现在的学生，他们为这本书的整理、编辑和事实核对提供了帮助。他们是卢咪咪（Mimi Lu）、米歇尔·博洛尼亚（Michelle Bologna）、萨拉·普卢默（Sara Plummer）、黛安娜·李（Diana K. Lee）、Satoko Yashuda以及阿尼亚·扎波洛特纳亚（Anya Zabolotnaya）。

虽然我所遇到的编辑或专栏作家没有真正能和总统或国王或首相的权力相颉颃，但他们中有些人在个人魅力和人品性格方面能与之相匹敌。被吸引到新闻业来的魅力四射的人们，使我的人生五彩缤纷，总是能量满满。

没有按特定年代顺序排列，请让我快速提及他们当中十来个人。

戴维·英格利希爵士是《每日邮报》二十年富有传奇色彩的总编，然后又任联合报业（Associated Newspaper）的总编辑。我和戴维在一起的每一分钟，都像精彩电影里某个场景。他总是比犯罪惊悚片导演有更多策划与计谋在酝酿。甚至几年前，他在伦敦过早去世以后，他的能量与人品从未在我心里消失，甚至在今天还驱使我努力做得更好。

我当然喜欢在《新闻日报》和《纽约新闻日报》工作，这两家报纸以卓越人物为特色，比如，睿智的戴维·拉文索尔，也许是任何人可能拥有的最优雅的老板了；情绪高涨的唐·佛斯特，我与他共事两次以上（他是这个世界上最有活力的办公室室友）；吉姆·克勒菲尔德，最公平的上级；罗伯特·约翰逊，最富有企业家精神和冒险意识的发行人；西尔万·佛克斯，权威的社论版长期主编，是这个行业中真正绅士之一。

在《时代》杂志，最杰出的人是亨利·格伦沃尔德和雷·凯夫。嗯，没错，他们并不总是引人发笑。我们这些中层主编过去常常私下开玩笑，给雷起绰号"咯咯笑"，或者当我们被召去亨利办公室，在罕见但不祥的场合，害怕得发抖，有时会被严厉训斥。但他们都是非常杰出的总编，言行一致，激励我们下层编辑向最高标准看齐。

在《洛杉矶时报》，智力和着装都很优雅的希尔比·科菲三世，是你能找到的最有学问的报纸总编之一（他是你能想到的每一本书如饥似渴的阅读者），当然在技术方面也是最有成就者之一。乔治·科特利亚（George Cotliar）让我更多想起西尔万·佛克斯，是真正的绅士，体贴周到，富有爱心（在新闻这一行里，这个特点不是那么常见）。有敬业精神的记者，如鲍勃·伯格、珍妮特·克莱顿、杰克·米尔斯、盖尔·波拉德、罗伯特·莱因霍尔德（Robert Reinhold）、比尔·斯塔尔以及蒂姆·鲁顿（Tim Rutten）等，都提供了大量的智力激励。

在《纽约》杂志，有传奇性的创办人克莱·费尔克。在该杂志工作，你很少会感到枯燥乏味。我希望，所有当下年轻人和未来新闻记者都能于早年在那里工作。费尔克是个充满魅力但又是噩梦般的老板，带着随时准备猛扑的雄鹰本能，但与之共事又其乐无穷。年轻的职员们（大部分是年轻人，早年的费尔克雇不起事业有成的记者）让办公室充满能量、思想、滑稽与冒险。

在《洛杉矶先驱考察者报》，标志性的《纽约先驱论坛报》末任总编詹姆斯·贝洛斯，是一个人所能希望拥有的温暖而富启发性的老板，和戴维·英格利希、戴维·拉文索尔一样，他鼓励我把自己看成既是编辑又是作家。确实，在许多年里，对我而言吉姆差不多就是一位父亲，这是我无权要求他充当的角色，确实也是任何人都不应当被要求扮演的角色。

在CBS出版的《家庭周刊》，让我们不要忘记老板帕特里克·林斯基。他从未得到他应该得到的尊敬，他是这个世界上最被低估的一个人。没错，也许他会不时喝上两杯，在这个行业或其他行业，很难找到圣徒，但是，他具备亲切的幽默感，这种幽默感竟能哄骗像我这样颇有技巧的骗子。我到今天还在想念他。

我横跨美国大陆来到洛杉矶，同时也是一次观念的跳跃。加入《洛杉矶时报》当了六年社论版主编，然后接受写专栏的挑战，再然后加入加州大学洛杉矶分校的教职工队伍时，我把许多出类拔萃的同事留在身后的纽约。我常常思念拜访温暖和充满想象力的已故《智族》杂志传奇性主编阿瑟·库珀的日子。作为《家庭周刊》总编辑，他是我的前任，同时也是我的热情支持者之一。我与他进行过精彩、漫长的谈话，不管谁想听，我俩都会就编辑艺术充分交流思想（主要是他的想法）。

也是在《家庭周刊》，富有吸引力、无比能干的凯特·怀特曾作为二号人物为我工作，她最近当上了《大都会》杂志的总编辑。谁能独自运营拥有巨大发行量的杂志呢？事实上，如果CBS、林斯基和我当初没有性别歧视的话，也许她可以！

本书以我在新闻业最后一份办公室工作告终，即《洛杉矶时报》。是《洛杉矶时报》架起了通向加州大学洛杉矶分校的桥梁。1994年,尼尔·马拉姆(Neil Malamuth)和杰夫·科尔(Jeff Cole)来到《洛杉矶时报》用午餐并寻求帮助。这两位是那所伟大的公立大学的幕后操纵人。最后一分钟的突发事件为我创造了一次教学活动机会,即每周三下午三个小时的一堂课。我感兴趣吗?真的没有。尽管颇受奉承,但我从未想过当一名教授。当他们告诉我这门课程的主题,我差一点笑死。"媒介伦理?"我笑着说,"我是个在职的新闻记者,懂什么媒介伦理!!!"

长话短说,最后他们获得胜利,主要是利用我那种美国式危机中的英雄欲。我来到加州大学洛杉矶分校,每周一个下午,我很喜欢!学生,校园,同事,包括斯科特·沃(Scott Waugh)、罗里·休姆(Rory Hume)、阿奇·科伦加特勒(Archie Kleingartner)、保罗·罗森塔尔(Paul Rosenthal)、汤姆·米勒(Tom Miller)、迈克尔·因特力里格特(Mike Intrilligator)、马克·克莱蒙(Mark Kleiman)、比尔·欧驰(Bill Ouchi),当然还有尼尔·马拉姆。这是思想和情感"大扣篮"那样的事情。

从兼职过渡到全职,我在校园办公室里,还成功发起并运作关于亚洲和美国的专栏。除了保罗·克鲁格曼(Paul Krugman)是个例外,他还在普林斯顿大学教书时就开始其《纽约时报》专栏的写作,在美国还有其他校园成为一个国际辛迪加专栏的发源地吗?

因此,我将来肯定要出一本书,或者是《一个美国专栏作家的自白》,或者是《一个大学教授的自白》。

你喜欢哪一个?

译 后 记

译稿改定已到大年三十，2017年春节的足音噼里啪啦已然炸响。辞旧迎新、普天同庆之际，总不免淡淡的怅惘与忧伤，天增岁月人增寿，于己而言也是年华老去、两手空空。回首刚刚过去的2016年，似乎除了手里这本译稿，别无建树，所成寥寥。

然而，毕竟还有这本书，陪伴我走过三百六十五天，使我的2016年变得充实有趣，更重要的，算是圆了本人多年以来的"翻译梦"。说到翻译梦，不得不从本人漫长而曲折的英语学习历程说起。

准确地说，我接触英语应当从1980年上初中算起，迄今近40年矣！犹记得，当年初中英语课本每个英文单词后面一长串手写的中文读音标注；犹记得，上初二时胖胖的马老师课堂上领读英语课文以及课后对我谆谆教导的场景；犹记得，初中毕业后考取海州师范，自学高中三年各科教材，其中高一英语教材第一课是"Karl Marx"；犹记得，在南京晓庄师范大专班时，对痴迷于英语学习的某同学戏谑的嘲弄和短视的不屑。可以说，我这八年全日制正规学校教育，既未培养起学习英语的兴趣，脑袋里亦未存留任何英语知识，正如那时大人们经常斥责的"小和尚念经——有口无心"，似乎学习英语只是一连串别扭痛苦的经验与记忆。

在20世纪80年代崇尚理想、追求知识、积极向上的时代背景下，本人那时尚是文学青年，刚刚陶醉于中文之美，对英语学习的忽视与不屑完全是狭隘与短视的结果。因此，本人真正英语学习之旅应大致始于1993年，因为那年我在从事小学语文教师工作之余，通过自学考试相继取得汉语言文学专科和本科文凭，并开始有考研究生的打算。然而，要考研究生，必须过英语关。于是我报名参加英语专业自学考试，以考促学，也是充分发挥主观能动性、积极自觉进行英语学习的开始。从"要我学"到"我要学"的转变，效果就是不一样，英语学习热情空前高涨，甚至达到疯狂程度。可以说是想方设法去学，时时处处去学，白天工作忙累之后还报名参加青年业余夜校，大量购买订阅各种英文书刊资料和英语学习磁带，走在街上看到别人衣服上的英文字母组合都要一一加以辨认，晚上做梦都是自己怀抱英文原著与国际友人侃侃而谈。

这一学，就一发而不可收，大概用十年时间相继完成十多门英国语言文学自考课程，于1998年底取得英语专科文凭，2003年底取得英语本科文凭。通过系统的英语自学过程，从当初仅仅为考研作准备的功利之用，到逐渐喜欢上这门国际通用语言，将其作为认识世界的窗口，再到长期沉浸、日久生情，一度似有"一日不见如隔三秋"的痴迷。虽然如此，并非说我的英语水平多么高，事实上，由于天资驽钝、视野局限和用功不够，我的英文水平从专业角度说也就七十分左右的水平。但客观地评估，这种英语学习历程还是助益不少，至少助我在2004年考取北京广播学院（当年秋季入学时改名为"中国传媒大学"）国际新闻硕士研究生，实现了我少年时代的正规"大学梦"。甚至在2012年考取华中科技大学新闻学博士的关键时刻,没有这点英文基础,恐怕很难拿下颇为艰深的华科博士英语入学考试。

由于我的英语完全是自学来的,所以"听说读写"发展不平衡,"听说"比较差,"读写"稍好点。其实,长期自学就是大量阅读各种英文材料,积累词汇量,攻克长难句,当初也以能阅读理解英文原著为主要诉求,再加上一定社会人生阅历,所以英文阅读理解能力尚可,兼之早年文学爱好和中文功底,两者结合使我对翻译情有独钟,常常流连于两种文字与文化之间的对应与转换之妙。应当说,我的"翻译梦"来源于北广三年,想通过做点翻译工作敲开学术研究之门。读硕期间,有不少英文学习课程以及翻译作业练习;读博期间,大量接触英文学术论文与著作。当然,在学习、教书与科研过程中,也接触大量翻译作品。很长一段时间以来,发现国内不少翻译作品粗制滥造,佶屈聱牙,不知所云,难以卒读。很多译者根本没有读懂原文,就想当然乱翻一气。有的只是单词堆砌,毫无逻辑可言;有的欧化句式生吞活剥,翻译腔浓重。有的翻译作品每个字词都懂,但联成句段就云山雾罩,前言不搭后语,读者有找不着北之感,有时不免怀疑自己的智商。找来原著一对照,错讹比比皆是,感觉看原著要比看译作舒服得多,也好理解。于是往往掷书长叹,心里说要是换我来翻,质量不至如此低劣。但遗憾的是始终没有找到合适的机会,因而"翻译梦"仍然停留在"梦想"阶段。

因此,首先要感谢黄文杰兄不弃,把这次颇为对口的专业翻译工作交给我,使我的"翻译梦"得以梦想成真。2016年初接下翻译任务,投入很大热情从事这项工作,不论外面世界多么纷扰，只要坐到书桌前面对译稿，躁动不安的心总能回归宁静，正如爱因斯坦对学术人生的描绘"从嘈杂狭窄的环境中逃到宁静的山顶"。文杰兄说翻译工作有严格纪律要求，于是给自己规定每天至少完成一页，如有延误必翌日补上，总体进度必须超前不可延宕。文杰兄还一再强调，译作务必方便读者阅读，杜绝翻译腔，代之以规范流畅的中文表达。简言之，读者怎么读起来舒服，就怎么翻。对此意见，本人"心有戚戚焉"，深表赞同并在翻译本书过程努力加以贯彻，"信达雅"的标准也许有点高，但至少追求准确理解原著思想内容，汉语译文通俗畅达。当然，由于本人英文和学识水平有限，是否能达到这个追求目标有待读者评判。再则，由于对美英文化、俚语习语以及新闻行业术语等理解不尽准确，书稿中错讹之处也许在所难免，在此恳请专家学者、有识之士不吝指正。译者联系邮箱为：10105557@qq.com。

其次，在翻译过程中，曾多次就疑难问题请教于硕士同学、现在比利时某大学执教的李漫兄，漫兄有求必应，热情相助，我们常就某些语言难点展开热烈讨论。此外，博士同学陈雅莉女士、海师同学、现在美国工作的颜忠余博士，以及硕士同学、有日语专长的赵阳女士等对本人翻译工作都有所助益。在此，对他们的帮助表示感谢！

"过去光阴箭离弦，河清易俟鬓难玄。"2016年过去了，2017年春天的钟声就要敲响。新的一年将会带来什么？期待着。

江卫东

2017年1月27日于重庆万州

图书在版编目(CIP)数据

一个美国媒体人的自白/[美]汤姆·普雷特(Tom Plate)著;江卫东译. —上海:复旦大学出版社,2018.1
(卿云馆)
书名原文:Confessions of an American Media Man
ISBN 978-7-309-13443-8

Ⅰ.一…… Ⅱ.①汤…②江… Ⅲ.传播媒介-新闻事业史-研究-西方国家
Ⅳ.G219.19

中国版本图书馆CIP数据核字(2017)第314112号

Copyright © 2006, Marshall Cavendish International (Asia) Pte Ltd. All rights reserved. No part of this publication may be reproduced or transmitted in any form or by any means, or stored in any retrieval system of any nature without the prior written permission of Marshall Cavendish International (Asia) Pte Ltd.

The simplified Chinese translation rights are arranged through Rightol Media.
(本书中文简体版权经由锐拓传媒取得,copyright@ rightol.com)

上海市版权局著作权合同登记号　图字　09-2016-077

一个美国媒体人的自白
[美]汤姆·普雷特(Tom Plate)　著　江卫东　译
责任编辑/黄文杰　刘　畅
复旦大学出版社有限公司出版发行
上海市国权路579号　邮编:200433
网址:fupnet@ fudanpress.com　http://www.fudanpress.com
门市零售:86-21-65642857　团体订购:86-21-65118853
外埠邮购:86-21-65109143　出版部电话:86-21-65642845
上海市崇明县裕安印刷厂

开本890×1240　1/32　印张13.5　字数277千
2018年1月第1版第1次印刷

ISBN 978-7-309-13443-8/G·1797
定价:45.00元

如有印装质量问题,请向复旦大学出版社有限公司出版部调换。
版权所有　　侵权必究